Pocket
Reference

［改訂第3版］

Swift

ポケットリファレンス

WINGSプロジェクト
片渕彼富 — 著
祥寛 — 監修

SwiftUI 対応
※UIKit版も購入者特典と

JN100034

技術評論社

はじめに

初代iPhoneが発売されて15年が経とうとしています。発売当初に驚きをもって迎えられた斬新なインターフェイスは、現在ではスマートフォンの共通の機能となりました。日々の生活においても、スマートフォンでアプリを使うことは当たり前となりました。非接触型の決済サービス「ApplePay」、顔認証、ワイヤレス充電、タピオカレンズによるカメラ機能の向上など、モデルチェンジのたびにiPhoneに搭載される機能は、スマートフォンやタブレットのみならず、ウェアラブル端末の行く末をリードしていると言っても過言ではありません。

その一方で、これだけiOS搭載端末が普及し、アプリ開発の需要が増えているにも関わらず、「具体的なアプリの開発手法がわからない」「iOSや端末のリニューアルが早すぎて技術的についていけない」「UIKitとSwiftUIの2つの開発手法があって面倒」などの声もよく聞かれます。また、今後もバージョンアップが予定されている開発言語のSwiftやフレームワークに関しても、「今からアプリ開発を始めてもキャッチアップしていけるか不安」という開発者も多いと聞きます。

本書では、iOSアプリ開発においてベースとなる基本的な項目や、将来的なアップデートを踏まえても必要であろう事柄について整理し、すぐに動作を確認できるサンプルとともに説明しています。開発ツールXcodeやAppleの技術ドキュメントに関しても、紙面の許す限り触れるようにしています。一通りアプリ開発ができる方はもちろん、これからアプリを作ってみようという方にも第一歩となるように配慮した構成を心掛けています。

本書で紹介した項目の1つ1つが、読者の皆様が開発するアプリに役立つことを願ってやみません。

なお、本書に関するサポートサイトを以下のURLで公開しています。FAQ、オンライン公開記事などの情報を掲載していますので、合わせてご利用ください。

https://wings.msn.to/

最後に、技術評論社の編集諸氏、執筆の機会を与えてくださいましたWINGSプロジェクトの山田祥寛様、山田奈美様、関係者御一同様に深く感謝を申し上げます。

2024年6月吉日
WINGSプロジェクト
片渕彼富

本書の使い方

● 動作検証環境について

本書での用例は、次の環境で検証しています。

- Mac
  - macOS 14.5
  - Xcode 15.4
- iOS
  - iOS 17.5.1
  - iPadOS 17.5.1
- 実機
  - iPhone 15 pro
  - iPad Air 第5世代

● 本書の構成

- **1** 目的、用途
- **2** フレームワーク、クラス名
- **3** プロパティ／メソッド／関数などの名前
- **4** プロパティ／メソッド／関数などの書式（[]は省略）
- **5** プロパティ／メソッド／関数などの引数の説明
- **6** プロパティ／メソッド／関数などの基本説明
- **7** サンプルのソースコード
- **8** サンプルの実行結果
- **9** 解説の補足となる説明、注意など
- **10** 関連する項目の参照

上記に加えて、Swiftに特有なものはヘッダを次のように表記しています。以下については、Appleのドキュメントの書式と必ずしも一致しない場合がありますので、ご注意ください。

- スーパークラスのメソッド
  スーパークラスのメソッドを利用する場合は、アクセス修飾子に「override」をつけてメソッドを上書きします。

```
override init() { ... }
```

- プロトコルのメソッド
  プロトコルのメソッドを利用する場合は、アクセス修飾子には何もつけずにメソッド内の処理を記述します。

```
func makeUIView(context: Context) -> ViewType { ... }
```

- 引数にクロージャを利用するメソッド
  引数にクロージャを利用するメソッドでは、クロージャ自体の書式も含めてヘッダの書式としています。

```
geocoder.reverseGeocodeLocation( locations ) { placemarks, error in ... }
```

1 ラベルを付加して
コンテンツを表示する

2 → SwiftUI、LabeledContent

3 メソッド

`init(_:content:)` タイトルを指定して初期化
`init(content:label:)` ラベルを指定して初期化

4 書式 `LabeledContent(title) { view }`
`LabeledContent { view } label: { label }`

5 引数 title：タイトル、view：ビュー、label：Labelオブジェクト

6 LabeledContent構造体は、任意のビューにラベルを付加して1行のコンテンツとして表示する構造体です。init(_:content:)メソッドは、タイトルを指定して初期化します。init(content:label:)メソッドは、ラベルを指定して初期化します。

7 サンプル UISample/LabeledContentExampleView.swift

```swift
@State var count = 0

var body: some View {
  Form {
    LabeledContent {
      Stepper("\(count)", value: $count, in: 0...10)
    } label: {
      Label("Count", systemImage: "hammer")
    }
  }
}
```

8

🔨 Count 0	— +

ラベルを付加してコンテンツを表示する

9 重要 LabeledContent構造体は、1行で収まる規模で利用します。複数のビューをまとめる場合には、VStack／HStack／Groupなどの構造体を利用します。

10 参照 P.255「フォームを利用する」
P.257「セクションを利用する」

◯ サンプルプログラムについて

サンプルソースファイルは、本書のサポートページからダウンロードできます。

https://gihyo.jp/book/2024/978-4-297-14190-5/support

ダウンロードファイルを解凍後、Xcodeから各章ごとのプロジェクトを参照してください。

第9章「端末の機能を利用する」、第10章「データを利用する」、第12章「画像認識を利用する」などの端末の機能を利用したサンプルについては、Apple Developer Programに参加後、実機に転送して確認してください。Apple Developer Programへの参加方法は、登録サイト（https://developer.apple.com/programs/jp/）内の手順を参照してください。

目次

Chapter 3　よく利用されるオブジェクト　83

Chapter 4 画面を作成する 117

8

Chapter 6 UI部品を利用する   253

Chapter 7　データフローと非同期処理　321

Chapter 8　画面の操作を処理する　349

Chapter 9　端末の機能を利用する　381

Chapter 10　データを利用する　433

Chapter 11　ネットワークを利用する　463

Chapter 12　画像認識を利用する　483

Chapter 13　UIKit を利用する　　　　　　　　　509

COLUMN »

iOSアプリ開発の基本

概要

iOSとは、Apple社が提供するiPhoneに搭載されているオペレーションシステム（OS）です。マルチタッチディスプレイを利用した入力形式に最適化されており、軽快な動作が大きな特徴です。iPhoneと同じAppleの製品であるiPadには、iOSから派生したiPadOSが搭載されています。

iOS／iPadOSにインストールできるアプリケーションのことをiOSアプリといいます。iOSアプリは、Appleが運営するApp StoreというiOSアプリのダウンロードサービスからインストールできます。

iOSアプリは、Appleが開発ツールやドキュメントを開発者向けに公開しているため、誰でも開発し、Appleの審査を経てApp Storeで配布できます。

iOSの先進的な機能を利用できるというメリットのほか、開発者が自由にiOSアプリを開発できること、さらにApp StoreでiOSアプリを有料で販売できることや課金できることから、個人の開発者だけでなく、企業からもビジネスの面でiOSアプリの開発が注目されています。

● iOSアプリの優位性

iOSと同様に、スマートフォンやタブレット向けのOSにAndroidがあります。AndroidでもiOSアプリと同様に誰でもアプリケーションを開発できる環境が用意されており、作成したアプリケーション（Androidアプリ）を配布できます。Androidは、日本、米国内のスマートフォンのシェア、アプリの数でiOSを上回っています。

ただし、iOSアプリと比べると、Androidを搭載した端末は非常に種類が多く、全機種でのアプリの動作保証が事実上不可能なこと、OSのバージョンアップとハードウェアの性能が一致しないことがある、などの理由で、アプリを作成して配布する環境はiOSのほうが現状は整備されているといえます。

● フレームワーク

Appleでは、アプリ開発に必要な機能をジャンルごとにまとめてフレームワークというパッケージで管理しています。簡単にいうと、「画面を作成する」「地図を使う」「カメラを使う」「動画を再生する」などの機能があらかじめ用意されています。開発者は、これらの機能を呼び出すことで目的のアプリを容易に実装できます。

iOSアプリの開発で最も多く利用されるのは、画面を構成するUIKit、内部データを管理するFoundationの2つのフレームワークです。この2つの機能をほかのフレームワークで補強して開発を進めるのが一般的です。

フレームワークの機能は非常に多く、細分化されていますので、本書では、その

中でもiOSアプリ開発においてよく利用されるものを説明しています。本書で触れるフレームワークは次の通りです。

▽ **本書で触れるフレームワーク**

名前	概要	該当する章
SwiftUI	画面構成やタッチ	第4章、第5章、第6章、第7章、第8章、第9章、第10章、第13章
MapKit	地図関連機能	第6章、第9章
AVFoundation	メディアの再生	第10章、第12章
Vision	画像解析	第12章
Core Image	画像加工	第10章
Core Graphics	グラフィック関連	第10章
Core Motion	端末のセンサー等	第9章
Core Location	位置情報関連機能	第9章
Foundation	データ管理	第3章、第9章、第10章、第11章
LocalAuthentication	生体認証	第9章

　iOSでは、フレームワークが機能別に分かれており、フレームワークの名前およびフレームワーク内のクラスの名前も実装できる機能が類推できるように命名されています。このことは、開発で使用するフレームワークが、開発者が初めて利用する場合でも何を利用すればよいかわかるようになっており、ドキュメントでも利用したい機能を効率よく検索できることを意味します。実装したい機能からクラス、フレームワークを遡っていく上でも、アプリの機能がフレームワーク別に分かれていることは非常に便利です。

　iOSのアップデートでは、新しい機能の追加とともに、フレームワークも更新／追加されることがあります。iOSがアップデートされた場合、フレームワークの更新情報もAppleの開発やサイトで確認してください。

開発に必要な環境

iOSアプリの開発に必要なものは次の通りです（2023年10月現在）。

▼ 開発に必要な環境

名前	概要	必須
インターネット環境	Apple IDの取得、Xcodeのダウンロード	○
Mac（macOS 10.15以上）	Xcodeの動作環境	○
Xcode	iOSアプリを開発するためのソフトウェア	○
Apple Developer Program	作成したアプリの実機での確認、App Storeでの公開	×
iOS端末	実機での動作確認用	×

　まず、App Storeを利用するためにApple IDが必要です。App Storeにサインインした後に、Xcodeのダウンロードが可能となります。Xcodeとは、Macデスクトップアプリケーションやi0Sアプリの開発に必要な統合開発環境です。開発言語はSwiftという言語で、開発にはXcodeに内蔵されたApple特有のツールを多数利用します。ほかのツールで代用することはできません。執筆時の最新バージョンはXcode 15で、動作環境はmacOS 10.15以上のmacOSをインストールしたMacです。

　また、作成したアプリをiPhoneなどの実機に転送して、動作を確認する場合には、Apple Developer Programに登録する必要があります。

　そのほか、i0Sアプリの開発に必要なものやドキュメント、Apple Developer Programに関してはAppleのこちらのページで紹介されています。

Apple Developer Program - Apple Developer
https://developer.apple.com/programs/jp/

　iOSアプリ開発で利用できるツールや利用できるSwiftのドキュメントなどのリソースについて説明されたページです。最初にどのようなものが利用できるのか、どの程度のリソースが用意されているか、こちらのページで確認できます。

Apple Developer Program への登録
https://developer.apple.com/programs/enroll/jp/

　開発したi0Sアプリを配布するためのApple Developer Programのページです。

ページの手順に従って開発者の情報を入力し、Apple Developer Programを購入できます。不明点はページ下の「登録サポートページ」リンクで確認できます。

次項からは、開発に必要な環境を入手するための手順を簡単に説明します。

Apple Developer Programへ登録する

Xcodeは、ほかのアプリ同様にApp Storeにて一般配布されています。ダウンロードおよびインストールに必要なのは、Apple ID というAppleのサービスを利用するためのIDのみです。

より本格的にアプリを開発する場合は、この Apple ID を使って、Apple Developer Programへユーザー登録してください。作成したアプリの実機へのインストール、公開前の開発ツールの利用や技術サポートの利用などが可能となります。Apple IDをまだ持っていない場合は、Apple Developer Programへの登録時にApple IDを作成することもできます。登録の手順は次の通りです。

まず、Apple Developer のページ(https://developer.apple.com/jp/)からDeveloper Program(https://developer.apple.com/programs/jp/)のリンクをクリックします。

開発からユーザーに届くまで

Apple Developer Programのページ

右上に「登録」のリンクがありますので、そこから「登録のために必要な情報」画面へ進み、「登録を開始する」を押します。ここでApple IDを所有しているか／いないかで遷移先が異なります。

Apple IDを所有していれば「Sign In」、そうでなければ「Create Apple ID」のボタンから次の画面へ進みます。画面の手順に従って、ユーザー登録を行います。

● Xcodeをインストールする

Xcodeのインストールはほかのアプリ同様にApp Storeから行えるほか、Apple Developerのサイト内のダウンロードリンクからも行うことができます。

ダウンロードリンクの表示

「ダウンロード」ボタンを押すと、App Storeが立ち上がります。そこで[入手]に続いて[Appをインストール]を押してインストールを開始します。

App Store経由でのインストールになりますので、インストールに関しては特別な作業は必要ありません。Xcodeのサイズが5.5GBほどありますので、時間的に余裕をもってインストールを行ってください。

Xcodeインストール後に、[Xcode]-[Setting]から別途インストールできるツールが確認できます。

インストールできるツール

ツールの内容は、バージョンの異なるシミュレーターや、Xcode内から参照できるドキュメントです。開発作業においては、複数バージョンでのシミュレーターによる確認が必要となる場合もありますので、主だったバージョンのシミュレーターをインストールしておくことをお勧めします。

ドキュメント/サンプルコードを参照する

アプリ開発に必要なドキュメントは、次のApple Developer Documentationの画面（https://developer.apple.com/documentation）より確認できます。

▲ Apple Developer Documentationの画面

リンク先には、フレームワークのドキュメントとサンプルコードの一覧があります。フレームワーク内のクラスのドキュメントとそのクラスを実際に利用しているサンプルを確認できます。作成したいアプリの機能単位でドキュメントとサンプルを確認できますので、積極的に利用することをお勧めします。Apple Developer Documentationは、Apple Developer Programへの登録の有無に関わらず利用できます。

次期リリース予定のiOS/Xcodeの利用

次期リリース予定のiOS/Xcodeは、Download - Apple Developerの画面（https://developer.apple.com/download/）から入手できます（画面下部の「See more downloads」も参照）。ただし、入手できるものはベータ版で動作がすべて保証されているものではありません。画面内のリンクから、ダウンロードして利用することはできますが、くれぐれも自分自身の責任で行うようにしてください。

次期リリース予定のiOS/Xcodeを利用するには、Apple Developer Programへの登録が必須です。

iOS アプリ開発について

● UIKit と SwiftUI

iOSアプリのUIを構成するフレームワークには、UIKitとSwiftUIという2つのフレームワークが存在します。

UIKit と SwiftUI

フレームワーク	プログラム言語	アプローチ	プラットフォームのサポート
UIKit	Objective-C／Swift	命令的	iOS／iPadOS／tvOS
SwiftUI	Swift	宣言的	iOS／iPadOS／macOS／watchOS／tvOS

UIKitは、Apple製品の開発に古くから用いられているプログラム言語Objective-Cで設計されたフレームワークです。それに対してSwiftUIは、Swiftに特化した新しいフレームワークです。2019年に公開されました。

両者の最大の違いはプログラムの手法です。UIKitは結果を得るための手順を明示的に指示する命令的プログラミング(Imperative Programming)、SwiftUIは何を達成したいかを先に記述し、具体的な手順は抽象化して作成する宣言的プログラミング(Declarative Programming)が採用されています。

具体的にいうと、UIKitではUIの構築と動作を明示的にコードで制御する必要があるのに対して、SwiftUIでは「こういう画面を作ります」と先に画面の構造や見た目を宣言した後で動作に関するコードを記述します。UIKitとSwiftUIのプログラムの違いを簡単にまとめると次の図のようになります。

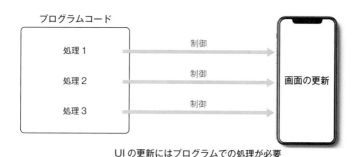

UI の更新にはプログラムでの処理が必要

UIKitのプログラム

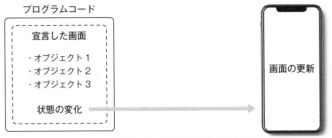

オブジェクトの状態が変化したときに
自動的に画面が更新される

SwiftUIのプログラム

UIKitではUIを含む画面の更新に関しては必ずプログラム上の処理が必要です。これに対してSwiftUIでは、プログラム内のオブジェクトの状態の変化があった場合に、自動的に画面が更新されるという新しい仕組みが導入されています。SwiftUIのこのような仕組みを、宣言的プログラミングとまとめて宣言的UIと呼ぶこともあります。

本書で扱うフレームワークはSwiftUIです。アプリの画面を作成する具体的なサンプルは第3章以降から確認できます。ここでは、SwiftUIがこのような仕組みでアプリを動かしていることを覚えておいてください。

参考 iPadOSに関しては、iOSから派生したこともあって、Xcode上でもiOSと同じ扱いをされますので、本書ではiOSとiPadOSは同じ扱いとします。

参考 UIKit自体に関しては本書の旧版を参照してください。本書でもSwiftUIからUIKitを利用する方法に関しては、「第13章 UIKitの利用」で紹介しています。

● SwiftUIの特徴

SwiftUIの宣言的UIはXcodeにも反映されています。例えば、画面内に画像を表示するImageオブジェクトと文字を表示するTextオブジェクトを配置します。すると、オブジェクトの配置と同時にエディタの右側のキャンバス内のシミュレーターにUIの配置が反映されます。

```
Sample  Sample  ContentView.swift  body
1 //
2 // ContentView.swift
3 // Sample
4 //
5 // Created by cano on 2023/09/30.
6 //

9 import SwiftUI

10 struct ContentView: View {
11     var body: some View {
12         VStack {
13             Image(systemName: "globe")
14                 .imageScale(.large)
15                 .foregroundStyle(.tint)
16             Text("Hello, world!")
17                 .font(.largeTitle)
18         }
19         .padding()
20     }
21 }

23 #Preview {
24     ContentView()
25 }
26
```

記述した内容が
即時に反映される

Hello, world!

Xcode エディタ

このように、SwiftUIでのアプリ開発は作成する画面がコードを記述すると同時に閲覧できます。作成するアプリの画面を常に確認しながらコードを記述できるので、直感的でわかりやすく開発作業を進めることができます。

Xcode の基本的な使い方

Xcodeを立ち上げると、次の画面構成のウィンドウが立ち上がります。

Xcodeの画面構成

画面内のツールの名称

番号	名称	概要
①	ツールバー	主要メニューをアイコンで表示
②	ナビゲータセレクタバー	ナビゲータエリアの切り替え
③	ナビゲータエリア	編集するファイルを選択するウィンドウ
④	ジャンプバー	エディタエリアで編集中のファイルの階層をリンクで表示
⑤	エディタエリア	コードの記述などの具体的な作業を行うウィンドウ
⑥	キャンバスエリア	作成中の画面を標示するウィンドウ
⑦	デバッグエリア	ログを表示するウィンドウ
⑧	ユーティリティエリア	エディタエリアで編集中のファイルの詳細を表示するウィンドウ

　上記のウィンドウ内で開発作業を行います。基本的には、ナビゲータエリアで選択したファイルをエディタエリアで編集していく、という作業です。Eclipseなどの統合開発環境と似た構成になっており、直感的な操作ができます。不明な点がある場合には、[Help]－[Xcode User Guide]で利用マニュアルを閲覧します。Xcodeの日本語版はまだなく、英語版を利用します。

● プロジェクトを作成する

Xcodeでは、iOSアプリはプロジェクトという単位で扱います。新しくプロジェクトを作成する際には、[File] － [New] － [Project]の手順でXcodeのガイドに従ってプロジェクトを作成します。最初に、プロジェクトのテンプレートを選択する画面が出現します。

▲ テンプレートの選択

テンプレートとは、作成するアプリの目的に応じてあらかじめ作成されたひな形です。以下のようなテンプレートが標準で用意されています。

▼ テンプレートの種類

名前	概要
App	1つの画面を持つ汎用的なアプリ
Document App	書籍風のUIを備えたアプリ
Game	2Dゲーム開発キットを利用するアプリ
Augmented Reality App	3DのARを利用できるアプリ
App Playground	Swift Playgrounds形式のアプリ
Sticker Pack App	ステッカーアプリ
iMessage App	iMessage対応のアプリ
Safari Extension App	Safari拡張アプリ

iOSアプリでは、上記のように種類別に分かれたテンプレートをもとにコードを積み上げていく方式で開発を進めます。

● 自動生成されるファイル

プロジェクト生成時には次のSwiftのソースファイルが生成されます。

名前	概要
SampleApp.swit	アプリを管理するファイル
ContentView.swift	最初の画面を構成するファイル

自動生成されたファイル

上記ファイルのほかに、新規にプログラムファイルを生成し、プロジェクトに追加することによって開発作業を進めていきます。

新規にプログラムファイルを生成する場合は、Xcodeの[File]－[New]－[File]から次のウィンドウを起動してどのファイルを作成するか選択します。

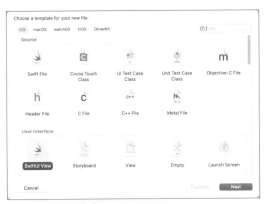

ファイルの新規作成

どの種類のファイルを作成するかを選択し、ファイルを生成します。生成後のファイルには、SwiftUIの機能を実装するための基本的なプログラムコードが記述されています。Xcodeでは、このように手動で行う作業を自動化されている部分が多いので容易に開発を進められます。

● Xcodeの便利な機能を利用する

Xcodeには、コードを補完する機能があり、タイピングの際に打ち込もうとしている単語を予想して候補を表示します。例えば「Array」という単語を打ち込む際には、次のように打ち込んでいる最中に候補のリストを表示します。

▲ コードの補完

該当する単語を選択して、[tab]キーを押すと、その単語がコード内に記述されます。

さらに、記述中のコードにエラーがあった場合、Xcodeが自動的にそのエラーを検出して、リアルタイムに指摘します。変数の型を指定するasの使い方を間違えた場合、次のように警告とエラーチップが表示されます。

不適切なコード

```
116
△117   ....func.tableView(tableView:.UITableView?,.didSelectRowAtIndexPath.indexPath:NSIndexPath!).{
○118     ........var.vc.=.menuList[indexPath.row]                         ○ 'AnyObject?' is not convertible to 'UIViewC.
119                 [kViewControllerKey].as!.UIViewController
       ........self.navigationController`.pushViewController(vc,.animated:.true)
Issue  ○ 'AnyObject?' is not convertible to 'UIViewController'; did you mean to use 'as!' to force downcast?
Fix-it Replace "as" with "as!"
123           numberOfRowsInSection.section:.int).->.int.{
124     ............return.menuList.count;
125   .....}
```

⬇

正しいコードを表示

```
116
△117   ....func.tableView(tableView:.UITableView?,.didSelectRowAtIndexPath.indexPath:NSIndexPath!).{
118     ........var.vc.=.menuList[indexPath.row][kViewControllerKey].as!.UIViewController
119     ........self.navigationController?.pushViewController(vc,.animated:.true)
120   .....}
121
```

▲ エラーの指摘

エラーチップのコードを選択して、リターンキーを押すと、正しいコードに入れ替わります。

このように、Xcodeのコード補完、エラー表示の機能を利用することで、コーディングにかける時間を短縮できます。

Swiftの基本的な使い方

Swift とは

Swiftとは、WWDC 2014(2014年6月)で発表された新しいプログラム言語です。「高速、モダン、安全、インタラクティブ」を特徴として、OS XやiOS向けのアプリケーションの開発に利用できるApple公式の開発言語に位置付けられています。

Swiftの公開以前は、Objective-Cというプログラム言語がApple唯一の公式開発言語でした。Objective-Cは、C言語というプログラム言語にオブジェクト指向の機能を持たせた言語です。C言語がベースのため、型やメソッドの定義が厳密であったり、文法自体も古かったりで、非常に扱いにくく、学習コストもかかっていました。

Swiftは、Objective-CからC言語的な扱いにくい要素を除き、スクリプト言語のようにプログラムを書きやすくした、オブジェクト指向のプログラム言語です。そのため、これからアプリ開発を始める方にも比較的取り組みやすくなっています。

Swift/Objective-Cに共通する概念であるオブジェクト指向とは、オブジェクト間の相互作用でシステムの機能を考える方法です。JavaやRuby、C#などの言語に用いられる比較的新しいシステムの開発手法です。オブジェクト指向のイメージは次の通りです。

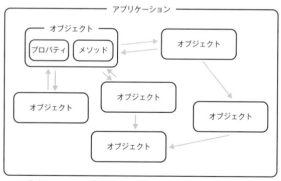

▲ オブジェクト指向のイメージ

オブジェクト指向のプログラム言語では、プログラムの最小の単位としてクラスという概念があります。Swiftでも同様に、プログラミングを行う際には、クラスを作成していきます。クラスでは、プログラムで利用するオブジェクトの内容や機能を定義します。Swiftで作成するアプリケーションは、簡単にいうと、クラスの

集まりでできています。

　本章では、Swiftの特徴や基本的な書式、変数、よく利用されるオブジェクト型のクラスについて、基本的な解説を行います。

● クラスの構成

　Swiftでは、1ファイルで1つのクラスを作成するのが基本です。クラスの基本的なソースのイメージは次の通りです。

クラスファイル

```
import フレームワーク名

class クラス：スーパークラス
{

  // プロパティの定義

  // 初期化処理

  // メソッドの定義

}
```

ソースのイメージ

　オブジェクト指向のプログラムでは、既存のクラスをもとにして、違う箇所だけを追記して新しいクラスを定義できます。このことをクラスの継承といい、継承元のクラスをスーパークラス、継承したクラスをサブクラスといいます。

　Swiftで継承ツリーのおおもとにあるのがNSObjectクラスで、オブジェクトの基本形です。クラスを継承することにより、既存のクラスの機能を引き継げるので、自分で書くコードの量を減らせるという利点があります。iOSアプリの開発では、UIの種類や操作、ハードウェアへのアクセスなどに関するクラスが多数用意されていますので、意外にもコードを書く量は少なく思えるかもしれません。

　そのほか、クラスの基本的な構成要素には次のものがあり、それぞれの意味は次の通りです。

クラスの構成要素

		参照ページ
スーパークラス	継承元となるクラス	55、70
プロパティ	オブジェクトの状態を保持する変数	58
メソッド	クラスが持つデータ処理の方法	60

　オブジェクト指向のプログラム言語では、クラスの作成方法と扱い方を覚えるこ

とが言語を使いこなすポイントとなります。Swiftでも同様です。具体的なクラスの作成方法についてはP.55以降で説明します。

● 構造体の構成

SwiftUIでは、クラスよりも構造体が多用されます。構造体とは、関連する複数の変数をひとまとめにしたオブジェクトのことです。クラスと同様にプロパティやメソッドを扱うこともできます。ただし、構造体は継承を利用できません。

構造体とクラスは非常に似通った機能をもつオブジェクトですが、両者はデータの持ち方が異なります。構造体はデータを直接保持する値型であり、クラスはデータの参照を保持する参照型で扱われます。

▼ 値型と参照型

種別	データ保持の方法	代入での挙動
値型	データそのものを保持	変数間でデータがコピーされる
参照型	データメモリ上に存在し、その参照を保持	変数間で同じデータを共有される

構造体は値のコピーを通じてデータを伝播させるため、変更が発生したときに影響を受ける範囲が限定される、変更が発生した際のトリガーが適切に制御される、といった特徴があります。この構造体の特徴がSwiftUIのオブジェクトに変化があった場合に画面を再描画するという設計理念に合致しており、SwiftUIでは画面やUIの作成には構造体が利用されています。

```
import フレームワーク名

struct 構造体：プロトコル
{
    // プロパティの定義

    // 初期化処理

    // メソッドの定義
}
```

▲ 構造体のイメージ

構造体は継承を利用できないため、機能に応じてプロトコルを実装します。プロトコルとは、クラスや構造体が持つプロパティとやメソッドなどを定義する機能です。SwiftUIでは、「アプリ全体を管理する」「画面を構成する」などのアプリ内の役割に応じたプロトコルが定義されており、目的別に構造体がこれらのプロトコルを実装して、アプリ内の部品として機能します。具体的な構造体の作成方法についてはP.75以降で説明します。

● プログラムの簡易的な記述

Swiftは、プログラムが簡易的に記述できるように設計されています。
代表的な例を以下に挙げます。

(1)型の指定／「;」(セミコロン)／「( )」(カッコ)が不要

変数の型／プログラムの改行／条件式などをコンパイラが自動で判断して処理を
行いますので、型の指定／「;」／「()」の記述は不要です。

サンプル Base/ParamView.swift

```
for var i=0; i<3; i++ {        // 変数iの型、()は不要
    print(i)                   // 「;」不要
}
```

(2)importの省略

同一プロジェクト内のクラスは、import文を記述せずにクラスを呼び出せます。
import文が必要なのは、フレームワークのモジュールを呼び出すときだけです。

(3)変数の宣言

変数を宣言する際に、可変／不変を区別して宣言できるようになりました。これ
によりプログラムの処理で値が変わる変数／変わらない変数が区別でき、ソース
コードの可読性が上がります。プログラムを全部読まない限り変数の意味がわから
ない、ということはほぼなくなります。

(4)メソッドの引数に関数を利用

メソッドの引数に関数を渡す、という処理が可能になりました。以下の例では、
引数に関数を指定して配列内の各値を3倍にしています。

サンプル Base/ParamView.swift

```
var nums : Array = [1, 2, 3]
// 数値を3倍にする関数を配列に適応
nums = nums.map( {(val: Int) -> Int in val * 3 } )
```

さらに、処理を関数の定義の組み合わせで行う関数型プログラミング的なモダン
な記述でプログラムを組むこともできます。

データ型

Swiftで扱うデータには、すべて型があります。型とは、データの種類や性質を規定しているルールのようなものです。Swiftでの型は、C言語で扱う型をベースにしています。C言語で扱う型は、整数型／実数型／文字列型の3つに分けることができます。それに加えて、Swiftで定義された型があります。よく利用される型との種類と特徴は次の通りです。

整数型

整数型の種類

名前	概要	値の範囲
Int16	符号つき16bit幅の整数	-32768～32767
UInt16	符号なし16bit幅の整数	0～65535
Int32	符号つき32bit幅の整数	-2147483648～2147483647
UInt32	符号なし32bit幅の整数	0～4294967295
Int64	符号つき64bit幅の整数	-9223372036854775808～9223372036854775807
UInt64	符号なし64bit幅の整数	0～18446744073709551615

整数を扱う場合には、値の範囲によって型を選択する必要があります。

実数型（浮動小数型）

実数型の種類

名前	概要	桁数
Float	32bitの実数	有効数字7桁
Double	64bitの実数	有効数字15桁

小数を扱う場合には、桁数に応じた型を利用します。

文字型

文字型の種類

名前	概要
Character	8bitの値
String	8bitの符号なしの値

文字を表します。ただし、実際のアプリの開発では、文字列を扱うクラスや構造体を利用し、文字列型そのものを扱うことはあまりありません。

文字列型の変数は、宣言時にダブルクォーテーションで囲むと暗黙的にString型の変数となります。ダブルクォーテーションで囲んだ文字列の中には、次の特殊文字を含めることができます。

▼ 利用できる主な特殊文字

特殊文字	概要		特殊文字	概要
\0	ヌル文字		\r	改行コード(CR)
\\	バックスラッシュ		\"	ダブルクォーテーション
\t	タブ		\'	シングルクォーテーション
\n	改行コード(LF)			

BOOL型

Swiftで真偽値を示す型です。C言語では、真偽値をintで1/0としていますが、Swiftでは専用の型が用意されています。真偽はtrue/falseで表します。

Any型

オブジェクト全般を表す型です。同一のコレクション内に複数の型を格納する場合やUI部品のアクションの引数で変数の型が予想できない場合などに利用します。

空の状態

変数の値がない場合は、オブジェクトが空であることを表す定数 nil を代入します。

複合型

複合型とは、自分自身では特定の型を持たずに、複数の型の組み合わせから成る型のことです。複合型には、次の種類があります。複合型に関してはそれぞれ該当するページで説明します。

▼ 複合型の種類

種類	概要
タプル型	複数の値を1つにまとめて扱うデータの構造
関数型	関数の戻り値として複数の型の値を返す形式

実際の開発作業においては、多くの場合、上記の基本形よりもSwiftで定義されているクラスを用います。これらのクラスについては、第3章で説明します。

変数／定数を宣言する

書式
```
var 変数名[:型] = 値
var (変数名 [, 変数名]) [: (型 [, 型])] = (値 [, 値])
let 定数名[:型] = 値
let (定数名 [, 定数名]) (: (型 [, 型])) = (値 [, 値])
```

変数とは、後で値を変えることができるデータの入れ物のことです。変数は、変数名の頭に var をつけて宣言します。その際に、変数の型や初期値を指定します。型を指定しない場合は、コンパイラが自動的に最適な型を推論します（型推論）。複数の変数をカンマで区切ってまとめて宣言することも可能です。

値が固定された変数である定数は、定数名の頭に let をつけて宣言し、値を指定します。

Xcodeによるソースコードのチェックは、変数の宣言を基本的に不変(let)で行い、値の変更がある場合には可変(var)を使うというルールで行われます。

定数という強い概念ではなく、単に値の変化がない場合はletで変数を宣言するという仕様となっています。

なお、Swiftにおける変数と定数の違いは、定数は一度値を代入したあとに再代入できない点です（変数は何度も再代入可）。定数に再代入を行った場合は、コンパイルエラーとなりますので、絶対に変更しない値はletで宣言しておけば、思わぬミスを防ぐことができます。

サンプル Base/ParamView.swift
```
// 変数の宣言
var lang:String = "Swift"

// 複数の定数をまとめて宣言
let (errCode, errMessage): (Int, String) = (404, "Not Found")
```

参考 変数の値を指定する演算子「=」は、代入演算子といいます。

参考 変数／定数の宣言時に型の指定は省略できますが、複数のメンバーで開発する場合などにはソースコードの可読性を考慮して型を明記してください。

参考 変数には、メソッドの内部で宣言された内部変数とメソッドの外で宣言された外部変数の2種類があります。内部変数はメソッドの中のみで参照可能で、外部変数はソースファイル内のどこからでも参照できます。

タプルを利用する

書式 var 変数名 = ([ラベル :] 値 [, [ラベル :] 値])
        let 定数名 = ([ラベル :] 値 [, [ラベル :] 値])

タプルとは、複数の変数／定数を1つにしたものです。通常の変数の宣言では1つの型に限定されますが、タプルでは型の違う値も1つの変数にまとめて扱えます。変数の宣言時に型を指定する必要はありません。タプルから値を取り出す場合には、変数名を「.」（ピリオド）で区切ってラベル名またはインデックス番号をつけます。

サンプル Base/ParamView.swift

```
// タプルで変数を宣言
let result = (errCode : 404, errMessage : "Not Found")

// ラベルで値を参照
print(result.errCode)  // 結果：「404」を出力   result.0でも参照可能

// インデックス番号で値を参照
print(result.1)        // 結果：「Not Found」を出力
                       result.errMessageでも参照可能
```

参考 タプルで複数の変数を宣言する場合、同時に宣言する変数の個数についてはとくに制限はありません。

参考 タプルは配列や辞書と似た構造をしていますが、異なる型の値を一つのオブジェクトにまとめられるという点で、配列や辞書とは違う性質を持ちます。また、タプルでは一度定義した値を編集したり削除したりすることはできません。

nil を許容して変数を宣言する

書式 var 変数名[:型]?
　　　　var 変数名[:型]? = 値

　通常は、変数の値に空(nil)を代入できません。しかし、変数が初期化されていない場合やクリアされた場合を想定して、変数に空を代入したい場合もあります。そのような場合、変数宣言時に変数名の後ろに「?」をつけることで、変数にnilが入る可能性を含めて変数を宣言できます。

　このように値にnilが入ることを許容して変数を宣言することを「オプショナル型の変数」「変数をwrapする」といいます。逆に、変数の値にnilを許容しない場合は変数名の後ろに「!」をつけます。このことを「unwrapする」といいます。

サンプル Base/ParamView.swift

```
// 空の可能性のある変数を宣言
var lang:String?
lang = "Swift"

print(lang)   // 変数の値を参照
print(lang!)  // nilを許容せずに変数を参照
```

参考 オプショナル型に対して、最初から値が存在する変数を値型といいます。

ジェネリクスで変数を宣言する

書式 var 変数名[:型<型引数>] = 型<型引数>()

ジェネリクスとは、「<>」で囲んだ型引数を変数やメソッドに付加して定義することです。これによって、変数やメソッドが型引数で指定された特定の型に対応します。

ジェネリクスは、配列や辞書の変数を定義する際によく利用されます。型引数に指定する型は、変数の型の仕様に従って任意の型を利用できます。

サンプル Base/ParamView.swift

```
// 文字列の配列の変数を宣言
var sampleArray : Array<String>  = Array<String>()
sampleArray.append("Swift")

// キーが文字列、値が数値の辞書の変数を宣言
var sampleDictionary : Dictionary<String, Int> = Dictionary<String, Int>()
sampleDictionary.updateValue(1, forKey : "Swift")
```

参考 別の言い方をすると、ジェネリクスでは、型自体を変数として変数やメソッドを記述します。高度なプログラムになると、型だけでなくメソッドの定義自体を変数にすることもあります。

参照 P.89「配列を利用する」
P.102「辞書を利用する」

2

型を変換する

書式 (型)値
オブジェクト as 型

･･

　異なる型の間で、データ型を変換することを型変換といいます。型変換を利用すると、異なる変数の型を同一の演算で使うことができます。数値などの値の型変換を行う際には、変換したい型をキャスト演算子「()」で囲んで変数の前に記述します。オブジェクトの型を変換する場合には、変数の後ろに「as」をつけて変換後の型を記述します。

サンプル Base/CastView.swift
```
// 計算結果をDouble型で取得
var i = 2
var j = 3.5
var r = Double(i)/j

// String型をNSString型に変換
var str1 : String = "Swift Programing"
var str2 : NSString = str1 as NSString
print(str2.substring(to: 5)) // 変換後にNSStringクラスのメソッドを利用
```

参考 異なる型同士で演算を行う場合、変数に浮動小数点が1つでも含まれていれば、結果は浮動小数点となります。整数同士で演算を行うと、結果は整数となります。もしも結果を浮動小数点で取得したいならば、型変換を行います。

参考 String／Array／Dictionary等の構造体は、オブジェクトを簡易的に扱うための構造体で高度なメソッドを持っていません。そのため、高度な処理を行う場合はasを使って、より高度な処理が可能なNS～／NSMutable～のクラスに変換します。

参照 P.86「文字列を利用する」
P.89「配列を利用する」
P.102「辞書を利用する」

変数を出力する

書式 `print(param)`

引数 param : **変数**

print関数は、変数の内容の確認などのために利用される出力用の関数です。出力結果はコンソールに表示されます。出力する内容は、数値や文字列、配列や辞書といったオブジェクトでも可能です。

出力時に、「\(変数名)」のように、バックスラッシュと「()」で変数名を囲むことで、文字列中に変数を埋め込むことが可能です。これを利用することで、型変換せずに文字列と数値を結合させることもできます。

サンプル Base/ParamView.swift

```swift
var lang:String? = "Swift"
print(lang)                    // 結果：Optional("Swift")
print(lang!)                   // 結果：Swift

// 変数の埋め込み
var num : Int = 3
print("番号は\(num)番です")   // 結果：番号は3番です

// 辞書を出力
var catInfo: Dictionary<String, AnyObject> = ["name": "むく", "age": 3]
print(catInfo)                 // 結果：[age: 3, name: むく]
```

参考 変数がオプショナル型の場合は、オプショナル型とわかるように出力されます。

参照 P.38「nilを許容して変数を宣言する」
P.86「文字列を利用する」
P.102「辞書を利用する」

Swift の基本的な使い方

演算子

● 算術演算子

算術演算子とは、加算や乗算などの数学的に値を変化させる演算子のことです。算術演算子には次のものがあります。

算術演算子の種類

演算子	利用例	概要
+	a + b	aにbを足す
-	a - b	aからbを引く
*	a * b	aにbをかける
/	a / b	aをbで割る
%	a % b	aをbで割ったあまり

サンプル Base/NumView.swift

```
int a =2
int b =3

int c = a * b

print(c)  // 結果：6
```

● 比較演算子

比較演算子とは、2つのオブジェクトを比較して、その結果をBOOL型で返す演算子のことです。比較演算子には次のものがあります。

比較演算子の種類

演算子	利用例	概要
==	a == b	aとbが等しければ真
!=	a != b	aとbが等しくなければ真
<	a < b	aがbよりも小さければ真
<=	a <= b	aがb以下であれば真
>	a > b	aがbよりも大きければ真
>=	a >= b	aがb以上であれば真

42

サンプル Base/NumView.swift

```
int a =2
int b =3

var d : Bool = a < b

print(d)  // 結果：false
```

複合代入演算子

複合代入演算子とは、演算と代入を1つにまとめた演算子です。別の変数を利用することなく結果を取得でき、コードを短く書くことができます。複合代入演算子には次のものがあります。

複合代入演算子の種類

+=	a+=b	aにbを足した値をaに代入
-=	a-=b	aからbを引いた値をaに代入
*=	a*=b	aとbをかけた値をaに代入
/=	a/=b	aをbで割った値をaに代入
%=	a%=b	aをbで割ったあまりをaに代入

サンプル Base/NumView.swift

```
int a =2
int b =3

a+=b

print(a)  // 結果：5
```

条件演算子

条件演算子とは、条件によって異なる値を返す演算子です。結果としては、条件文と同様の意味を持ちます。

条件の判定を行う場合、通常はif文を用いますが、簡単なものであれば条件演算子を用いることで簡単に記述できます。条件演算子には次の種類があります。

条件演算子の種類

?:	条件式 ? 真の時の値 : 偽の時の値	条件式が真の場合は真、偽の場合は偽

サンプル　Base/OperatorView.swift

```
int weight = 80

// 100より大きい場合は「重い」をstrに代入
var str : String = (weight>100) ? "重い" : "そうでもない"
print(str) // 結果：そうでもない
```

● 論理演算子

　論理演算子とは、複数の条件式を組み合わせた複雑な条件（論理演算）の判定を行う演算子です。論理演算には、「否定」(NOT)、「論理積」(AND)、「論理和」(OR)の3種類があります。対応する論理演算子の種類は次の通りです。

▼　論理演算子の種類

演算子	利用例	概要
!	!a	aが真であれば偽、aが偽であれば真（否定）
&&	a && b	aとbの両方が真の場合に真（論理積）
||	a || b	aが真、またはbが真の場合に真（論理和）

サンプル　Base/OperatorView.swift

```
int a = 10
int b = 20

// 否定
if !(a < 5) {
    print("aは5より大きい")
} // 結果:aは5より大きい

// 論理積
if a>5 && b>5 {
    print("a,b ともに5より大きい")
} // 結果:a,b ともに5より大きい

// 論理和
if a>15 || b>15 {
    print("a,b どちらかが15より大きい")
} // 結果:a,b どちらかが15より大きい
```

● 範囲演算子

範囲演算子とは、連続した値の範囲を指定する演算子です。範囲演算子には、最後の数を含めるものと含めないものがあります。

▼ 論理演算子の種類

演算子	利用例	概要
...	a...b	aからbまで(bを含む)
..<	a..<b	aからbまで(bを含まない)

サンプル Base/OperatorView.swift

```swift
var i:Int=0
// ...最後の数字まで処理を行う
for i in 0...3 {
    print(i)
}
// 結果:0、1、2、3

var langs:Array<String> = ["Java", "PHP", "Perl", "Ruby"]
// 最後の数字は含めずに処理を行う
for i in 0..<langs.count {
    print(langs[i])
}
結果:Java、PHP、Perl、Ruby
```

参考 ..<演算子は、最後の数を含めないため、ループカウントに向いています。

● シフト演算子

シフト演算子は、ビット単位のシフトを行います。ビット単位のシフトとは、2進数で表した値の各桁を左または右にずらすことです。ビット単位のシフトは、乗算や除算よりも高速に行われるため、2倍/2分の1倍などの演算を高速に行うことができます。

▼ シフト演算子の種類

演算子	利用例	概要
<<	a << b	aをbビット左にシフト
>>	a >> b	aをbビット右にシフト

サンプル Base/OperatorView.swift

```
let x:Int = 2
var y:Int?
y = x << 1 // y = x * 2 と同じ
print(y)

y = x >> 1 // y = x / 2 と同じ
print(y)
```

参考 シフトする量に負の値を指定すると、予期しない結果になる場合があります。そのため、画像のRGB値を変化させる場合など、正の値を高速で計算する処理に向いています。

演算子の優先度

各演算子の優先度は次の通りです。Swiftでは、複数の演算子を組み合わせて1つの式で複数の処理を行うことができます。その際には、演算処理の順番によって処理結果が変わりますので、どの演算子が優先して処理されるか意識することが大切です。演算子の優先度は次の表の通りです。

演算子の優先度

優先度	演算子	結合性
1	()、[]、.、->	左から右
2	&、*、+、-、~、!	右から左
3	*、/、%	左から右
4	+、-	左から右
5	<<、>>	左から右
6	<、<=、>、>=	左から右
7	==、!=	左から右
8	&	左から右
9	^	左から右
10	|	左から右
11	&&	左から右
12	||	左から右
13	?:	左から右
14	=、+=、-=、*=、/=、%=、<<=、>>=、&=、^=、|=	左から右
15	,	左から右

結合性とは、同じ優先順位の演算子を処理する順番のことです。原則として左から右へ処理されます。

処理を分岐する

2
Swiftの基本的な使い方

書式
```
if condition {
    // 条件が真の場合の処理
}else{
    // 条件が偽の場合の処理
}

if condition1 {
    // 条件1が真の場合の処理
}else if condition2 {
    // 条件2が真の場合の処理
...
}else{
    // いずれの条件も偽の場合の処理
}
```

引数 condition／condition1／condition2／condition3：**条件**

プログラム言語では、条件によって処理を実行したり、一定の条件下で処理を繰り返したりする命令を制御文といいます。

if文は、基本的な条件分岐の構文です。1行に収まる場合でも、{}の記述は必須です。

サンプル Base/IfView.swift
```
var a:Int = 1

if a==0 {        // 「if( a==0) {」の記述も可能
    print("aは0です")
}else if a==1 {
    print("aは1です")
}else{
    print("aは0,1以外です")
}
    // 結果：aは1です
```

参考 ほかの言語のように、条件式をカッコでくくることも可能です。

参照 P.48「複数の条件で処理を分岐する」
P.53「処理を抜け出す」

複数の条件で処理を分岐する

書式
```
switch  condition  {
    case val1:
        // 実行する処理
    case val2:
        // 実行する処理
    ...
    default:
        // 実行する処理
}
```

引数 condition：**条件**、val1／val2：**値または条件式**

switch文は条件を分岐する構文で、条件に対する値が複数存在する場合に利用します。どの値／条件式にも合致しない場合は、default文の配下に処理を記述します。

サンプル Base/FuncView.swift
```
let a:Int = 30
switch (a) {
    case 1:
        print("aは1です")
    case 10...50:
        print("aは10から50の間です")
    default:
        print("aは1、2以外です")
}
// 結果：aは10から50の間です
```

参考 ほかの言語と違って、各処理のあとのbreak文は不要です。

参照 P.47「処理を分岐する」

処理を繰り返す

書式 while condition {
    // 処理

}

引数 condition：**条件**

....

while文は、指定した条件のもとで処理を繰り返します。条件に合わなくなった場合に処理を終えます。最初から条件に合わない場合、処理は行われません。

while文では条件式のみを指定し、for文と違って初期化式や増減式は記述しません。

サンプル Base/View.swift

```
var a:Int = 0
while a<3 {
    a++
}
print(a)
    // 結果：2
```

参考 while文の処理から抜け出す場合はbreak文、次の処理へスキップする場合はcontinue文を利用します。

参照 P.50「1回実行した後に処理を繰り返す」
P.53「処理を抜け出す」
P.54「処理をスキップする」

1回実行した後に処理を繰り返す

書式
```
repeat {
    // 処理
} while condition
```

引数 condition：**条件**

repeat-while文は、最初に1回処理を行った後に、指定した条件のもとで処理を繰り返します。条件に合わなくなった場合に処理を終えます。

while文では、最初から条件に合わない場合は処理が実行されません。これに対して、repeat-while文では最初の条件に関わらず最低1回は処理が実行されるという特徴があります。

サンプル Base/WhileView.swift
```
var b:Int = 3
repeat {
    b++
} while b<1

print(b)  // 表示：4
```

参考 repeat-while文の処理から抜け出す場合はbreak文を利用します。

参考 繰り返しの処理には、最初に条件の判定を行う前置判定、先に繰り返しの処理を行い、その後に条件の判定を行う後置判定の2種類があります。後置判定では、最低1回は繰り返しの処理が行われます。while文は前置判定、repeat-while文は後置判定です。

参考 repeat-while文は、他言語でのdo-while文に相当します。

参照 P.49「処理を繰り返す」
P.53「処理を抜け出す」

上限を決めて処理を繰り返す

書式
```
for i in start ... end {
    // 処理
}
for i in start ..< end {
    // 処理
}
```

引数 i：**カウンタ変数**、start：**開始値**、end：**終了値**

for文は、上限を決めて処理を繰り返します。

具体的には、範囲演算子で範囲を指定してカウンタ変数が範囲演算子で指定した範囲内に存在する場合に処理を繰り返します。

カウンタ変数は、処理が行われるたびに範囲の中を移動します。カウンタ変数が範囲から外れると、繰り返しの処理を抜けます。

サンプル Base/ForView.swift
```
let arr : Array = ["白", "黒", "赤", "青"]

// 配列の要素の数だけ処理を行う
for i in 0 ..< arr.count {
    print(arr[i])
}
    // 結果：白
           黒
           赤
           青
```

参考 カウンタ変数を繰り返しの処理の中で利用しない場合は、カウンタ変数を省略して「for _ in ～」の形式でfor文を記述することができます。

参考 C言語等のプログラミング言語でよく利用される、for文と++や--演算子の組み合わせは、Swift 3で廃止されました。

参照 P.52「コレクション内で処理を繰り返す」

コレクション内で処理を繰り返す

書式
```
for item in items
{
    // 繰り返しの処理
}
```

引数 items：**コレクション**、item：**要素を格納する定数**

for-in文は、コレクション内でのみ使用可能なfor文です。コレクションとは、集合／配列／辞書などの複数の要素を管理するオブジェクトのことです。コレクション内の要素を取り出し、要素がなくなるまで処理を繰り返します。

for-in文では、要素を格納するのに定数を利用します。そのため、for-in文で取り出した要素の値を、後で変更することはできません。

サンプル Base/ForView.swift
```
let arr : Array = ["白", "黒", "赤", "青"]

// 辞書の要素が無くなるまで処理を繰り返す
for item in arr {
    print(item)
}
    // 結果：白
           赤
           黒
           青
```

参考 要素を格納する定数の前に「let」は不要です。上記のサンプルでは、itemは定数ですので、for-in文の中でitemの値を変更することはできません。

参照 P.51「上限を決めて処理を繰り返す」

処理を抜け出す

書式 break

break文は、繰り返しの処理から抜け出します。while文／repeat-while文／for
文の終了条件を満たす前に処理を中断したい場合などに利用します。

サンプル Base/ForView.swift

```swift
for i in 0..<10 {
    // 5以上で処理を抜ける
    if i>=5 {break}
    print(i)
}
  // 結果：1
         2
         3
         4
```

参照 P.49「処理を繰り返す」
P.50「1回実行した後に処理を繰り返す」
P.51「上限を決めて処理を繰り返す」
P.52「コレクション内で処理を繰り返す」
P.54「処理をスキップする」

処理をスキップする

書式 `continue`

continue文は、繰り返しの処理の途中で処理を中断し、現在の周回をスキップします。条件によって、処理を実行しない場合などに利用します。

サンプル Base/ForView.swift

```swift
for i in 0..<10 {
    // 偶数の場合は最初に戻る
    if i%2==0 {continue}
    print(i)
}
// 結果：1
//      3
//      5
//      7
//      9
```

参照 P.49「処理を繰り返す」
P.50「1回実行した後に処理を繰り返す」
P.51「上限を決めて処理を繰り返す」
P.52「コレクション内で処理を繰り返す」
P.53「処理を抜け出す」

クラスを定義する

書式 `modifier class class [:superclass]`

```
{
    //プロパティの定義

    // 初期化処理の定義
    init( [引数] )
    {
        // 初期化処理の内容
    }

    // メソッドの定義
}
```

引数 `modifier`：**アクセス修飾子、** `class`：**クラス名、** `superclass`：**継承元の
クラス名や実装するプロトコル**

Swiftのプログラムは、クラスという単位で構成されます。クラスの中で、オブジェクトの属性を保持するプロパティと処理を定義するメソッドを定義します。クラス名の前に必要によりアクセス修飾子をつけ、継承するクラスや実装するプロトコルがあれば「:」で区切って記述します。修飾子には次のものがあります。

▼ アクセス修飾子の種類

修飾子	
open	どこからでもアクセス可能
public	どこからでもアクセス可能、同一のプロジェクト外では継承は不可
internal	同一のプロジェクト内のみアクセス可能（既定）
fileprivate	同一ファイル内のみアクセス可能
private	同一の定義の中のみアクセス可能

　アクセス修飾子は何も指定しない場合は、internalが適用されます。internalが適用されたクラスは、同一のプロジェクト内ならどこからでも利用できます。APIやライブラリとしてクラスを定義する場合は、openかpublicを指定します。ただし、publicを指定した場合は、同一のプロジェクトやモジュール以外では継承はさせずサブクラスは作れない意味になります。クラスへのアクセスを制限したい場合は、fileprivateかprivateを利用します。fileprivateは名前の通り同一のファイル内のみのアクセスに限定します。privateの場合は、fileprivateよりも制限が強く、クラス

の中でクラスを定義するなどの同一の定義や宣言の中のみのアクセスに制限が強化されます。

initメソッドは、クラスの初期化のために使われる特別なメソッド(**イニシャライザ**)です。

サンプル Base/Cat.swift

```
import Foundation

// Catクラスを定義
class Cat : NSObject
{
    // プロパティ
    var Name:String      // 名前
    var Age:Int          // 年齢
    var Territory:String // 縄張り
    var Favorite:String  // 好物

    // 初期化処理
    // 名前と年齢を引数で渡してセット
    init(name:String, age:Int)
    {
        Name = name
        Age = age
        Territory = ""
        Favorite = ""
    }
}
```

参考 クラスの名前には、既に使用されているクラス名は利用できません。この場合は、Xcode上でエラーが出ますので、別のクラス名に変更してください。

参考 initは特別なメソッドの1つで、通常のメソッドと違って「func」をつける必要はありません。

参考 クラスから自分自身を参照する場合は、予約語「self」を利用します。サンプルのCatクラス内でNameプロパティにアクセスする場合、self.Nameと記述することもできます。

参照 P.60「メソッドを定義する」
P.64「クラスメソッドを定義する」
P.67「インスタンスを生成する／初期化する／メモリを解放する」
P.69「メソッドを実行する」

モジュールをインポートする

書式 `import` name

引数 name：フレームワークやライブラリの名前

importは、クラスが利用するフレームワークやライブラリを指定します。import文は、クラスを宣言する前に、ソースコードの先頭部分に記述します。

サンプル Base/OperatorView.swift

```swift
// UIKit フレームワークをインポート
import UIKit

class OperatorViewController: UIViewController {

  override func viewDidLoad() {
    super.viewDidLoad()
```

参考 フレームワークやライブラリを利用する場合は、Xcodeの画面から利用するものを追加する作業が必要です。
[TARGETS]−[プロジェクト名]−[Build Phases]−[Link Binary With Libraries]で利用するライブラリ一覧のペインを開き、「+」ボタンでライブラリ／フレームワークを追加します。

△ フレームワークの追加

参照 P.55「クラスを定義する」

プロパティを定義する

書式

```
modifier var name[:type] [=value]

modifier var name[:type]{
    get {
        処理
        return paramValue
    }
    set {
        処理
    }
}
```

引数 modifier：**アクセス修飾子**、name：**プロパティ名**、type：**型**、
value：**初期値**、paramValue：**戻り値**

プロパティとは、オブジェクトの状態を保持する変数です。

プロパティは、クラスの上部に変数の宣言と同様の書式で宣言します。通常は値が変更されることを想定してvarで宣言しますが、読み取り専用として宣言したい場合はletで宣言します。アクセス修飾子は、クラスと同様のものが利用できます。プロパティには次の2種類があります。

▼ プロパティの種類

種類	意味
保持型プロパティ	値そのものを保持し続ける
計算型プロパティ	それ自体は値を持たずに、アクセスされた際に処理を行う

計算型プロパティでは、参照された際にはgetブロックで定義した処理が走り、値をセットした際にはsetブロックで定義した処理が走ります。setブロックには、セットした値が変数名newValueで渡されます。

サンプル Base/FuncView.swift

```swift
class Item {
  // 保持型プロパティ
  var unitPrice : Int = 0
  var taxIncludedPrice : Int = 0
```

```
// 計算型プロパティ
var price : Int{
get {
    return unitPrice
}
set {
    // 値がセットされた以下の処理を行う
    unitPrice = newValue
    taxIncludedPrice = Int(Double(newValue)*1.08)
}
}

let item : Item = Item()
// priceに100をセット この時にunitPrice、taxIncludedPriceの値を計算
item.price = 100
print(item.price)                    // 「100」を出力
print(item.unitPrice)                // 「100」を出力
print(item.taxIncludedPrice)         // 「108」を出力
```

参考 プロパティの初期値を指定しない場合は、オプショナル型の変数を宣言する際と同じように「?」をつけます。

参考 Swiftでは、クラスのほかに構造体と列挙型でもプロパティを持つことができます。その際のプロパティの定義は、クラスでのプロパティの定義と同様です。

参考 アクセス修飾子の前に「@IBOutlet」をつけてプロパティを宣言すると、ストーリーボードやnibファイルから参照できるプロパティという意味になります。

参照 P.55「クラスを定義する」
P.75「構造体を定義する」
P.80「列挙型を定義する」

メソッドを定義する

書式

```
modifier func method( [[label] param[:paramType][=value],...] )
{ 処理 }
modifier func method( [[label] param[:paramType][=value],,...] )
->type { 処理 return ret}
```

引数 modifier：**アクセス修飾子**、method：**メソッド名**、label：**ラベル**、param：**引数**、value：**引数の初期値**、paramType：**引数の型**、type：**戻り値の型**、ret：**戻り値**

メソッドとは、クラスが持つデータ処理の方法のことです。Swiftのメソッドは「func」で定義し、戻り値がないもの／戻り値があるもので記述の仕方が異なります。戻り値があるメソッドでは、メソッド定義の最後に戻り値の型を指定します。メソッド定義時の主なアクセス修飾子には次のものがあります。

▼ アクセス修飾子の種類

名前	概要
open	どこからでもアクセス可能
public	どこからでもアクセス可能、同一のプロジェクト外ではoverrideは不可
internal	同一のプロジェクト内のみアクセス可能(既定)
fileprivate	同一ファイル内のみアクセス可能
private	同一の定義の中のみアクセス可能
override	スーパークラスから継承したメソッドの上書き
class	クラスメソッドとして定義
static	クラスメソッドとして定義、同一のプロジェクト外ではoverrideは不可

メソッドに引数を渡す場合は、引数の指定の前に引数についての説明(ラベル)を入れ半角スペースで区切ります。ラベルに関する規則は、仕様上は特にありません。通常は引数の目的や種類などがわかる短い文言を用います。ラベルは省略してもかまいません。引数にデフォルト値を指定したい場合は、引数の後ろに「=」で指定します。

サンプル Base/Cat.swift

```
import Foundation

class Cat : NSObject
{
```

```
// プロパティ
var Name:String       // 名前
var Age:Int           // 年齢
var Territory:String  // 縄張り
var Favorite:String   // 好物

// 初期化処理
// 名前と年齢を引数で渡してセット
init(name:String, age:Int)
{
    Name = name
    Age = age
    Territory = ""
    Favorite = ""
}

// 名前を返す
func getName()->String
{
    return Name
}

// 年齢を返す
func getAge()->Int
{
    return Age
}

// 縄張りと好物をセット
func setInfo(nawabari territory:String,
             koubutsu favorite:String = "またたび")
{
    Territory = territory
    Favorite = favorite
}

// 縄張りと好物をセット ラベルの記述を省略する場合
func setInfo(territory:String, favorite:String)
{
    Territory = territory
    Favorite = favorite
}
```

```
// 縄張りと好物をセット ラベル自体を省略する場合
func setInfo(_ territory:String, _ favorite:String)
{
    Territory = territory
    Favorite = favorite
}
```

参考 メソッドの戻り値は、型を複数指定して、タプルの形式で複数の戻り値を返すこともできます。

参考 引数を参照渡しで利用したい場合は、メソッドの定義時に変数名の前に「inout」をつけて、メソッドを呼び出す際に引数の前に「&」をつけます。

参考 アクセス修飾子の前に次の予約語をつけると、目的が関連付けられたメソッドとして定義されます。

◇ メソッドの関連付け

名称	概要
@IBAction	ストーリーボードやnibファイルから参照されるメソッド
@objc	セレクタとして利用されるメソッド

参考 メソッドの引数の型を指定しない場合は、Any型で引数を定義します。

参考 メソッドを定義する際、ラベルの前に「_ 」をつけておくと、メソッドを呼び出す際にラベルを記述する必要がなくなり、引数を記述するだけでメソッドを利用できます。

参照 P.55「クラスを定義する」
P.64「クラスメソッドを定義する」
P.69「メソッドを実行する」

可変長引数を利用したメソッドを定義する

書式　modifier func method(param: paramType...)
　　　　　{ 処理 }
　　　　modifier func method(param: paramType...)
　　　　　->type { 処理 return ret}

引数　modifier：**アクセス修飾子**、method：**メソッド名**、param：**引数**、
　　　　value：**引数の初期値**、paramType：**引数の型**、type：**戻り値の型**、
　　　　ret：**戻り値**

　可変長引数とは、引数を利用する場合に固定の個数ではなく、任意の個数を利用できる引数です。可変長引数を引数に指定する場合は、型の後ろに「...」をつけます。型は省略できません。

サンプル　Base/ClassView.swift

```swift
// 可変長引数を利用したメソッド
func total(num : Int...)->Int{
    var s : Int = 0
    for n in num {
      s += n
    }
    return s
}

// 可変長引数を利用したメソッドの呼び出し
// 引数0個
print(total())              // 結果：「0」を出力
// 引数3個
print(total(1,2,3))         // 結果：「6」を出力
```

参考　可変長引数では、引数0個として引数なしでもかまいません。

参照　P.60「メソッドを定義する」
　　　　P.69「メソッドを実行する」

クラスメソッドを定義する

書式 class func method([[label] param[:paramType][=value],,...])
→type { 処理 return ret}

引数 method：**メソッド名**、label：**ラベル**、param：**引数**、value：**引数の初
期値**、paramType：**引数の型**、type：**戻り値の型**、ret：**戻り値**

クラスメソッドとは、クラスをインスタンス化せずに直接起動して利用できるメ
ソッドです。インスタンスを利用しないことから、変数の保持などを考慮したメ
ソッドではありません。

クラスメソッドでは、渡された変数に何らかの処理を行い、そこで処理がすべて
完結します。クラスメソッドの定義では、アクセス修飾子に「class」または「static」
をつけます。

サンプル Base/FuncView.swift

```
class Util {
    // 加算した値を返すクラスメソッド
    static func add(num1 x: Int, num2 y: Int)->Int{
        let z : Int = x + y
        return z
    }
}

// クラスメソッドを呼び出す
let n: Int = Util.add(num1: 1, num2: 2)
```

参考 クラスメソッドに対して、インスタンスから呼び出す一般的なメソッドは単にメソッド、
またはインスタンスメソッドと呼ばれます。

参考 アクセス修飾子が「class」の場合は上書き可能、「static」の場合は上書き不可という意味
でメソッドが定義されます。

参照 P.55「クラスを定義する」
P.60「メソッドを定義する」
P.69「メソッドを実行する」

ジェネリクス型のメソッドを定義する

書式　modifier **func** method<[type[:protocol],,,]>
　　　(param: paramType ...) { 処理 }
　　　modifier **func** method<[type[:protocol],,,]>
　　　(param: paramType ...)
　　　->type { 処理 **return** ret}

引数　modifier：**アクセス修飾子**、method：**メソッド名**、type：**型**、
　　　protocol：**プロトコル**、param：**引数**、paramType：**引数の型**、type：
　　　戻り値の型、ret：**戻り値**

　ジェネリクス型のメソッドとは、メソッドで利用される型が定義の段階では固定されず、利用する段階になって決まることを言います。つまり、ジェネリクス型のメソッドでは、引数の型を限定せずに同じような処理をまとめることが可能です。

　ジェネリクス型のメソッドを定義する際には、メソッド名の後ろの<>内にプレースホルダの型名を記述してジェネリクス型のメソッドであることを明記します。型名は決まっていないので何を記述しても構いませんが、「T」で記述することが多いです。指定できる型に制限をかけたい場合は、型名の後ろに「:」で区切ってプロトコルを記述します。

サンプル　Base/FuncView.swift

```
// ジェネリクスを引数にしたメソッド
func someMethod<T>(value: T) {
    print(value)
}

// 数値型の変数に限定する場合
func sum<T: Numeric>(_ x : T, _ y : T)->T {
    return x + y
}

// 比較可能な要素の配列に限定する場合
func getLastElementInArray<T: Comparable>(_ array: [T]) ->T?{
    if array.isEmpty { return nil }
    return array.sorted().last // ソートして最後の要素を返す
}

// 比較可能なオブジェクトを引数に限定する場合
```

```
func isEqual<T: Equatable>(_ a: T, _ b: T) -> Bool {
    return a == b
}
... 中略 ...

someMethod(value: 123)       // 結果：123
someMethod(value: "Hello")  // 結果： Hello

print(sum(1,2))        // 結果：3
print(sum(1.5, 3.2))  // 結果：4.7

print(getLastElementInArray([3,2,5,1,9]))              // 結果：Optional(9)
print(getLastElementInArray(["p","k","a","z","m","n"]))
                                            // 結果：Optional("z")

print(isEqual(1, 1))        // 結果：true
print(isEqual(10, 20))     // 結果：false
print(isEqual("z", "z"))   // 結果：true
print(isEqual("Swift", "Objective-C"))  // 結果：false
```

参考 ジェネリクス型のメソッドで利用できるプロトコルなどに関しては、Appleのドキュメ
ントで確認できます。

Swift Standard Library Reference
https://docs.swift.org/swift-book/documentation/the-swift-programming-
language/generics/

参照 P.39「ジェネリクスで変数を宣言する」
P.60「メソッドを定義する」

インスタンスを生成する／初期化する／メモリを解放する

メソッド

init 初期化
deinit クラス解放時の処理

書式 `var obj : Class = Class(param)`
`deinit { 処理 }`

引数 `obj`：**インスタンス**、`Class`：**クラス名**、`param`：**initメソッドの引数**

　プログラム内でクラスを利用する場合は、クラスから生成したインスタンスに対して処理を行います。具体的には、initメソッドで初期化してインスタンス(オブジェクト)を生成します。初期化する際には、initメソッド自体は記述せずにクラス名の後ろに引数を渡します。

　deinitメソッドは、インスタンスが解放されるときに呼ばれるメソッドです。クラス内でオープンしたファイルのクローズや変数のクリア等の処理を行う場合に利用されます。

サンプル **Base/ClassView.swift**
```
// Catクラスのインスタンスを生成
var c : Cat = Cat(name:"とら", age:2)
```

サンプル **Base/Cat.swift**
```
// 初期化処理
init(name:String, age:Int)
{
  Name = name
  Age = age
..中略...
}

// クラス解放時に変数のクリア
deinit {
  Name = ""
}
```

参考 init／deinitメソッドには、「func」の記述は不要です。

参考 Swiftではメモリの解放は、コンパイラがある程度自動で行いますので、deinitメソッド
による処理は必ずしも必要というわけではありません。

参照 P.55「クラスを定義する」
P.69「メソッドを実行する」

COLUMN》 Swiftでの初期化処理

これまでObjective-Cでアプリの開発を行ってきた開発者は、Swiftの仕様の緩
さに戸惑うこともあるかもしれません。ここでは、クラスの初期化処理につい
てSwiftの緩い特徴を2つ示します。

● **オーバーロード**

同じ名前のメソッドでも、パラメーターが異なる場合、別々のメソッドとして
定義できます。初期化処理のinitメソッドを定義する際に、パラメーターが異な
る場合でも同じ名前のinitメソッドで定義できます。

Objective-Cでは、初期化処理の引数が違う場合にはinitWith~というメソッド
名で区別することがよくありました。Swiftでは1つのメソッド名を利用できる
ため、似た処理で名前が異なるメソッドが増えていく、という心配はありませ
ん。

● **デフォルトイニシャライザ**

クラスの中に初期化処理を行うinitメソッドが記載されていない場合でも、コン
パイラが自動的に判断して初期化処理を行います。Objective-Cでは、コンパイ
ラが自動でメソッドを補完することはなく、エラーとなっていました。initメ
ソッドで特に処理を行う必要がない場合、デフォルトイニシャライザを利用す
ると開発作業を軽減できます。ただし、イニシャライザでは、クラス内のプロ
パティに初期値がない場合はエラーとなりますので気をつけてください。

メソッドを実行する

書式 class.method([param,])
obj = ClassName.method([param,])

引数 class：**インスタンス名**、method：**メソッド名**、obj：**オブジェクト名**、
ClassName：**クラス名**、param：**引数**

メソッドの実行は「.」(ピリオド)でインスタンス名とメソッドを区切って行います。引数がある場合は、メソッドの定義に従って記述します。

クラスを直接起動するクラスメソッドの場合は、クラス名とメソッド名を「.」で区切って記述します。

ラベルが省略されたメソッドの場合は、引数名をラベルとして記述します。

サンプル Base/ClassView.swift

```
// 名前と年齢をセットして初期化処理
var c : Cat = Cat(name:"とら", age:2)

// 名前を取得するメソッドを実行
var name = c.getName()
print("名前は\(name)です")   // 結果：「名前はとらです」を出力

// メソッドを実行
c.setInfo(nawabari: "公園", koubutsu: "カリカリ")

// ラベルのないメソッドの場合は、第2引数以降は引数名をラベルとして記述する
c.setInfo(territory: "公園", favorite: "カリカリ")
```

参考 initメソッドは、例外的にラベルがない場合でも第1引数をラベルとして記述できます。

参照 P.55「クラスを定義する」
P.70「スーパークラスのメソッドを実行する」

スーパークラスのメソッドを実行する

書式 super method([param,])

引数 method：メソッド名、param：メソッドの引数

クラスを継承した場合、スーパークラスには super という予約語でアクセスできます。スーパークラスのメソッドを実行する場合には、通常通りにメソッド名、引数を指定して実行します。

サンプル Base/Muku.swift
```swift
// Catクラスを継承してMukuクラスを定義
class Muku:Cat
{
    var Weight:Int

    // 初期化処理
    init(name:String, age:Int, weight:Int)
    {
        Weight = weight
        // スーパークラスのinitメソッドを実行
        super.init(name: name, age: age)
    }

    // スーパークラスのメソッドを上書き
    override func getName() -> String {
        return "名前は\(Name)です"
    }
}
```

参考 スーパークラスのメソッドを上書きする場合は、「override」をつけてメソッドを定義し直します。

参照 P.55「クラスを定義する」
P.69「メソッドを実行する」

エクステンションを利用する

書式 extension class{
    // メソッドの定義

    }

引数 class：**クラス名**

....

エクステンションとは、クラスが持つメソッドを用途別に分類して、ソースコードを複数のファイルに分けるためのしくみです。エクステンションを利用すると、1つの大きなクラスをいくつかのファイルに分割して記述でき、ソースコードの保守性を高められます。

エクステンションは、開発者が新規に作成するクラスだけでなく、既存のクラスに対しても利用できます。つまり、既存のクラスをサブクラス化することなく、拡張して利用できます。

サンプル Base/Extension.swift

```
// Catクラスを拡張
extension Cat {
    func intro(){
        print("私の名前は\(self.Name)です。よろしくお願いします")
    }
}
```

サンプル Base/ExtensionView.swift

```
// 初期化処理
var cat:Cat = Cat(name: "とら", age: 2)
// 拡張したメソッドを利用
cat.intro()

// 結果：「私の名前はとらです。よろしくお願いします」を出力
```

参考 エクステンションをうまく利用すると、新規のクラスを作成することなく、既存クラスの機能を強化してコーディングを減らすことができます。

参考 構造体や列挙型についてもエクステンションを利用することができます。

参照 P.55「クラスを定義する」
P.60「メソッドを定義する」

クロージャを利用する

書式 {(param[:paramType][,param[:paramType]]) ->type
in 処理 return ret}

引数 param：**引数**、paramType：**引数の型**、type：**戻り値の型**、ret：**戻り値**

クロージャとは、名前をつけないメソッドのことです。メソッドと同様に定義された処理を実行します。Swiftでは、クロージャはメソッドの引数として利用されることが多いです。クロージャの記述では、引数の型やreturn文を省略したり、引数自体を省略することも可能です。

サンプル Base/ParamView.swift

```
var nums : Array = [1, 2, 3]
// 配列内の各値を3倍にする処理を配列に適応
nums = nums.map( {(val: Int) -> Int in val * 3 } )

// クロージャを使って値の大きい順に並べ替える処理の例
var numbers : Array<Int> = [10, 5, 100, 20, 3, 80, 70, 200]
// 引数の型／return文を省略
numbers = numbers.sorted(by: { val1, val2 in val1 > val2 })
// 引数自体を省略
numbers = numbers.sorted(by: { $0 > $1 })
```

参考 ソースコードにクロージャのみを記述すると、コンパイルエラーになります。クロージャはメソッドの引数として利用してください。

参照 P.60「メソッドを定義する」
P.69「メソッドを実行する」

コメントを記述する

書式 // コメント

```
/*
  コメント1
  コメント2
*/
```

Swiftでは、ソースコードの中に以下の形式でコメントを記述できます。

● 「//」で行う1行単位のコメント
● 「/*」から「*/」までの間をコメントとする複数行に渡るコメント

コメントは、ソースコード内の任意の箇所に記述できます。
複数のメンバーで開発を行う際に、ソースの更新日付やオブジェクトの意味などを記述しておくと便利です。

サンプル Base/ClassView.swift

```
// Catクラスのインスタンスを生成
var c : Cat = Cat(name:"とら", age:2)

// メソッドを実行
c.setInfo(nawabari: "公園", koubutsu: "カリカリ")
```

参照 P.55「クラスを定義する」
P.60「メソッドを定義する」
P.69「メソッドを実行する」

プロトコルを定義する

書式
```
protocol protocol {
    var property: type { [set] get }
    func method( [[label] param[:paramType][=value], ...] )
[->returnType]
}
```

引数 property：**プロパティ名**、method：**メソッド名**、label：**ラベル**、
param：**引数**、value：**引数の初期値**、paramType：**引数の型**、
type：**戻り値の型**

プロトコルとは、プロパティとメソッドの書式のみをあらかじめ定義した設計図のようなものです。プロパティの値やメソッドの処理内容は、プロトコルに準拠した構造体やクラスを作成するときに記述します。

プロパティは「var」で宣言します。プロパティ名の後ろに読み書き可能であれば「{ set get }」、読み取りのみであれば「{ get }」を記述します。

メソッドは、処理内容のブロックを記述せずに定義します。戻り値があるメソッドの場合は、戻り値の型まで記述します。

サンプル Base/Doggo.swift
```
protocol Dog {
    var name: String { get set }    // 名前
    var age: Int { get set }        // 年齢
    func bark()                     // 吠える
}
```

参照 P.75「構造体を定義する」

構造体を定義する

書式
```
modifier struct struct [:protocol]
{
    // プロパティの定義
    // 初期化処理の定義 init( [引数] )
    {
        // 初期化処理の内容
    }
    // メソッドの定義
}
```

引数 modifier：**アクセス修飾子**、struct：**構造体名**、
protocol：**プロトコル名**

構造体の定義は、クラスの定義と同様に行います。プロパティ／初期化処理／メソッドはクラスと同じ記述で定義できます。プロトコルを実行する場合は、プロトコルの定義に従ってプロパティとメソッドを記述します。

構造体で定義するメソッドでは、定義したプロパティの値を初期化処理以外で変更するメソッドでは、メソッドの前に「mutating」をつけて定義します。

サンプル Base/Doggo.swift
```swift
struct Doggo: Dog { // Dogプロトコルを実装して構造体を定義

  // プロパティ
  var name: String  // 名前
  var age: Int    // 年齢

  // 初期化処理
  init(name:String, age:Int)
  {
    self.name = name
    self.age = age
  }

  // メソッド
  func bark() {
    print("bowwow")
  }
```

```
  // 年齢を1つ増やす
  mutating func addAge() {
    self.age = self.age + 1
  }
}
```

参考 構造体では、初期化処理を定義しない場合でもプロパティと同名の引数で自動的にinitメソッドがコンパイラによって割り当てられます。

参照 P.55「クラスを定義する」
P.60「メソッドを定義する」
P.74「プロトコルを定義する」

COLUMN 列挙型とプロトコル

プロトコルの継承は、クラスや構造体だけでなく列挙型でも可能です。よく利用する処理がある場合は、先にプロトコルを定義してから列挙型で継承すると、プログラムコードの管理を容易にできます。P.80「列挙型を定義する」のサンプルコードの名前を返す処理でプロトコルを利用すると次のように記述できます。

サンプル Base/EnumView.swift

```swift
protocol Named { // 名前を参照するプロトコル
    var name: String { get }
}

enum Cats : Int, Named { // プロトコルを実装
    case Singapura = 0, Birmam, Siamese, Bengal

    var name: String {  // 名前を参照
        switch self {
        case .Singapura:
            return "シンガプーラ"
        case .Birmam:
            return "バーマン"
        case .Siamese:
            return "シャム"
        case .Bengal:
            return "ベンガル"
        }
    }
}
```

アプリ開発では似たような処理を作成することも多いので、処理の部分をプロトコルでまとめるとコードを短くわかりやすく記述することができます。

例外時のエラーを投げるメソッドを定義する

書式

```
modifier func method( param: paramType... ) throws
   ->type {
     処理
     例外発生時 throw エラー
     処理
   return ret
}
```

引数 modifier：**アクセス修飾子**、method：**メソッド名**、param：**引数**、
paramType：**引数の型**、type：**戻り値の型**、ret：**戻り値**

例外とは、プログラム内の処理で想定外のエラーが発生することをいいます。Swift
では、例外が発生した場合にエラーを投げることでその旨を通知します。

例外が発生した場合のエラーを投げるには、メソッドの定義にthrowsを付加し
ます。メソッド内の処理では、例外が発生した場合に、throwでエラーを投げます。
例外発生時に投げるエラーは、ErrorTypeプロトコルを継承した列挙型で定義し
ます。

サンプル Base/ExceptionView.swift

```swift
// 例外で投げるエラーの列挙型
enum DivisionError: Error{
    case Error1
    case Error2
}

// 例外を投げる割り算のメソッド
func divisionTest(num1 x: Int,num2 y: Int) throws -> Float{
  if(y == 0){   // 引数が0で割り算ができない場合にエラーを投げる
    throw DivisionError.Error1
  }else{
    return Float(x/y)
  }
}
```

参考 throwで投げるエラーは、列挙型で定義した中の1つに限られます。

参照 P.60「メソッドを定義する」
P.69「メソッドを実行する」
P.78「例外処理を定義する」

例外処理を定義する

書式

```
do{
    try 例外が起きる処理
}catch エラー1{
    エラー1発生時の処理
}catch エラー2{
    エラー2発生時の処理
,,,
}catch {
    エラー時の処理
}
```

do-catch文は、例外が起きた際の処理を定義します。例外が起きる処理は、エラーをthrowすると定義されている処理に限定されます。

do-catch文では、例外が発生する処理の前にtry文を記述します。try文を記述することで、エラーが発生した場合にcatchブロック以下の処理が行われます。catchブロックは、発生したエラーに応じて分けて記述することができます。

サンプル Base/ExceptionView.swift

```
// 例外を投げる割り算のメソッド
func divisionTest(num1 x: Int,num2 y: Int) throws -> Float{
  if(y == 0){   // 引数が0で割り算ができない場合にエラーを投げる
    throw DivisionError.Error1
  }else{
    return Float(x/y)
  }
}

// 例外処理を定義
do{
  // 例外が発生しそうな箇所に try を入れる
  let b : Float = try divisionTest(num1:4, num2:0)
  print(b)
}catch DivisionError.Error1{   // DivisionError.Error1が投げられた場合
  print("引数が0のエラーが起きました")
}catch { // その他のエラーが発生した場合
  print("エラーが起きました")
}
```

参考 エラーの種別を分ける必要がない場合は、catchブロックを1つにします。

参照 P.60「メソッドを定義する」
P.69「メソッドを実行する」
P.77「例外時のエラーを投げるメソッドを定義する」

COLUMN Swiftでの例外処理

Swiftの例外処理の特徴をあげます。

サンプル **Base/ExceptionView.swift**

```swift
do{
  // sample.txtのデータを取得
  let path : String = Bundle.main.path(forResource: "sample",
  ofType: "txt")!!
  let data = try NSString(contentsOfFile: path,
  encoding: String.Encoding.utf8.rawValue
  print(data)

  defer{  // ----------------③
    print("処理が終わりました")
  }
// ほかの処理など
}
// 例外発生時
catch let error as NSError{  // -----------------①
  print(error.localizedDescription)  // ----------------②
}
```

①例外処理でエラーを受け取る引数

例外が起きた際にcatchブロックでエラーを受け取れるので、コードを簡潔に
記述することができます。

②例外発生時の処理

catchブロックの中に書く処理は必須ではありません。例外発生時に何も処理
を行わない場合は、catchブロックの処理を省略できます。

③最後に行う処理

ほかのプログラム言語でのfinallyに当たる処理は、defer文で定義します。defer
文で定義した処理は、doブロックを抜けた後に行われます。defer文は、doブ
ロックの中に記述しなければならない点に注意が必要です。最後に行う処理を
catchブロックよりも先に記述する点を、忘れないでください。

列挙型を定義する

書式
```
enum name : type{
{
    case param1[=value1]
    case param2[=value2]
    ,,,
    case paramN[=valueN]
}
```

引数　name：**列挙型名**、 type：**データ型**、 paramN：**定数名N**、
valueN：**定数名Nの値**

列挙型とは、種類の似た定数をまとめて定義するオブジェクトのことです。{}内にcase文で定数を宣言しますが、1行でまとめて書くことも可能です。数値型の場合は、値を指定しないときは最初の定数の値は0となり、それ以降の定数の値は1ずつ加算されます。

列挙型では、定数の宣言のほかにプロパティやメソッドも利用できます。列挙型の定数にアクセスする場合は、列挙型の名前と定数名を「.」で区切ります。

サンプル　Base/EnumView.swift
```swift
// 列挙型を定義
enum Cats : Int{
    case Singapura=1   // 最初の値を1に指定
    case Birmam
    case Siamese
    case Bengal

    // 日本語名を返すメソッドを定義
    func japaneseCaption() -> String {
        // 自分自身の値はselfで参照
        switch self {
            // 「.」をつけてメンバの値を参照
            case .Singapura:
                return "シンガプーラ"
            case .Birmam:
                return "バーマン"
            case .Siamese:
                return "シャム"
            case .Bengal:
```

```
            return "ベンガル"
        }
    }
}

...中略...

        var cat = Cats.Bengal
        print(cat.rawValue)                // 結果：4
        print(cat.japaneseCaption())       // 結果：ベンガル

        cat = .Siamese     // 値を変更する場合、列挙体の名前は省略可能
```

参考 利用する列挙型が明らかな場合、「.定数名」の書式で列挙型の定数にアクセスできます。

参考 列挙型の定義では、var／letは不要です。定数名をcaseの後に直接記述します。

参照 P.55「クラスを定義する」
P.60「メソッドを定義する」
P.82「列挙型の値を参照する／値から列挙型にアクセスする」

COLUMN》 列挙型で定義される並列関係にある値

Swiftでは、並列関係にある値は、ほぼすべて列挙型で定義されています。
たとえば、サイドバーの行のサイズを定義するSidebarRowSizeオブジェクト
の値は列挙型で次のように定義されています。

SidebarRowSizeオブジェクトの値

列挙型の特徴は、「ジャンル.詳細」の形式で並列関係にあるオブジェクトを表現
できる点です。プログラムを読む際に、ソースコードすべてを読む前に、列挙
型のジャンルからどういうオブジェクトを扱っているか判断し、詳細から細か
な処理を類推することができます。
Swiftのこの仕様によって、ソースコードの可読性が格段に上がりました。プロ
グラム内で系列関係にあるオブジェクトを定義するときは、ぜひとも列挙型を
使うようにしてみてください。

2

列挙型の値を参照する／
値から列挙型にアクセスする

メソッド

init(rawValue:)　　　　　　　　　　　　　　　　　　値から列挙型オブジェクトにアクセス

プロパティ

rawValue　　　　　　　　　　　　　　　　　　　　　　　　　　　　　値を参照

書式
```
var value = Enum.param.rawValue
var elem : Enum = Enum(rawValue: value)
```

引数　value：**値**、Enum：**列挙型名**、param：**定数名**、
　　　　elem：**列挙型のオブジェクト**

・・

　rawValueプロパティは、列挙型で定義した定数の値を参照します。init(rawValue:)
メソッドは、値から列挙型のオブジェクトにアクセスします。両方とも列挙型が継
承する**RawRepresentable** プロトコルのプロパティ／メソッドです。

サンプル　Base/EnumView.swift
```
var cat = Cats.Bengal
// 列挙型オブジェクトCat内のBengalの値を取得
print(cat.rawValue)                 // 結果：4
print(cat.japaneseCaption())        // 結果：ベンガル

// 値3で列挙型オブジェクトCatにアクセス
if var val : Cats = Cats(rawValue: 3) {
    // Cat内に値3に相当する定数が存在すれば
    // 日本語名を返すメソッドを実行
    print(val.japaneseCaption())    // 結果：シャム
}
```

参照　P.55「クラスを定義する」
　　　　P.60「メソッドを定義する」
　　　　P.69「メソッドを実行する」

Chapter 3

よく利用されるオブジェクト

概要

　本章ではSwiftでよく利用されるオブジェクトについて基本的な説明を行います。
　プログラムでいうオブジェクトとは、処理の対象となるもののこと全般を指します。言い換えると、プログラムで扱うものはすべてオブジェクトと考えることができます。オブジェクト指向のプログラムでは、数値や文字列といった実体を伴ったイメージをしやすいものから、処理の結果や概念を実体があるものとして想定されたモデルなども含め、プログラムで扱えることはすべて等しくオブジェクトとして扱います。

　この辺りがオブジェクト指向プログラムを学習するにあたって、最初のハードルとなりやすい部分です。しかし、オブジェクトの扱いに慣れてくると、オブジェクト自体の設計や内部構造の詳細まで全部理解していない場合でも、メソッドやプロパティを通してオブジェクトの機能を利用できることがわかります。このようにオブジェクトを利用すると、プログラムの再利用性が上がり、開発の効率も上がります。Swiftでのアプリ開発でも同様のことが言えます。

● Swiftでのオブジェクトの扱い

　Swiftはオブジェクト指向のプログラミング言語であり、クラス単位でオブジェクトを扱うと前章で説明しました。しかし、Swiftのクラスの仕様は厳密で、1つのオブジェクトを管理するクラスが可変／不変に分かれていたり互換性がないなどプログラムが複雑になりがちでした。

　この点を改善するために、不変／可変の2つのクラスの特徴を持つ構造体が用意されました。これらの構造体を利用することで、プログラムの中で不変／可変のクラスを意識する必要がなくなりました。不変／可変の2つのクラスの特徴を持つ主な構造体には次のものがあります。

名前	種別	概要
String	文字列	NSString／NSMutableString の両方の性質を持つ文字列の構造体
Array	配列	NSArray／NSMutableArray の両方の性質を持つ配列の構造体
Dictionary	辞書	NSDictionary／NSMutableDictionary の両方の性質を持つ辞書の構造体
Data	バイナリデータ	NSData／NSMutableData の両方の性質を持つバイナリデータの構造体

これらの構造体を利用することで、不変／可変のクラスを意識することなく処理を行うことができます。

● クラスの置き換え

前項で述べた不変／可変のクラスの意識を超えた構造体の理念のほかに、Swift ではクラス自体を構造体に置き換えたものもあります。具体的には NS〜の名前で始まるクラスを、NS を削除した名前の構造体に置き換える仕様です。

不変／可変の理念というオブジェクトの扱いの煩雑さを取り除き、短い名前の構造体を利用してプログラムをシンプルにすることは、Swift の方向性の1つでもあります。本章でもこのような構造体を、よく利用されるオブジェクトとともに説明しています。

▼ クラスから置き換えられた構造体

名前	種別	旧クラス
Date	日時	NSDate
DateFormatter	日時のフォーマット	NSDateFormatter
TimeZone	タイムゾーン	NSTimeZone

Swift の仕様では構造体でもクラスと同等にメソッドやプロパティを持つことが可能です。したがって、クラスと構造体を意識せずにプログラムを記述することができます。本書内の説明でも、両者の区別を明確にしていないことがあります。あらかじめご了承ください。

文字列を利用する

3

よく利用されるオブジェクト

→ Foundation、String

メソッド

init(_:)	初期化
append(_:)	文字列を追加

書式
```
var str : String = String(value)
str.append(value)
```

引数 str : **String**オブジェクト、value : **値**

....

String構造体は、文字列を管理します。Stringに文字列を渡すことで、初期化します。

append(_:)メソッドは、文字列の後ろに別の文字列を結合します。

サンプル Obj/StringView.swift
```
var str : String = String("Hello")
str.append(" World!")
print(str)  // 結果：Hello World!
```

参考 文字列の定義と結合は次のように記述することも可能です。

```
var str : String = "Hello"
str += " World !"
```

参考 文字列の結合には + 演算子、文字列の比較には = 演算子が利用できます。

参照 P.87「文字列を置換する」
P.88「文字列を削除する」

文字列を置換する

➡ Foundation、String

メソッド

replaceSubrange(_:with:)　　　　　　　　　　　　　　　　　　　　文字列を置換

プロパティ

startIndex　　　　　　　　　　　　　　　　　　　文字列の最初のインデックス
endIndex　　　　　　　　　　　　　　　　　　　文字列の最後のインデックス

書式　　str.replaceSubrange(range, with : value)
　　　　　　str.startIndex
　　　　　　str.endIndex

引数　　str : String オブジェクト、range：**置換する範囲**、value：**文字列**

replaceSubrange(_:with:)メソッドは、文字列を置換します。置換する際には、文字列内の置換する範囲と置換後の文字列を指定します。

置換する範囲は Range オブジェクトで指定します。Rangeオブジェクトは、文字列の最初の文字から0,1,2…とインデックスをつけて範囲を指定するオブジェクトです。Rangeオブジェクトのイメージは次の通りです。

文字列	A	B	C	D	E	F
インデックス	0	1	2	3	4	5

Range のイメージ

サンプル Obj/StringView.swift

```
var str : String = "Hello World"

// 0～4番目のHello を 「Swift」に置換する
// 開始位置に最初のインデックス、
// 終了位置に開始位置から4番地のインデックスを指定
str.replaceSubrange(str.startIndex...str.index(str.startIndex,
  offsetBy: 4), with: "Swift")
print(str) // 結果：Swift World
```

参考 Rangeオブジェクトはサンプルのように範囲演算子で表現できます。
参照 P.88「文字列を削除する」

文字列を削除する

➡ Foundation、String

メソッド

remove(at:) インデックスを指定して文字列を削除
removeSubrange(_:) 範囲を指定して文字列を削除

書式 str.remove(at: index)
str.removeSubrange(range)

引数 str：**Stringオブジェクト、** index：**削除するインデックス、** range：**削除する範囲**

....

remove(at:)メソッドは、インデックスを指定して文字列を削除します。

removeSubrange(_:)メソッドは、範囲を指定して文字列を削除します。削除する範囲はRangeオブジェクトで指定します。

サンプル Obj/StringView.swift

```
str = "Hello World!"
// 最初から5番地のインデックスを削除
str.remove(at: str.index(str.startIndex, offsetBy: 5))
print(str)  // 結果：HelloWorld!

// 0〜後ろから7番地までのHelloを削除する
str.removeSubrange(str.startIndex...str.index(str.endIndex, offsetBy: -7))
print(str)  // 結果：World!
```

参考 範囲の指定には範囲演算子を利用します。
参照 P.87「文字列を置換する」

配列を利用する

➡ Foundation、Array

メソッド

init(_:)

初期化

書式 var array : Array<type> = Array<type>()

引数 array：Arrayオブジェクト、type：要素の型

Array構造体は、配列を管理します。配列の要素の型を指定して初期化します。

サンプル Obj/ArrayView.swift

```
// 初期化処理
var arr : Array<String> = Array<String>()
// 要素を追加
arr.append("白")
arr.append("黒")
arr.append("赤")
arr.append("青")

// 要素を取り出す
for item in arr {
    print(item)
}
    // 結果：白
            黒
            赤
            青
```

参考 配列の要素は、Arrayオブジェクト[キー] の形式で取得できます。

参考 配列は次のように記述することもできます。

```
var arr : Array = ["白", "黒", "赤", "青"]
var arr : [String] = ["白", "黒", "赤", "青"]
```

参照 P.90「配列の要素の数を取得する」

配列の要素数を取得する

⇒ Foundation、Array

プロパティ

count　　　　　　　　　　　　　　　　　　　　　要素の数を取得

書式 var i : Int = array.count

引数 i：要素数、array：Arrayオブジェクト

・・・

countプロパティは、Arrayオブジェクトの要素の数を参照します。

サンプル Obj/ArrayView.swift

```
var arr : Array = ["白", "黒", "赤", "青"]

// 配列の要素の数だけ処理を行う
for i in 0..<arr.count {
    print(arr[i])
}
  // 結果：白
          黒
          赤
          青
```

参考 配列内の各値を参照する場合は、for-in文を利用することもできます。

参照 P.52「コレクション内で処理を繰り返す」
P.89「配列を利用する」

配列に要素を追加する

→ Foundation、Array

メソッド

append(_:) 要素を追加
insert(_:at:) インデックスを指定して要素を追加

書式 array.**append**(obj)
array.**insert**(obj, **at:** index)

引数 array：**Array**オブジェクト、obj：**配列の値**、index：**インデックス**

append(_:)メソッドは、配列の最後に要素を追加します。

insert(_:at:)メソッドは、インデックスを指定して配列に要素を追加します。

サンプル Obj/ArrayView.swift

```
// 初期化処理
var arr : Array<String> = Array<String>()

// 要素を追加
arr.append("白")
arr.append("黒")
arr.append("赤")
arr.append("青")

// 2番地に要素を追加
arr.insert("黄", at: 2)

// 結果：[白, 黒, 黄, 赤, 青]の配列となる
```

参考 配列の最後にまとめて値を追加する場合は、Arrayオブジェクト +["値1", "値2"]という
記述も可能です。

参照 P.92「配列から要素を削除する」

91

配列から要素を削除する

➡ Foundation、Array

メソッド

remove(at:)   任意の位置の要素を削除
removeLast()   最後の要素を削除
removeSubrange(_:)   範囲を指定して要素を削除

書式
```
array.remove(at: index)
array.removeLast()
array.removeSubrange(range)
```

引数 array：**Arrayオブジェクト**、index：**インデックス**、range：**インデックスの範囲**

- -

remove(at:)メソッドは、インデックスを指定して任意の位置の要素を削除します。

removeLast()メソッドは、配列の最後の要素を削除します。

removeSubrange(_:)メソッドは、配列内のインデックスの範囲を指定して要素を削除します。インデックスの範囲を指定する際には、範囲演算子を利用します。

サンプル Obj/ArrayView.swift
```
var arr : Array = ["白", "黒", "赤", "青"]

// 2番地の要素を削除
arr.remove(at: 2)      // [白, 黒, 青]の配列となる

// 最後の要素を削除
arr.removeLast()       // [白, 黒]の配列となる

var weekdays : Array = ["月","火","水","木","金","土","日"]
// 1番地〜3番地までの要素を削除
weekdays.removeSubrange(1...3)
print(weekdays)
  // 結果：[月, 金, 土, 日]の配列となる
```

参照 P.89「配列を利用する」
P.91「配列に要素を追加する」

配列の要素をソートする

➡ Foundation、Array

メソッド

sort(by:) 配列の要素をソート

書式 array.**sort(by:** closure**)**

引数 array：**Array**オブジェクト、closure：**ソート関数**

....

sort(by:)メソッドは、配列の要素をソートします。引数には、ソートを指定する
クロージャを記述します。

サンプル Obj/ArrayView.swift

```
var numbers : Array<Int> = [10, 5, 100, 20, 3, 80, 70, 200]

// 降順にソート
numbers.sort(by: {
    (val1 : Int, val2 : Int) -> Bool in
    return val1 > val2
})

print(numbers)
    // 結果：[200, 100, 80, 70, 20, 10, 5, 3]の配列となる
```

参照 P.72「クロージャを利用する」
P.89「配列を利用する」

配列のインデックス番号と要素を取得する

➡ Foundation、Array

メソッド

enumerated() インデックス番号と値を取得

書式 `for (index, elem) in array.enumerated() {...}`

引数 index：**インデックス番号**、elem：**配列の要素**、array：**Arrayオブジェクト**

　enumerated()メソッドは、配列のインデックス番号と要素を取得します。インデックス番号とは、配列の先頭を0としてそこから1加算していった番号です。

　配列の全要素とその要素が何番目のものかを取得する際に利用します。

サンプル Obj/ArrayView.swift

```
let nums : Array = [1, 2, 3, 4, 5]

for (index, elem) in nums.enumerated() {
    print("\(index) : \(elem)")
}
```

参考 enumerated()メソッドで得られるのはインデックス番号です。配列自体のインデックスとは限らないことに注意してください。

参照 P.95「配列の全要素を順番に取得する」

配列の全要素を順番に取得する

→ Foundation、Array

メソッド

forEach(_:) 配列の要素をループして取得

書式 array.forEach({ elem in ... })

引数 array：**Array**オブジェクト、elem：**配列の要素**

. . . .

　forEach(_:)メソッドは、配列の各要素を最後までループして取得します。配列の全要素を取得して処理を行う場合などに利用します。

サンプル Obj/ArrayView.swift

```
let nums : Array = [1, 2, 3, 4, 5]

nums.foreach({ elem in
    print(elem)
})
```

参考 for-in文による要素の取り出しと同じです。

参考 forEach(_:)メソッド自体は戻り値を返しません。配列の要素に対して処理を行ってその結果を取得する場合は、map(_:)メソッドなどを利用してください。

参照 P.89「配列を利用する」
P.94「配列のインデックス番号と要素を取得する」

配列の全要素に対して処理を行う

➡ Foundation、Array

メソッド

map(_:)

配列の全要素に対して処理を行う

書式 `let result = array.map(closure)`

引数 `result`：処理の結果としてのArrayオブジェクト、`array`：Arrayオブジェクト、`closure`：クロージャ

map(_:)メソッドは、配列の全要素に対してクロージャで指定した処理を行って、その結果を配列で返します。map(_:)メソッドを利用すると、for文でのループ処理などを利用せずに配列のすべての要素に対して同じ処理を行うことができます。

サンプル Obj/ArrayView.swift

```
let nums : Array = [1, 2, 3, 4, 5]

let twiceNums = nums.map { $0 * 2 }
print(twiceNums)
// 結果：[2, 4, 6, 8, 10]
```

参考 クロージャの処理を1行で記述する場合には、簡略して記述することができます。サンプルを例に挙げると、次のように記述することもできます。

⚬ クロージャの書き方の例

書式	説明
nums.map({(elem:Int)->Int in return elem * 2 })	省略しない書き方
nums.map({ elem in return elem * 2 })	引数の型と戻り値の型を省略
nums.map({ elem in elem * 2 })	return文を省略
nums.map({ $0 * 2 })	引数を省略
nums.map { $0 * 2 }	()を省略

引数を省略する場合には、「$n」でn番目の引数を利用できます。クロージャの仕様の詳細に関しては、Appleのドキュメントで確認できます。
https://developer.apple.com/library/content/documentation/Swift/Conceptual/Swift_Programming_Language/Closures.html

参照 P.98「配列の条件にマッチする要素のみを取り出す」
　　　P.99「配列の要素をまとめて1つにする」
　　　P.100「配列の要素を平坦化して抽出する」

COLUMN》 メソッドチェーン

メソッドチェーンとは、その名前のとおり、複数のメソッドをつなげて実行することです。最初のメソッドの実行結果に対して、次のメソッドを実行、その結果に対してさらに次のメソッドを実行… という流れで、メソッドをつなげながら処理を進めます。

このメソッドチェーンを利用すると、配列や辞書から目的の要素を取得する処理を1行で記述することができます。

サンプル Obj/ArrayView.swift

```
let items = Array(1...10)
// 5以上のものを合計
let total = items.filter{ $0 >= 5 }.reduce( 0, + )
print(total)  // 結果：45

let scores = [20, 25, 30, 35, 40]
// 各要素を2乗して偶数のものだけを抽出
let values = scores.map{ $0 * $0 }.filter{ $0 % 2 == 0 }
print(values)  // 結果：[400, 900, 1600]
```

このように、メソッドチェーンを利用することで、複数の条件をまとめて実行することができます。for文やif文を記述することなく、処理を1行で記述できますのでぜひ覚えておいてください。

配列の条件にマッチする要素のみを取り出す

→ Foundation、Set

メソッド

`filter(_:)`　　　　　　　　　　　　　　　　　　　条件にマッチする要素を取得

書式 `let result = array.filter(closure)`

引数 `result`：処理の結果としてのArrayオブジェクト、`array`：Arrayオブ
ジェクト、`closure`：クロージャ

filter(_:)メソッドは、クロージャで指定した条件にマッチする要素を取り出します。

サンプル Obj/ArrayView.swift

```
let nums : Array = [1, 2, 3, 4, 5]

// 3より大きい要素を抽出
let over3Nums = nums.filter { $0 > 3 }
print(over3Nums)
// 結果：[4, 5]
```

参考 filter(_:)メソッド自体は、Array構造体が継承しているSet構造体のメソッドです。

参照 P.96「配列の全要素に対して処理を行う」
P.99「配列の要素をまとめて1つにする」
P.100「配列の要素を平坦化して抽出する」

配列の要素をまとめて 1 つにする

➡ Foundation、Array

メソッド

reduce(_:_:) 配列の要素をまとめる

書式 let result = array.**reduce**(initial, closure)

引数 result：**結果**、array：**Arrayオブジェクト**、initial：**初期値**、closure：**クロージャ**

reduce(_:_:)メソッドは、配列の要素を指定したクロージャで結合します。引数は、初期値とクロージャです。配列の各値を使った計算などをループ処理を使わずに1行で記述することができます。

サンプル Obj/ArrayView.swift

```
let nums : Array = [1, 2, 3, 4, 5]

// 配列の要素を加算して合計値を算出

let sum = nums.reduce(0, { $0 + $1 })
print(sum)
// 結果：15
```

参考 クロージャには第1引数と第2引数にはそれぞれ$0、$1でアクセスできます。

参照 P.96「配列の全要素に対して処理を行う」
P.98「配列の条件にマッチする要素のみを取り出す」
P.100「配列の要素を平坦化して抽出する」

配列の要素を平坦化して抽出する

→ Foundation、Array

メソッド

compactMap(_:) 配列の要素を平坦化

書式 `let result = array.filter{ closure }`

引数 result：処理の結果としてのArrayオブジェクト、array：Arrayオブジェクト、closure：クロージャ

compactMap(_:)メソッドは、配列の要素を平坦化します。主に配列の要素を特定の型のものだけ抽出する／別の型の配列にするといった処理に用いられます。また、要素を平坦化するというメソッドの趣旨から、空の要素を自動的に除きます。

サンプル Obj/ArrayView.swift

```
let tempDic = [
    "values": [
        ["name": "Tama"], ["name": "Muku"],
        ["name": 1], ["name": nil], ["name": 10]
    ]
]

if let dataArray = tempDic["values"] {
    // String型のものを取得
    let nameArray = dataArray.compactMap { $0["name"] as? String
    // Int型のものを取得する場合
    // let nameArray = dataArray.compactMap { $0["name"] as? Int
    print(nameArray)
}
// 結果：["Tama", "Muku"]
```

参考 compactMap(_:)メソッドは、map(_:)メソッドと似ています。map(_:)メソッドが要素すべてに処理を行った後の配列を得るのに対して、compactMap(_:)メソッドは最終的に目的の型の配列を得るという点が異なります。

参照 P.96「配列の全要素に対して処理を行う」
P.98「配列の条件にマッチする要素のみを取り出す」
P.99「配列の要素をまとめて1つにする」

配列の最大／最少の要素を取得する

➡ Foundation、Array

メソッド

max()　　　　　　　　　　　　　　　　　　　　　　　最大の要素を取得
min()　　　　　　　　　　　　　　　　　　　　　　　最小の要素を取得

書式　　let maxElem = array.**max()**
　　　　let minElem = array.**min()**

引数　　array：**Array**オブジェクト、maxElem：**最大の要素**、minElem：**最小の
要素、**

max( )メソッドは、配列の最大の要素を取得します。min( )メソッドは、配列の
最小の要素を取得します。

サンプル　Obj/ArrayView.swift

```
let nums : Array = [1, 2, 3, 4, 5]

print(nums.max())    // 結果：Optional(5)
print(nums.min())    // 結果：Optional(1)
```

参考　文字列のように単純に大小を比較できない場合は、max( )／mix( )メソッドで配列の先頭
　　／最後の要素が得られます。

参照　P.93「配列の要素をソートする」
　　P.94「配列のインデックスと要素を取得する」
　　P.95「配列の全要素を順番に取得する」

辞書を利用する

➡ Foundation、Dictionary

メソッド

| init() | 初期化 |
| updateValue(_:forKey:) | キーと値を設定 |

書式　var dic : Dictionary<keyType, valueType> =
　　　　　　Dictionary<keyType, valueType>()
　　　　　dic.updateValue(value, forKey : key)

引数　dic：**Dictionaryオブジェクト**、keyType：**キーの型**、valueType：**値の型**、key：**キー**、value：**値**

Dictionary構造体は、キーと値のペアでオブジェクトを保持する辞書を管理します。辞書は、キーで値を取り出すことができるので、並列の関係にある同じ種類のデータの管理に向いています。辞書を初期化するには、キーと値の型を指定します。

updateValue(_:forKey:)メソッドは、辞書のキーと値のペアを設定します。キーが存在する場合は値を更新、キーが存在しない場合は新しくキーと値のペアを設定します。

サンプル　Obj/DicView.swift

```
// 初期化処理
var dic: Dictionary<String, String> = Dictionary<String, String>()

// キーと値を設定
dic.updateValue("白", forKey : "white")
dic.updateValue("赤", forKey : "red")
dic.updateValue("黒", forKey : "black")
dic.updateValue("青", forKey : "blue")

// キーと値を取り出す
for (key , value) in dic {
    print("\(key) : \(value)")
}
 // 結果：white : 白  red : 赤  black : 黒  blue : 青
```

参考　辞書のキーに対する値を取得する場合は、Dictionaryオブジェクト[キー] の形式で行います。

参考　簡略化して次のように記述することも可能です。

102

```
// 初期化処理
var dic : Dictionary = ["white": "白", "red": "赤", "black": "黒", ⤵
"blue": "青"]
var dic : [String : String] = ["white": "白", "red": "赤", "black": ⤵
"黒", "blue": "青"]

// キーと値を設定
dic["red"] = "赤"
```

参照 P.105「すべてのキー／値を取得する」

COLUMN▶ 引数にジェネリクスを使ったメソッド

以前に、Swiftではメソッドの定義にはオーバーロードが適応され、引数が異なれば同じ名前のメソッドを定義できることを説明しました。では、逆に1つのメソッドで異なる型の引数を利用することはできるでしょうか？

答えは可能です。メソッドの引数をジェネリクスで定義して、型の定義をT（Type）とだけ指定すれば、任意の型で同じメソッドが利用できます。

サンプル **Obj/FuncView.swift**
```
// ジェネリクスを引数にしたメソッド
func someMethod<T>(value: T) {
  print(value)
}
```

さらに上記の中で引数の型をコレクションだけに限定したい場合は、CollectionTypeプロトコルで制限をかけられます。

サンプル **Obj/FuncView.swift**
```
// 引数をコレクションに制限したメソッド
func someMethod<T : Collection>(value: T) {
  print(value)
}
```

上記のようなSwiftの特徴は、Appleのドキュメントでサンプルとともに説明されていますので、是非一度ご確認ください。

Swift Standard Library Reference
https://developer.apple.com/documentation/swift/swift-standard-library

---

辞書の要素の数を取得する

→ Foundation、Dictionary

メソッド

count 要素の数を取得

書式 var i : Int = dic.count

引数 i：要素数、dic：Dictionaryオブジェクト

··

count プロパティは、Dictionary オブジェクトの要素の数を返します。

サンプル Obj/DicView.swift

```swift
var dic : [String : String]
                = ["white": "白", "red": "赤", "black": "黒", ↴
"blue": "青"]

for i in 0 ..< dic.count {
    // i番目のキーを取得
    var key : String = Array(dic.keys)[i]
    print("\(key) : \(dic[key]!)")
}
// 結果 : white : 白
//       red : 赤
//       black : 黒
//       blue : 青
```

辞書内の各値を参照する場合は、for-in文を利用することもできます。

参照 P.52「コレクション内で処理を繰り返す」
P.102「辞書を利用する」
P.105「すべてのキー／値を取得する」

すべてのキー／値を取得する

→ Foundation、Dictionary

プロパティ

keys	すべてのキーを配列で取得
values	すべての値を配列で取得

書式
```
var keys : Array = dic/keys
var vals : Array = dic.values
```

引数 dic：Dictionaryオブジェクト、keys：キーの配列、vals：値の配列

keysプロパティは、Dictionaryオブジェクトのキーを配列で参照します。
valuesプロパティは、Dictionaryオブジェクトの値を配列で参照します。

サンプル Obj/DicView.swift

```swift
var dic : [String : String]
                = ["white": "白", "red": "赤", "black": "黒", "blue": ➘
"青"]

// すべてのキーを取得
var keys : Array = Array(dic.keys)

for key in keys{
    print(key)
}
  // 結果：white red black blue

// すべての値を取得
var vals : Array = Array(dic.values)

for val in vals{
    print(val)
}
  // 結果：白 赤 黒 青
```

参照 P.102「辞書を利用する」
P.104「辞書の要素の数を取得する」

辞書から要素を削除する

➡ Foundation、Dictionary

メソッド

removeValue(forKey:)   キーを指定して要素を削除

書式 dic.**removeValue(forKey:**key**)**

引数 dic：**Dictionary**オブジェクト、key：**キー**

....

removeValue(forKey:)メソッドは、キーを指定して該当する要素を削除します。

サンプル Obj/DicView.swift

```
var dic : [String : String]
                = ["white": "白", "red": "赤", "black": "黒", ➥
"blue": "青"]

// キー：redの要素を削除
dic.removeValue(forKey: "red")

// キーと値を取り出す
for (key , value) in dic {
    print("\(key) : \(value)")
}
  // 結果：white : 白
          black : 黒
          blue : 青
```

参照 P.102「辞書を利用する」

要素の値に対して処理を行う

➡ Foundation、Dictionary

メソッド

mapValues(_:)　　　　　　　　　　　　　　辞書のすべての要素に対する処理

書式 `let result = dic.mapValues{closure}`

引数 result：**処理の結果としてのDictionaryオブジェクト**、dic：
Dictionaryオブジェクト、closure：**クロージャ**

mapValues(_:)メソッドは、辞書の要素の値に対して処理を行います。戻り値は
Dictionaryオブジェクトです。メソッドを実行する前のDictionaryオブジェクトの
キーのままで、値だけが変更されます。

サンプル **Obj/DictionaryView.swift**

```swift
let scoreDic: [String: Int] = ["alice": 10, "scot": 20, "tom": 30]

let scoreX2 = scoreDic.mapValues({ $0 * 2 })
print(scoreX2)
// 結果：["tom": 60, "alice": 20, "scot": 40]
```

参考 クロージャ内では、「$0」で辞書の各要素の値にアクセスできます。キーにはアクセスで
きませんので注意してください。

参照 P.108「条件にマッチする要素を抽出する／要素の値をまとめる」
P.109「配列をグループ化する」

条件にマッチする要素を抽出する／要素の値をまとめる

➡ Foundation、Dictionary

メソッド

filter(_:)	要素を抽出
reduce(_:_:)	要素の値をまとめる

書式
```
let resultDic = dic.filter(closure)
let result = dic.reduce(initial, closure)
```

引数 resultDic：**処理の結果としてのDictionaryオブジェクト**、result：**結果**、dic：**Dictionaryオブジェクト**、initial：**初期値**、closure：**クロージャ**

filter(_:)メソッドは条件にマッチする要素を抽出します。reduce(_:_:)メソッドは要素の値をまとめます。2つのメソッドで指定するクロージャには、$0.keyで要素のキー／$0.valueで要素の値が渡されます。

サンプル Obj/DictionaryView.swift
```
let scoreDic: [String: Int] = ["alice": 10, "scot": 20, "tom": 30]

let scoreThan20 = scoreDic.filter( { $0.value >= 20 } )
print(scoreThan20)
// 結果：["tom": 30, "scot": 20]

let totalScore = scoreDic.reduce(0, { $0 + $1.value })
print(totalScore)
// 結果：60
```

参考 Arrayオブジェクトのfilter(_:)／reduce(_:_:)メソッドと同様の使い方をします。

参照 P.107「要素の値に対して処理を行う」
P.109「配列をグループ化する」

配列をグループ化する

➡ Foundation、Dictionary

メソッド

`init(grouping:by:)` 配列をグループ化

書式 `let dic = Dictionary(grouping: array, by: closure)`

引数 `dic`：処理の結果としての**Dictionary**オブジェクト、`array`：**Array**オブジェクト、`closure`：**クロージャ**

init(grouping:by:)メソッドは、配列を指定したクロージャでグループ化します。戻り値は、クロージャの結果をキー／グループ化された配列を値とするDictionaryオブジェクトです。for文やif文を利用せずに、配列を一定の規則でグループ化できます。

サンプル Obj/DictionaryView.swift

```
// グループ化する配列
let people = ["Alice", "Scot", "Mat", "Ric", "Mary", "Mike", "Karin",
  "Steve", "Edward", "Ken", "Roy"]

// 名前の最初の文字でグループ化
let groupNameDic = Dictionary(grouping: people, by: { $0.first! })
print(groupNameDic)
// 結果：["R": ["Ric", "Roy"], "A": ["Alice"], "M": ["Mat", "Mary", ⤵
  "Mike"], "K": ["Karin", "Ken"], "S": ["Scot", "Steve"], "E": ["Edward"]]

// 名前の文字数でグループ化
let groupLengthDic = Dictionary(grouping: people) { $0.count }
print(groupLengthDic)
// 結果：5: ["Alice", "Karin", "Steve"], 6: ["Edward"], 4: ["Scot", ⤵
  "Mary", "Mike"], 3: ["Mat", "Ric", "Ken", "Roy"]]
```

参考 配列の要素といった具体的なオブジェクトを参照することなく、クロージャに指定した条件でグループ化した結果を得ることが可能です。

参照 P.107「要素の値に対して処理を行う」
P.108「条件にマッチする要素を抽出する／要素の値をまとめる」

109

バイナリデータを扱う

→ Foundation、Data

3
よく利用されるオブジェクト

メソッド

init(contentsOf:)
URLを指定して初期化処理

書式 `let data : Data = Data(contentsOf:url)`

引数 data：**Data**オブジェクト、url：**URL**オブジェクト

Data構造体は、バイナリデータを扱う構造体です（ファイルから読み込んだデータや、HTTP通信で受信したデータなどを扱う際に利用します）。

init(contentsOf:)メソッドは、ファイルへのURLを指定して初期化処理を行います。

サンプル **Obj/DataView.swift**

```
// sample.txtのデータを取得
let path : String =
  Bundle.main.path(forResource: "sample", ofType: "txt")!
let url = URL(fileURLWithPath: path)
let data = try? Data(contentsOf: url)
let str = String(data: data!, encoding: .utf8)

print(str)
  // 結果：アプリ内のファイルです
```

参照 P.111「データをファイルへ出力する」

データをファイルへ出力する

➡ Foundation、Data

```
メソッド
```

write(to:options:)   ファイルへ出力

書式   data.writeToFile(to: url, options: options)

引数   url：URLオブジェクト、options：オプション

. . . .

write(to:atomically:)メソッドは、バイナリデータをファイルに出力します。その際に、ファイルのURLとオプションをData.WritingOptionsオブジェクトで指定します。Data.WritingOptions構造体は、オブジェクトの書き込みに利用されるメソッドのオプションです。よく利用されるプロパティには次のものがあります。

Data.WritingOptionsの主なプロパティ

atomic	一時ファイルにデータを書き込んだ後にファイルを置き換える（既定）
withoutOverwriting	既存のファイルを上書きしない

```
サンプル    Obj/DataView.swift
```
// Documentsディレクトリに保存
```swift
let savePath : String = NSSearchPathForDirectoriesInDomains(
                        .documentDirectory, .userDomainMask0, true)[0]
```

// ファイルに出力
```swift
try? mdata.write(to: URL(fileURLWithPath:savePath + "/mdata.txt"),
                        options: .atomic)
```

参考 ファイルの出力先は、アプリが書き込み権限を持つ領域に限定されます。

参照 P.112「データを追加する」
P.438「ディレクトリを利用する」

111

データを追加する

➡ Foundation、Data

メソッド

init()	初期化処理
append(_:)	バイナリデータを追加

書式
```
let data : Data = Data()
data.append(other)
```

引数 data：**Data**オブジェクト、other：**Data**オブジェクト

Data構造体は、可変なバイナリデータを扱う構造体です。バイナリデータの操作を行う際に利用します。append(_:)メソッドは、Dataオブジェクトにバイナリデータを追加します。

サンプル Obj/DataView.swift
```swift
let str1 : String = "ファイルを"
let str2 : String = "保存します"

// テキストからバイト列を作成する
let data1 : Data = str1.data(using:
  String.Encoding(rawValue:
  String.Encoding.utf8.rawValue))!
let data2 : Data = str2.data(using:
  String.Encoding(rawValue:
  String.Encoding.utf8.rawValue))!

// 保存するデータを用意する
var mdata = Data()

// データを追加
mdata.append(data1)
mdata.append(data2)

// 結果： 「ファイルを保存します」のデータを生成
```

参考 データを保存する処理に関しては、第10章「データを利用する」を参照してください。

参照 P.111「データをファイルへ出力する」

日時を取得する

→ Foundation、Date

メソッド

init() 初期化処理

初期化

書式 let date : Date = Date()

引数 date：Dateオブジェクト

....

Date構造体は、日時データを扱う構造体です。

init() 初期化処理メソッドは、初期化処理を行います。既定では、現在の日時を取得します。

取得できる日時データの基準は、GMT（グリニッジ標準時間）です。

サンプル Obj/DateView.swift

```
// 現在の日時
let date : Date = Date()
print(date)
// 現在の日時が 2024年1月1日 0時0分0秒の場合
// 結果 2023-12-31 15:00:00 +0000
```

参照 P.114「日時のフォーマットを指定する」

日時のフォーマットを指定する

→ Foundation、DateFormatter

メソッド

date(from:) 文字列からデータを取得

プロパティ

dateFormat 日時のフォーマットを指定

書式 `let date : Date = df.date(from: string)`
`df.format = format`

引数 date：**Date**オブジェクト、df：**DateFormatter**オブジェクト、string：**日時を指定する文字列**、format：**日時のフォーマット**

DateFormatter 構造体は、日時の文字列情報を管理します。Date 構造体自身は、日時データを管理するだけなので、日付のフォーマットは DateFormatter 構造体を利用して指定します。

dateFormat プロパティは、日時のフォーマットを文字列で指定します。

date(from:) メソッドは、文字列から日付データを生成します。指定する文字列は、dateFormat プロパティで指定したフォーマットに基づくものとなります。

サンプル **Obj/DateView.swift**

```swift
// フォーマットを指定
let dateFormatter : DateFormatter = DateFormatter()
dateFormatter.locale = Locale(identifier: "ja_JP")
dateFormatter.dateFormat = "yyyy年MM月dd日 HH時mm分"

// 文字列から日付データを生成
let strDate : Date = dateFormatter.date(from: "2024年3月1日 00時00分")!
print(strDate)  // 結果： 2024-02-28 15:00:00
```

参考 Data構造体では、既定ではグリニッジ標準時間となります。そのため、実行結果が指定した日付より9時間早いものとなります。

ローカル時間を取得する

➡ Foundation、TimeZone

メソッド

secondsFromGMT()　　　　　　　　　　　　　　　　　　グリニッジ標準時との間隔を取得

プロパティ

current　　　　　　　　　　　　　　　　　　　　　　システムのタイムゾーンを参照

書式
```
let sec : Int = timezone.secondsFromGMT()
let timezone : TimeZone = TimeZone.current
```

引数 timezone：**TimeZoneオブジェクト**、sec：**秒**

TimeZone構造体は、タイムゾーン情報を管理します。Date構造体でタイムゾーンを指定する際に、TimeZone構造体を利用します。

currentプロパティは、iOSのタイムゾーンで初期化処理を行います。

secondsFromGMT()メソッドは、グリニッジ標準時間との間隔を秒単位で取得します。これらを組み合わせて、iOSのタイムゾーンを基準として、グリニッジ標準時との差を求めることで、ローカルの日時を取得できます。

サンプル Obj/DateView.swift
```
// システムのタイムゾーン
let timezone : TimeZone = TimeZone.current
// ローカルの日時
let localDate : Date = Date(timeIntervalsSinceNow:
  Double(timezone.secondsFromGMT()))
print(localDate)

// 現在の日時が 2024年1月1日 0時0分0秒の場合
// 結果： 2024-01-01 00:00:00 +0000
```

参考 TimeZone.current.secondsFromGMT()では32400秒(9時間)が得られます。グリニッジ標準時より9時間進んでいる日時として日本時間が得られるしくみです。

参照 P.113「日時を取得する」

時間を加算する

➡ Foundation、Date

メソッド

addingTimeInterval(_:)　　　　　　　　　　　　　　　　　　　　時間を加算

書式 date **addingTimeInterval**(time)

引数 date：**Date**オブジェクト、time：**秒**

....

　addingTimeInterval(_:)メソッドは、Dateオブジェクトに時間を加算します。加算する時間は、TimeInterval型の秒数です。

サンプル Obj/DateView.swift

```
// ローカルの日時
let localDate : Date = Date(timeIntervalSinceNow:
  Double(timezone.secondsFromGMT()))

// 365日後の経過秒数
let t : TimeInterval = 60 * 60 * 24 * 365

// 365日後の経過秒数を加算
let nextDate = localDate.addingTimeInterval(t)
print(nextDate)
// 現在の日時が 2024年1月1日 0時0分0秒の場合
// 結果： 2025-01-01 00:00:00 +0000
```

参考 日付の比較は「>」「=」「<」の演算子を利用して行うことが可能です。

参照 P.115「ローカル時間を取得する」

画面を作成する

画面構成のプログラミング

自動生成されるファイル群

Xcodeで新規にプロジェクトを生成した直後は、次のようにいくつかのファイル
が自動で生成されています。

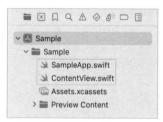

自動生成されるファイル

このうち、実際の開発に関係するファイルは次の通りです。

自動生成されるファイル

ファイル名	概要
［アプリ名］App.swift	アプリを管理する最上位のプログラム
ContentView.swift	最初の画面を構成するプログラム

iOSアプリの開発においては、［アプリ名］App.swiftとContentView.swiftにコー
ドを追記し、必要に応じてプログラムファイルを新規に作成することによって開発
作業を進めていきます。

iOSアプリの大まかな構成

Xcodeでプロジェクトを生成した際には、［アプリ名］App.swiftというファイル
が自動で生成されます。［アプリ名］App.swiftはアプリの起動時の最初に呼ばれる
構造体を定義しており、アプリの動作を管理するAppプロトコルに準拠していま
す。

4

画面を作成する

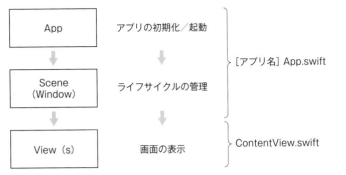

[アプリ名] App.swift

ContentView.swift

▲ アプリ起動後の処理の流れ

処理の流れとしては、アプリの起動後にアプリや画面のライフサイクルを管理するSceneオブジェクトが生成されます。そのSceneオブジェクトを通して画面として表示されるビューが呼び出されます。

⬤ UIの構築

SwiftUIによるプログラムでは、シンプルで直感的な構文を用います。画面の構成においては、画面に表示するUIを階層的に配置し、UIに対して必要なプロパティやスタイルを指定します。SwiftUIのフレームワークは、アプリの実行時に記述された内容を解釈してUIを構築します。

まとめると、SwiftUIでの画面作成は、「何を表示するか」、「どのように表示するか」を重視したアプローチによって行われます。このようなアプローチの手法を宣言的UIと呼びます。

宣言的UIでは、UIの外観や動作を手動で細かく指定するのではなく、文字通りUIを宣言する形でコードを記述します。SwiftUIはその宣言に基づいてUIを構築し、必要に応じてUIを更新します。

SwiftUIでボタンを配置する簡単な宣言的UIの例は、次のようになります。

サンプル UIBaseSample/ContentView.swift

```swift
import SwiftUI

struct ContentView: View {
  @State private var isButtonTapped = false

  var body: some View {
    // 垂直方法のレイアウト
    VStack {  // ------------------①
      // ボタンを配置
```

```
    Button(action: {    // ------------------②
        // ボタンがタップされたときの処理を定義
        self.isButtonTapped.toggle()
    }) {
        Text(isButtonTapped ? "Button Tapped!" : "Tap Me")   // ----------③
            .padding()
            .foregroundStyle(.white)
            .background(isButtonTapped ? Color.green : Color.blue)  // ----④
            .clipShape(RoundedRectangle(cornerRadius: 10))
    }
  }
 }
}
```

① 垂直にビューを並べるVStack構造体を最上位に配置します。

② ボタンを配置します。ボタンのタイトルとタップ時に実行するクロージャを宣言します。

③ ボタンのタイトルとなるテキストを配置します。タップ前とタップ後で表示する内容を変更できるように宣言しています。

④ padding（余白）、foregroundStyle（テキストの色）、background（背景色）、clipShape（形状）の各メソッドを使ってテキストのスタイルを宣言します。

Xcodeでは、プログラム内に配置した構造体を端末の画面でリアルタイムで確認できるプレビューという機能が実装されています。

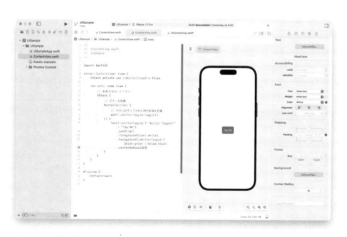

▲ Xcodeのプレビュー

ソースコードの右側にある、iPhoneが表示されているウィンドウがプレビューです。プレビューには、ソースコードに配置したUIがリアルタイムに反映されます。

　画面上でどんなUIをどのように利用するか、コードを記述すると同時に画面上での表示を確認しながら開発を進めることができます。

> **参考**　宣言的UIでは、UIの構築や更新を「どのように表示されるべきか」の形式で記述します。これに対して、UIの構築や更新を「どのように実行するか」の形式で記述する方式を命令的UIといいます。Swiftにおいては、SwiftUI以前に利用されていたUIKitフレームワークでは命令的UIが採用されていました。

画面を構成するビューコンポーネント

　ソフトウェアの機能や要素を独立した単位として表現する手法の1つに、コンポーネントという概念があります。コンポーネントとは、特定の機能を提供するプログラムの単位と考えてください。オブジェクト指向のシステム開発においては、コンポーネントは再利用可能な部品として扱われます。

　機能単位で設計されたコンポーネントを組み合わせてシステムを開発することを、コンポーネント指向といいます。SwiftUIはこのようなコンポーネント指向で設計されており、とくにUIの構築においてコンポーネントの概念が強く反映されています。

　UIを構成するコンポーネントのことをビューコンポーネントといいます。ビューコンポーネントは、構造体やクラスとして定義されます。SwiftUIでは、Viewプロトコルに準拠した構造体がビューコンポーネントとして使用されます。

　Viewプロトコルの特徴は次のとおりです。

描画とレイアウト

　Viewプロトコルには、UIの構造とレイアウトを定義するための計算型プロパティであるbodyプロパティが定義されています。ビューコンポーネント内でテキストやイメージ、ボタンなどの要素を配置する方法をbodyプロパティ内で記述します。

データ駆動

　Viewプロトコルに準拠したビューコンポーネントは、データの状態に基づいて動的に変化します。ビューコンポーネントはデータを参照し、そのデータが変更されると自動的に再描画されます。データの変化に応じてUIが更新されるため、アプリケーションの状態とUIの一貫性を保つことができます。

　SwiftUIでは、Viewプロトコルに準拠した構造体のことをビューと呼びます。画面自体や画面に配置されるUIなどはすべてビューで構成されます。

● データバインディングとバインディング変数

　ビューコンポーネントのデータ駆動を実現するための仕組みがデータバインディングです。単にバインディングともいい、データとビューを結びつける変数のことをバインディング変数といいます。

SwiftUI のプログラム

バインディング変数　初期値
@State var color = Color.blue -

バインディング

バインディング変数の値を変更
color = Color.red

画面が自動的に再描画され
UI に反映される

△　バインディング変数のイメージ

　バインディング変数の具体的な使い所は、以降のサンプルで説明します。ここでは、SwiftUI にはデータを更新することで、そのデータを利用する処理が自動的に行われる仕組みがある、ということを覚えておいてください。

アプリのコンテンツを指定する

➡ SwiftUI、App

プロパティ

body　　　　　　　　　　　　　　　　　　　　　　アプリのコンテンツを指定

書式
```
@main
struct appname: App {
    var body: some Scene {
        scene
    }
}
```

引数 appname：**プロジェクト名**、scene：**Sceneオブジェクト**

. . . .

アプリ内で利用するオブジェクトのライフサイクルを管理するプロトコルの1つにSceneプロトコルがあります。

Appプロトコルのbodyプロパティでは、Sceneプロトコルに準拠したオブジェクトを指定することで、アプリのコンテンツを指定します。Sceneという型を指定する前の「some」は、Sceneプロトコルに準拠した何らかの型という意味です。

プロジェクト作成時にAppプロトコルに準拠した「プロジェクト名App」という構造体が自動的に生成されます。

サンプル Sample/SampleApp.swift
```
import SwiftUI // SwiftUIフレームワークをインポート

@main
struct SampleApp: App { // Appプロトコルを実装
  var body: some Scene { // アプリのコンテンツを指定
    WindowGroup {
      ContentView() // 最初の画面を指定
    }
  }
}
```

参考 someは、「何らかの～」というジェネリクス的な意味合いを持つ予約語です。someを利用すると、型を明確に指定するよりもメモリの使用量を減らすことができるというメリットもあります。

参照 P.124「最初の画面を指定する」
P.125「画面を定義する／表示する」

最初の画面を指定する

➡ SwiftUI、WindowGroup

メソッド
init(content:)   初期化処理

書式   WindowGroup { view }

引数   view：Viewオブジェクト

....

Sceneの内容をアプリの画面に表示するオブジェクトとしてWindow構造体が定義されています。WindowGroupは、Windowを複数管理する構造体です。

WindowGroupの初期化時に、View構造体のインスタンスを指定することで、画面に表示するViewを指定することができます。

Swiftでは、メソッドの引数の最後がクロージャの場合、処理部分をメソッドの外に「{}」で囲んで記述することができます。init(content:)メソッドの引数はクロージャでViewを配置する処理なので、WindowGroupの外で処理を定義して記述できます。

プロジェクト作成時に自動的に生成される「プロジェクト名App」という構造体のコードの中で、WindowGroup構造体による処理も自動的に作成されます。

サンプル Sample/SampleApp.swift

```swift
struct SampleApp: App {  // Appプロトコルを実装
  var body: some Scene {  // アプリのコンテンツを指定
    WindowGroup {
      ContentView()  // 最初の画面を指定
    }
  }
}
```

参考 クロージャをメソッドの外に記述することをTrailing Closureと呼びます。

参考 メソッドの引数がクロージャの場合には、Trailing Closureを利用する方がコードの見通しがよく、以降のメンテナンスもしやすいです。Appleの開発者向けドキュメント内のサンプルにおいてもTrailing Closureの記述はよく利用されていますので、本書の書式もTrailing Closureを利用しています。

参照 P.123「アプリのコンテンツを指定する」
        P.125「画面を定義する／表示する」

画面を定義する／表示する

➡ SwiftUI、View

プロパティ

body 表示部分を指定

書式
```
struct name: View {
    var body: some View {
        views
    }
}
```

引数 name：**構造体の名前**、views：**Viewオブジェクト**

Viewプロトコルに準拠した構造体を定義することで、画面やUI部品を作成することができます。SwiftUIでは、Viewプロトコルに準拠している構造体のことをビューと呼びます。

ビューは画面としても画面の一部であるUIとしても利用することができます。Viewプロトコルに準拠した構造体を配置する場所やサイズなどで、画面／UIのいずれかとして利用するのかが決まると考えてください。サンプルでは、WindowGroupの内部に配置されるビューなので、画面として表示されます。

定義したビューのインスタンスを生成することで、ビューを表示できます。

サンプル Sample/ContentView.swift
```
struct ContentView: View { // Viewプロトコルに準拠した構造体
  var body: some View {
    VStack { // 縦のレイアウト
      Image(systemName: "globe") // 画像を表示
        .imageScale(.large)
        .foregroundStyle(.tint)
      Text("Hello, world!") // 文字列を表示
        .font(.largeTitle)
    }
    .padding()
  }
}
```

125

画面を表示する

参考 ContentView構造体は、「プロジェクト名App」と同様にプロジェクト作成時に自動的に
生成されます。サンプルコードも自動的に生成されたContentView.swiftの内容です。

参照 P.123「アプリのコンテンツを指定する」
P.124「最初の画面を指定する」
P.130「ビューを表示する」

4

画面を作成する

プレビューを表示する

➡ SwiftUI、Preview

マクロ

Preview(_:body:) プレビューの表示

書式 #Preview {
　　　　view
　　}

引数 view：**View**オブジェクト

．．．

Preview構造体は、Viewプロトコルを継承したUIをプレビュー表示します。Preview構造体の機能はマクロとして登録されているので、「#」をつけて記述することで利用できます。マクロとはよく利用する処理をあらかじめ登録しておく機能のことで、繰り返し利用する処理を簡潔に記述することができます。

プレビューの内容は、エディタエリアのCanvas領域に表示されます。プレビューを利用することで、画面を確認しながらプログラムを記述することができます。

サンプル **Sample/ContentView.swift**

```
#Preview {
  ContentView()
}
```

▲ プレビューを表示する

参考 ContentView構造体内の「Text("Hello, world!")」の行にカーソルを合わせると、上記画像のようにプレビュー内の該当する部分が青枠で囲われます。

参照 P.124「最初の画面を指定する」
　　　P.125「画面を定義する／表示する」
　　　P.130「ビューを表示する」

セーフエリア外の領域を利用する

➡ SwiftUI、View

メソッド

ignoresSafeArea(_:edges:)　　　　　　　　　　セーフエリア外の領域を利用

書式　view.ignoresSafeArea(regions, edges:edges)

引数　view：Viewオブジェクト、regions：適用する領域、
　　　　edges：適用する境界線

セーフエリアとは、端末の画面上で既定でコンテンツを表示する領域のことです。
次の画像の画面の青い部分がセーフエリアです。

▲ セーフエリアの確認

ignoresSafeArea(_:edges:)メソッドは、このセーフエリア外の領域を利用する
ためのメソッドです。ビューのbodyプロパティで指定する最上位のビューで実行
することで、指定したセーフエリアを利用できます。メソッドの実行時には、利用
するセーフエリア外の領域をSafeAreaRegions構造体で、ノッチの角をEdge列
挙体で指定します。それぞれの構造体のプロパティと種類は次の通りです。

SafeAreaRegions構造体のプロパティ

プロパティ名	種類
container	一般的なセーフエリア領域
keyboard	キーボードが表示される際の領域
all	containerとkeyboardの両方

▼ Edge列挙体の種類

種類	概要
top	上
bottom	下
leading	左
trailing	右

　画面を利用する場合だけでなく、UIや色の配置などでセーフエリアを意識することもあるので覚えておいてください。

サンプル Views/IgnoreSafeAreaExampleView.swift

```swift
struct ContentView: View {
  var body: some View {
    // セーフエリア外の上部領域を利用する
    Color.blue.ignoresSafeArea(.all, edges: [.top])
  }
}
```

▲ セーフエリア外の領域を利用する

参考 Color構造体は配置されたビュー内を塗りつぶします。領域やサイズの確認などで利用されます。

参照 P.125「画面を定義する/表示する」
　　 P.130「ビューを表示する」

ビューを表示する

➡ SwiftUI、View

4

画面を作成する

メソッド

`frame(width:height:alignment:)` 幅 / 高さ / 位置を指定

書式 view.frame([width: width,] [height: height,] [alignment: alignment])

引数 view：**View**オブジェクト、width：**幅**、height：**高さ**、alignment：**配置する位置**

....

画面とUIはViewプロトコルに準拠して構造体で同じように扱えます。表示に関してもインスタンスを生成することで同じように表示することができます。

画面としてのビューは、WorkGroup、Stack、TabViewなどのビューを管理する構造体内の定位置に配置すると画面サイズで表示されます。UIとしてのビューの場合は、その中に画像や文字があればそのサイズに最適化されて画面中央に表示されます。SwiftUIでは、レイアウトを適用する枠のことをフレームというオブジェクトで扱います。

サイズやUI内の子ビューの位置を指定して表示する場合は、frame(width:height:alignment:)メソッドを利用します。メソッドの引数には、幅/高さ/フレーム内にViewを配置する際の位置のうち最低1つを指定します。幅と高さは数値で指定し、位置はAlignmentオブジェクトで指定します。Alignmentオブジェクトには単純な位置関係のものとテキストのベースラインを基準としたものの2種類のプロパティがあります。

単純な位置関係のプロパティは次の通りです。

Alignment構造体のプロパティ

topLeading	左上
top	中央上
topTrailing	右上
leading	左
center	中央
trailing	右
bottomLeading	左下
bottom	中央下
bottomTrailing	右下

▲ Alignment構造体のプロパティの確認

ベースラインとは、文字の下端となる仮想的なラインのことです。

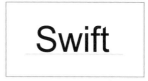

▲ ベースラインのイメージ

テキストのベースラインを基準としたプロパティには、複数の文字列が存在する場合にも利用できるように次のプロパティが定義されています。

▼ Alignment構造体のプロパティ

leadingFirstTextBaseline	最初の文字列の左
centerFirstTextBaseline	最初の文字列の中央
trailingFirstTextBaseline	最初の文字列の右
leadingLastTextBaseline	最後の文字列の左
centerLastTextBaseline	最後の文字列の中央
trailingLastTextBaseline	最後の文字列の右

引数を指定しない場合は、幅/高さは最適な値、位置は中央が割り当てられます。
　また、frame(width:height:alignment:)メソッドをはじめ、ビューの属性を変更するメソッドは、モディファイアと呼ばれます。モディファイアは、ビューに対して指定された属性を適用した新しいビューを返すという動作を行います。

サンプル Views/AlignmentBaseLineExampleView.swift

```swift
struct AlignmentBaseLineExampleView: View {
  HStack {
    // 最初の文字列のベースラインに合わせて配置
    ImageAndTextView()
      .frame(alignment: Alignment.leadingFirstTextBaseline)
  }
}

// 画像と文字列を表示する構造体を定義
struct ImageAndTextView: View{
  var body: some View {
    Image("cat")  // 画像を表示
    // 幅240pxで文字列を表示
    Text("An Alignment contains a HorizontalAlignment
        guide and a VerticalAlignment guide. ")
      .frame(width: 240)
  }
}
```

An Alignment contains a
HorizontalAlignment guide and
a VerticalAlignment guide.

▲ ビューを表示する

参照 P.124「最初の画面を指定する」
　　　P.125「画面を定義する/表示する」

ビューの属性を指定する

➡ SwiftUI

> メソッド

background(_:ignoresSafeAreaEdges:)   背景色を指定
foregroundStyle(_:)   前景スタイルを指定

> 書式   view.**background**(style:ignoresSafeAreaEdges:edges)
>   view.**foregroundStyle**(style)

> 引数   view：**Viewオブジェクト**、style：**スタイル**、edges：**適用する境界線**

background(_:ignoresSafeAreaEdges:)メソッドは、ビューの背景スタイルを指定します。foregroundStyle(_:)メソッドは、ビューの前景スタイルを指定します。

両メソッドで指定するスタイルは、指定できるオブジェクトがいくつかあり、主なものに次のものがあります。

▼ よく利用されるスタイル

Color	単色
linearGradient	グラデーション
Image	画像

background(_:ignoresSafeAreaEdges:)メソッドの適用する境界線は、Edge列挙体で指定します。よく利用されるモディファイアに次のものがあります。

▼ よく利用されるモディファイア

fixedSize( )	サイズを合わせる
padding(_:)	パディングを指定
margins(_:_:)	マージンを指定
background(_:ignoresSafeAreaEdges:)	背景色を指定
background(_:in:fillStyle:)	背景スタイルを指定
foregroundStyle(_:)	前景スタイルを指定
backgroundStyle(_:)	背景をレンダリング
border(_:width:)	ボーダーを指定
font(_:)	フォントを指定
tabItem(_:)	タブのアイコンを指定
badge(_:)	バッジの表示
tab(_:)	選択可能

```swift
struct ExampleView: View {
  var body: some View {
    SimpleView()
      .frame(width: 200, height: 100, alignment: .leading)
      .background(Color.blue)  // 背景を青に
      .foregroundStyle(Color.white)  // 文字色を白に
  }
}

struct SimpleView: View{
  var body: some View {
    Text("Simple View")
  }
}
```

4

画面を作成する

▲ ビューの属性を指定する

参照 P.124「最初の画面を指定する」
P.125「画面を定義する／表示する」
P.128「セーフエリア外の領域を利用する」
P.130「ビューを表示する」

ビュー内でバインディング変数を利用する

→ SwiftUI

プロパティラッパー

@State ビュー内でのバインディング変数を定義

書式 @State var name = value

引数 name：**名前**、value：**値**

プロパティラッパーとは、プロパティの性質や振る舞いを定義するものです。プロパティを定義するときに、プロパティの前につけて記述します。

プロパティラッパー@Stateは、同一のビューで利用するバインディング変数を定義します。宣言されたバインディング変数は、値が変更されるたびにビューが自動的に更新されます。また変数の頭に「$」をつけることで、ほかの構造体から値を参照でき、ビューとUIを連携する役目を果たします。

サンプル **Views/BackgroundView.swift**

```
struct BackgroundView: View {
  // バインディング変数を宣言
  @State var backgroundColor = Color.blue

  var body: some View {
    VStack(spacing: 20) {
      SimpleView()
        .frame(width: 200, height: 100)
        .background(backgroundColor)  // 背景を青に
        .foregroundStyle(.white)  // 文字色を白に

      Button("Button") {
        // ボタン押下時に背景色を反映
        backgroundColor = Color.red
      }
    }
  }
}
```

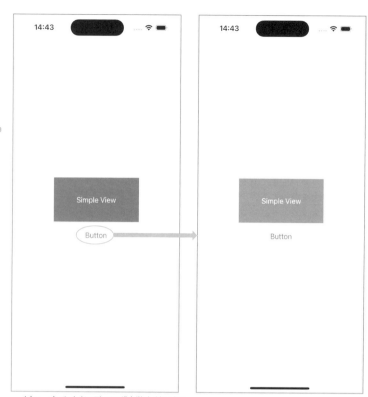

ビュー内でバインディング変数を利用する

参考 ビュー内で宣言したバインディング変数とUIの連携に関しては、「第6章 UI部品を利用する」で具体的なサンプルを確認できます。

参照 P.125「画面を定義する/表示する」
P.130「ビューを表示する」
P.133「ビューの属性を指定する」
P.137「ビュー間でバインディング変数を利用する」
P.153「画面を分割する」
P.287「ボタンを利用する」

ビュー間でバインディング変数を利用する

→ SwiftUI、View

プロパティラッパー

@Binding　　　　　　　　　　　　　ビュー間でのバインディング変数を定義

書式 @Binding var name

引数 name：**名前**

プロパティラッパー@Bindingは、ビュー間でのバインディング変数を定義します。呼び出される側のビューでバインディング変数を定義するときに利用されます。定義したバインディング変数の値は、ほかのビューから渡されることが前提です。初期値は指定せずにバインディング変数を宣言します。

ビュー間でのバイディング変数を利用すると、バインディング変数を通してビュー間で変数の状態を共有することができ、双方向の処理を行うことができます。

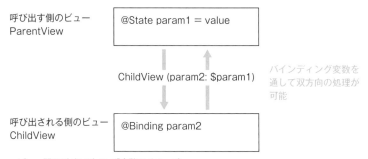

呼び出す側のビュー
ParentView

`@State param1 = value`

ChildView (param2: $param1)

バインディング変数を
通して双方向の処理が
可能

呼び出される側のビュー
ChildView

`@Binding param2`

◆ ビュー間のバインディング変数のイメージ

ビュー間でのバインディング変数を利用することで、ビュー同士で互いのメソッドやプロパティを呼び出すことなくデータの更新を共有できます。

サンプル Views/ParentView.swift

```swift
struct ParentView: View {
  @State var param1: Bool = false // ビュー内でのバインディング変数

  var body: some View {
    HStack {
      // isCheckedの値に応じてシステム画像を変更する
```

```
      Image(systemName: param1 ? "wifi" : "wifi.slash")
      // ほかのビューにバインディング変数を渡す
      ChildView(param2: $param1)
    }
  }
}

struct ChildView: View {
  @Binding var param2 Bool // ビュー間で保持するバインディング変数

  var body: some View {
    // true / false を切り替える
    Toggle("WiFi", isOn: $param2)
      .toggleStyle(.button)
  }
}
```

2つのビューの間でON/OFFの状態を共通化

▲ ビュー間でバインディング変数を利用する

参照 P.125「画面を定義する/表示する」
P.130「ビューを表示する」
P.133「ビューの属性を指定する」
P.135「ビュー内でバインディング変数を利用する」
P.153「画面を分割する」
P.287「ボタンを利用する」

縦に表示するレイアウトを利用する

➡ SwiftUI、VStack

メソッド

init(alignment:spacing:content:)

書式 VStack([alignment:alignment,][spacing:spacing]) { views }

引数 alignment：**水平方向の並び順**、spacing：**間隔**、
views：**Viewオブジェクト**

VStack構造体は、ビューを縦に並べます。水平方向の並び順と間隔を指定して
ビューを配置します。水平方向の並び順はHorizontalAlignment構造体で指定し
ます。HorizontalAlignment構造体のプロパティには次のものがあります。

▽ HorizontalAlignment構造体のプロパティ

名前	概要
leading	左
center	中央（既定）
trailing	右

間隔を指定しない場合は、0が適用されます。

サンプル Views/VStackExampleViewswift

```swift
struct VStackExampleView: View {
  var body: some View {
    VStack { // 縦に表示するレイアウトで画像を文字を表示
      Image("cat")
        .imageScale(.large)
        .foregroundStyle(.tint)
      Text("Hello, world!")
        .font(.largeTitle)
    }
  }
}
```

縦に表示するレイアウトを利用する

参考 引数を指定しない場合は、「( )」自体を省略して記述できます。

参照 P.125「画面を定義する／表示する」
P.130「ビューを表示する」
P.141「横に表示するレイアウトを利用する」
P.143「重ねて表示するレイアウトを利用する」

横に表示するレイアウトを利用する

➡ SwiftUI、HStack

メソッド

init(alignment:spacing:content:)

書式 HStack([alignment: alignment,][spacing: spacing]) { views }

引数 alignment：**垂直方向の並び順**、 spacing：**間隔**、
views：**Viewオブジェクト**

HStack構造体は、ビューを横に並べます。垂直方向の並び順と間隔を指定して
ビューを配置します。垂直方向の並び順は VerticalAlignment 構造体で指定しま
す。VerticalAlignment 構造体のプロパティには次のものがあります。

▼ VerticalAlignment構造体のプロパティ

名前	概要
top	上
center	真ん中(既定)
bottom	下
firstTextBaseline	最初の行のベースライン
lastTextBaseline	最後の行のベースライン

間隔を指定しない場合は、0が適用されます。

サンプル Views/HStackExampleViewswift

```
struct HStackExampleView: View {
  var body: some View {
    HStack { // 横に表示するレイアウトで画像を文字を表示
      Image("cat")
        .imageScale(.large)
        .foregroundStyle(.tint)
      Text("Hello, world!")
        .font(.largeTitle)
    }
  }
}
```

141

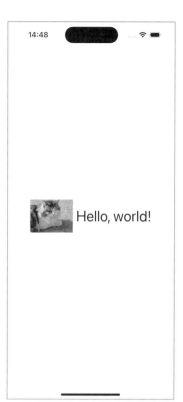

▲ 横に表示するレイアウトを利用する

参照　P.125「画面を定義する／表示する」
　　　P.130「ビューを表示する」
　　　P.139「縦に表示するレイアウトを利用する」
　　　P.143「重ねて表示するレイアウトを利用する」

重ねて表示するレイアウトを利用する

→ SwiftUI、ZStack

メソッド

init(alignment:content:)

書式 ZStack(alignment:alignment) { views }

引数 alignment：**重なる際の位置**、views：**Viewオブジェクト**

ZStack構造体は、ビューを重ねて表示します。重なる際の位置を指定してビューを配置します。重なる際の位置はAlignment構造体で指定します。既定は中央（Alignment.center）です。

サンプル Views/ZStackExampleViewswift

```
struct HStackExampleView: View {
  var body: some View {
    ZStack { // 重ねて表示するレイアウトで画像を文字を表示
      Image("cat")
        .imageScale(.large)
        .foregroundStyle(.tint)
      Text("Hello, world!")
        .font(.largeTitle)
    }
  }
}
```

▲ 重ねて表示するレイアウトを利用する

参照 P.125「画面を定義する／表示する」
P.130「ビューを表示する」
P.139「縦に表示するレイアウトを利用する」
P.141「横に表示するレイアウトを利用する」
P.160「部分的にモーダルを表示する」

スペーサーを利用する

➡ SwiftUI、Spacer

メソッド

init(minLength: CGFloat?)

書式 Spacer([minLength: minLength])

引数 minLength：**間隔の最小値**

Spacer構造体は、ビューとビューの間のスペーサーとして機能します。ビューとビューの間を指定したレイアウトに従って最大限の間隔で埋めます。

init(minLength: CGFloat?)メソッドは、少なくともこれ以上の間隔で埋めるという間隔の最小値を指定して初期化します。間隔の最小値を指定しない場合は、可能な限り広い間隔が取られます。

サンプル Views/SpacerExampleView.swift

```swift
struct SpacerExampleView: View {
  var body: some View {
    VStack {   // スペーサーを挟んで画像と文字を表示
      Spacer()
      Image("cat")
        .imageScale(.large)
        .foregroundStyle(.tint)
      Spacer()
      Text("Hello, world!")
        .font(.largeTitle)
      Spacer()
    }
  }
}
```

スペーサーを利用する

参考 サンプルのように最小の間隔を指定せずに複数のスペーサーを配置すると、各スペーサーが均等に間隔を埋めます。

参照 P.125「画面を定義する/表示する」
P.130「ビューを表示する」
P.139「縦に表示するレイアウトを利用する」
P.141「横に表示するレイアウトを利用する」

ナビゲーションを利用する

→ SwiftUI、NavigationStack

メソッド

init(root:) 初期化処理

書式 NavigationStack { views }

引数 views：**View**オブジェクト

NavigationStack構造体は、アプリのナビゲーションを管理します。ナビゲーションとは、画面を入れ子にして左から右へと遷移、遷移した先の画面から戻るといった一連の画面遷移を管理する機能のことです。

遷移先の画面でバックボタンが追加される

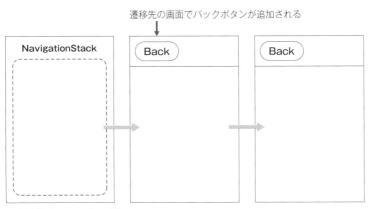

▲ ナビゲーションのイメージ

ナビゲーションを利用する際には、いちばん最初の画面にNavigationStackを配置します。

サンプル NavigationStackSample/ContentView.swift

```
struct ContentView: View {
  let cats: [Cat] = [Cat(name: "むく", age: 3), Cat(name: "くろ", age: 2),
          Cat(name: "ちび", age: 0)]

  var body: some View {
    NavigationStack { // NavigationStackを配置
```

```
    List(cats) { cat in
      NavigationLink(cat.name, destination: DetailView(cat: cat))
    }
    .navigationTitle("Cat")
  }
}
}
```

▲ ナビゲーションを利用する

参考 NavigationStack構造体の配置は特に表示に影響することはありません。

参照 P.125「画面を定義する／表示する」
　　 P.149「次の画面へ遷移する」
　　 P.151「オブジェクトを伴って次の画面へ遷移する」
　　 P.182「ラベルを表示する」
　　 P.189「リストを表示する」

次の画面へ遷移する

➡ SwiftUI、NavigationLink

メソッド

```
init(_:destination:)                              初期化処理
init(destination:label:)                          初期化処理
```

書式　NavigationLink(text, destination: view)
　　　NavigationLink { view } label: { label }

引数　view：遷移先のViewオブジェクト、label：Labelオブジェクト

　NavigationLink構造体は、NavigationStack構造体のもとで画面の遷移を行います。init(_:destination:)メソッドは、遷移先の画面を文字列で指定します。init(destination:label:)メソッドを用いると、遷移先を指定するときにラベルを利用できます。

サンプル　NavigationStackSample/ContentView.swift

```swift
struct ContentView: View {
  let cats: [Cat] = [Cat(name: "むく", age: 3),
      Cat(name: "くろ", age: 2),Cat(name: "ちび", age: 0)]

  var body: some View {
    NavigationStack {
      List(cats) { cat in
        // テキストのみで遷移先を指定
        // NavigationLink(cat.name, destination: DetailView(cat: cat))

        // ラベルを利用する場合
        NavigationLink {
          DetailView(cat: cat)
        } label: {
          Label(cat.name, systemImage: "cat")
        }
      }
      .navigationTitle("Cat")
    }
  }
}
```

149

サンプル NavigationStackSample/DetailView.swift

```swift
struct DetailView: View {
  var cat: Cat

  var body: some View {
    VStack {
      Text(cat.name).font(.title)
      Text("\(cat.age)歳")
    }
    .padding()
  }
}
```

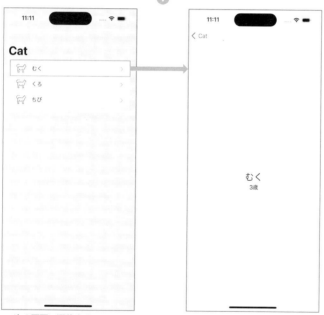

▲ 次の画面へ遷移する

参考 init(_:destination:)メソッドとinit(destination:label:)メソッドの間で、次の画面へ遷移する動作に関しては違いはありません。

参照 P.125「画面を定義する／表示する」
P.147「ナビゲーションを利用する」
P.151「オブジェクトを伴って次の画面へ遷移する」
P.182「ラベルを表示する」

オブジェクトを伴って
次の画面へ遷移する

➡ SwiftUI、Navigation

メソッド

```
navigationDestination(for:destination:)    次の画面へ遷移
init(_:value:)                             初期化処理
init(value:label:)                         初期化処理
```

書式　view.navigationDestination(for: type) { destination }
　　　　NavigationLink(text, value: obj)
　　　　NavigationLink(value: obj) { label }

引数　view：Viewオブジェクト、type：遷移に伴うオブジェクトの型、
　　　　destination：遷移先のViewオブジェクト、obj：遷移に伴うオブジェクト、label：Labelオブジェクト

　navigationDestination(for:destination:)メソッドは、指定されたViewに遷移するためのメソッドです。一覧画面から特定の一要素を伴って画面遷移するような場合に使われます。

　メソッドの引数は、要素の型と次の画面へ遷移するクロージャです。クロージャ内に要素が渡されます。

　画面遷移時には、当然NavigationLink構造体も必要です。navigationDestination(for:destination:)メソッドで遷移先を指定しますので、NavigationLink構造体では、遷移先ではなく遷移に伴うオブジェクトを引数にしたinit(_:value:)メソッド、またはinit(value:label:)メソッドを用いて初期化処理を行います。

サンプル　NavigationStackModelSample/ContentView.swift

```swift
struct ContentView: View {
  let cats: [Cat] = [Cat(name: "むく", age: 3),
      Cat(name: "くろ", age: 2),Cat(name: "ちび", age: 0)]

  var body: some View {
    NavigationStack {
      List(cats) { cat in
        // テキストのみで遷移先を指定
        //NavigationLink(cat.name, value: cat)

        // ラベルを利用する場合
        NavigationLink(value: cat) {
```

151

```
            Label(cat.name, systemImage: "cat")
          }
        }
        .navigationDestination(for: Cat.self) { cat in
          DetailView(cat: cat)
        }
        .navigationTitle("Cat")
    }
  }
}
```

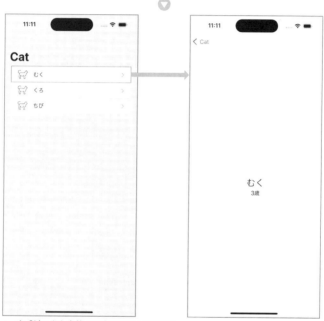

△ オブジェクトを伴って次の画面へ遷移する

参考 次の画面へ遷移する動作は、init(_:destination:)メソッド／init(destination:label:)メソッドと同じです。

参照 P.125「画面を定義する／表示する」
P.147「ナビゲーションを利用する」
P.149「次の画面へ遷移する」
P.182「ラベルを表示する」

画面を分割する

➡ SwiftUI、NavigationSplitView

4

メソッド

```
init(columnVisibility:sidebar:detail:)
init(columnVisibility:sidebar:content:detail:)
```
2画面の初期化処理
3画面の初期化処理

画面を作成する

書式
```
NavigationSplitView(columnVisibility: visibility) {
    list
} detail: {
    detail
}

NavigationSplitView(columnVisibility: visibility) {
    list
} content: {
    content
} detail: {
    detail
}
```

引数 visibility：最初の分割のViewオブジェクトの可視化指定、list：最初の列のViewオブジェクト、content：次の列のViewオブジェクト）、detail：最後の列のViewオブジェクト

NavigationSplitView構造体はiPad／iPhone Pro Maxで利用される構造体で、その名前の通り、ビューをナビゲーションとして利用するために2列または3列に分割します。

NavigationSplitView構造体のイメージ

いちばん左のsidebarとして分割されるビューは、ナビゲーションの最上位のビューとして利用されます。sidebarで選択された項目によって、contentとdetail

153

のビューの表示内容が制御されるという1画面内でのナビゲーションを実装します。

init(columnVisibility:sidebar:detail:)メソッドは2列／init(columnVisibility:sidebar:content:detail:)メソッドは3列に分割した初期化処理を行います。

メソッドの引数columnVisibilityは、**NavigationSplitViewVisibility**構造体でサイドバーの表示スタイルを指定します。NavigationSplitViewVisibility構造体には次のプロパティがあります。

▼ **NavigationSplitViewVisibility構造体のプロパティ**

名前	概要
automatic	端末のサイズや向きで自動的に判断
all	すべての分割画面を表示
doubleColumn	サイドバーを非表示
detailOnly	いちばん右の画面のみを表示

サンプル NavigationSplitSample/ContentView.swift

```swift
// サイドバーに表示するメニュー項目
struct Category: Identifiable, Hashable {
  let id = UUID()
  var name: String
  var images: [String]
}

struct ContentView: View {
  // サイドバーに表示するメニュー
  @State private var categories = [
    Category(name: "Cat", images: ["cat", "cat.fill", "cat.circle",
             "cat.circle.fill"]),
    Category(name: "Dog", images: ["dog", "dog.fill", "dog.circle",
             "dog.circle.fill"]),
    Category(name: "Bird", images: ["bird", "bird.fill", "bird.circle",
             "bird.circle.fill"]),
  ]
  // 選択したCategory
  @State private var selectedCategory: Category?
  // 選択したCategory内のimage
  @State private var selectedImage: String?
  // サイドバーの表示指定
  @State private var visibility: NavigationSplitViewVisibility = .all

  var body: some View {
    NavigationSplitView(columnVisibility: $visibility) {
```

```
    // サイドバーにリストを表示
    List(categories, selection: $selectedCategory) { category in
      Text(category.name).tag(category)
    }
  } content: {
    // 選択したCategory内のimagesを表示
    if let selectedCategory {
      List(selectedCategory.images, id: \.self,
                 selection: $selectedImage) { image in
        HStack {
          Image(systemName: image)
          Text(image)
        }.tag(image)
      }
    } else {
      Text("Select a category")
    }
  } detail: {
    // 選択したimageを表示
    if let selectedImage {
      DetailView(imageName: selectedImage)
    } else {
      Text("Select an image")
    }
  }
 }
}
```

▲ 画面を分割する

参考 画面内を単に分割したい場合は、レイアウトを利用してビューを配置してください。

参照 P.125「画面を定義する/表示する」
      P.147「ナビゲーションを利用する」
      P.156「分割スタイルを指定する」

分割スタイルを指定する

➡ SwiftUI、NavigationSplitView

メソッド

navigationSplitViewStyle(_:)

書式 view.**navigationSplitViewStyle**(style)

引数 view：**NavigationSplitViewオブジェクト**、style：**スタイル**

navigationSplitViewStyle(_:) メソッドは、NavigationSplitView 構造体による画面の分割のスタイルを NavigationSplitViewStyle 構造体で指定します。NavigationSplitViewStyle構造体には次のプロパティがあります。

NavigationSplitViewStyle構造体のプロパティ

名前	概要
automatic	端末のサイズや向きで自動的に判断
balanced	各カラムをバランスよく表示
prominentDetail	分割の最後の画面のサイズを維持

サンプル NavigationSplitStyleSample/ContentView.swift

```swift
struct ContentView: View {
...中略...
  var body: some View {
    NavigationSplitView(columnVisibility: $visibility) {
      // サイドバーにリストを表示
      List(categories, selection: $selectedCategory) { category in
        Text(category.name).tag(category)
      }
    } content: {
      // 選択したCategory内のimagesを表示
      if let selectedCategory {
        List(selectedCategory.images, id: \.self,
                  selection: $selectedImage) { image in
          HStack {
            Image(systemName: image)
            Text(image)
          }.tag(image)
        }
      } else {
```

```
      Text("Select a category")
    }
  } detail: {
    // 選択したimageを表示
    if let selectedImage {
      DetailView(imageName: selectedImage)
    } else {
      Text("Select an image")
    }
  }
  .navigationSplitViewStyle(.prominentDetail) // スタイルを指定
  }
}
```

 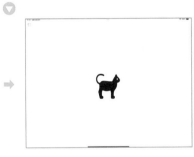

△ 分割スタイルを指定する

参照 P.125「画面を定義する/表示する」
     P.147「ナビゲーションを利用する」」
     P.153「画面を分割する」

画面をモーダルで表示する

➡ SwiftUI、View

メソッド

sheet(isPresented:onDismiss:content:)   モーダルを表示

書式 view.**sheet(isPresented:** bool**[, onDismiss:** dissmiss**])** { views }

引数 view：**Viewオブジェクト**、bool：**モーダルを表示する（true）／しない（false）**、dissmiss：**モーダルを閉じるときの処理**、views：**モーダルとして表示するViewオブジェクト**

....

sheet(isPresented:onDismiss:content:)メソッドは、モーダルの表示／非表示を行うメソッドです。Bool型のバインディング変数、モーダルを閉じるときの処理を行うメソッド名を引数に、Viewプロトコルに準拠した構造体で利用できます。

Bool型のバインディング変数の値をtrueにするとモーダルを表示し、falseにするとモーダルを閉じます。

サンプル Views/SheetExampleView.swift

```
struct SheetExampleView: View {
  @State private var isPresented = false

  var body: some View {
    Button("Present View") {
      // ボタン押下時にモーダルを表示
      isPresented = true
    }
    .sheet(isPresented: $isPresented) {
      PresentedView(dismissAction: {
        // モーダルを閉じる
        isPresented = false
      })
    }
  }
}

struct PresentedView: View {
  // モーダルを閉じる処理をクロージャで定義
  var dismissAction: () -> Void
```

```
  var body: some View {
    VStack {
      Text("Presented View")
      Button("Dismiss") {
        dismissAction()
      }
    }
  }
}
```

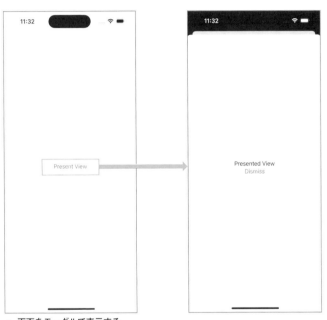

△ 画面をモーダルで表示する

参照 P.125「画面を定義する/表示する」
P.160「部分的にモーダルを表示する」
P.162「ポップオーバーを表示する」
P.287「ボタンを利用する」

部分的にモーダルを表示する

→ SwiftUI、View

メソッド

`inspector(isPresented:content:)` 　　　　　　　　　　　部分的なモーダルを表示

書式 `view`.inspector(isPresented: `bool`) { `views` }

引数 `view`：**View**オブジェクト、`bool`：**モーダルを表示する（true）／しない（false）**、`dismiss`：**モーダルを閉じるときの処理**、`views`：**モーダルとして表示するView**オブジェクト

inspector(isPresented:content:)メソッドは、メニュー等で利用できる形式で部分的にモーダルを表示するメソッドです。iPhoneでは画面下から、iPadでは画面右から出現し、全画面を覆うまでもない選択などを行う場合に利用します。Bool型のバインディング変数を引数に、Viewプロトコルに準拠した構造体で利用できます。

サンプル Views/InspectorExampleView.swift

```swift
struct InspectorExampleView: View {
  @State private var isPresented = false

  var body: some View {
    ZStack {
      // モーダル表示時に背景をグレーに
      isPresented ? Color(red: 0.3, green: 0.3, blue: 0.3, opacity: 0.3) :
                                Color.white
      Button("Present View") {
        // ボタン押下時にモーダルを表示
        isPresented = true
      }
      .inspector(isPresented: $isPresented) {
        InspectorView(dismissAction: {
          // モーダルを閉じる
          isPresented = false
        })
      }
    }
  }
}
```

```
struct InspectorView: View {
  // モーダルを閉じる処理をクロージャで定義
  var dismissAction: () -> Void

  var body: some View {
    VStack(spacing: 20) {
      Spacer().frame(height: 10)
      Text("Item 1")
      Text("Item 2")
      Text("Item 3")
      Button("Dismiss") {
        dismissAction()
      }
      Spacer()
    }
  }
}
```

部分的にモーダルを表示する

参考 サンプルではモーダルを表示する際に画面の背景の色を変えて、モーダルの形状がわかるようにしています。

参照 P.125「画面を定義する/表示する」
P.143「重ねて表示するレイアウトを利用する」
P.158「画面をモーダルで表示する」
P.162「ポップオーバーを表示する」
P.287「ボタンを利用する」

ポップオーバーを表示する

→ SwiftUI、View

メソッド

popover(isPresented:attachmentAnchor:arrowEdge:content:) ポップオーバーを表示

書式 view.popover(isPresented: bool, attachmentAnchor: attachmentAnchor, **arrowEdge:** arrow) { views }

引数 view：**Viewオブジェクト**、bool：**モーダルを表示する（true）／しな い（false）**、attachmentAnchor：**ポップオーバーのアンカーの起点**、 arrow：**ポップオーバーのアンカーの向き**、views：**モーダルとして表 示するViewオブジェクト**

popover(isPresented:attachmentAnchor:arrowEdge:content:) メ ソ ッ ド は、 ポップオーバーを表示するiPad用のメソッドです。Bool型のバインディング変数 のほかに、ポップオーバーのアンカーの起点をPopoverAttachmentAnchor構 造体で、ポップオーバーのアンカーの向きをEdge列挙体で指定します。

PopoverAttachmentAnchor構造体には次の種類があります。

▼ **PopoverAttachmentAnchor構造体の種類**

名前	概要
point	点
rect	矩形

それぞれ点と矩形で指定します。pointを利用する場合は、UnitPoint構造体で 値を指定します。UnitPoint構造体のプロパティには次のものがあります。

▼ **UnitPoint構造体のプロパティ**

名前	概要
top	上
bottom	下
leading	左
trailing	右
topLeading	左上
topTrailing	右上
bottomLeading	左下
bottomTrailing	右下

rectを利用する場合は、オフセットとなる矩形を Anchor.Source 構造体で指定します。このイメージは次の通りです。

```
.popover(isPresented: $showPopover,
         attachmentAnchor:
             PopoverAttachmentAnchor.rect(
                 Anchor.Source.rect(
                     CGRect(x: 200, y: 100, width: 50, height: 50)
                 )
             ),
         arrowEdge: Edge.leading)
```

PopoverAttachmentAnchor.rect 利用時のイメージ

メソッドを実行するUIの左上が起点です。そこから水平方向にx、垂直方向にy移動した点から幅width、縦heightの矩形を基準として指定したアンカーを伴ってポップオーバーを表示します。

サンプル Sample/TabExampleView.swift
```
struct PopoverExampleView: View {
  @State private var showPopover = false

  var body: some View {
    Button("Show Popover") {
      showPopover = true
    }
    // ボタンの右下からアンカーを下向きでポップオーバーを表示
    .popover(isPresented: $showPopover,
        attachmentAnchor: PopoverAttachmentAnchor
          .point(UnitPoint.topTrailing),
        arrowEdge: Edge.bottom) {
      PopoverView(dismissAction: {
        showPopover = false
      })
```

```
        }
      }
    }

    struct PopoverView: View {
      // モーダルを閉じる処理をクロージャで定義
      var dismissAction: () -> Void

      var body: some View {
        VStack {
          HStack {
            Spacer()
            Button("X") {
              dismissAction()
            }.padding([.top, .trailing], 10)
          }
          Text("Popover View")
          Spacer()
        }
        .frame(width: 200, height: 80)
      }
    }
```

ポップオーバーを表示する

参照 P.125「画面を定義する/表示する」
    P.128「セーフエリア外の領域を利用する」
    P.158「画面をモーダルで表示する」
    P.160「部分的にモーダルを表示する」
    P.287「ボタンを利用する」

タブを利用する

→ SwiftUI、TabView

メソッド

init(content:)

タブでビューを表示

書式 TabView{ [view.tabItem{views } ,] }

引数 view：Viewオブジェクト、views：タブのアイコンとして表示するView
オブジェクト

TabView構造体は、複数のビューをタブで表示します。タブで表示するビュー
は、TabViewブロック内に並べて記述し、タブのアイコンとして表示するビューを
tabItemモディファイアで指定します。タブにバッジを表示する場合は、badge(_:)
モディファイアでバッジの値を指定します。

サンプル Sample/TabExampleView.swift

```swift
struct TabExampleView: View {
  var body: some View {
    TabView { // 3画面をタブで表示
      FirstView()
        .tabItem {
          Image(systemName: "1.circle")
          Text("Page 1")
        }
        .badge(1) // バッジを表示

      SecondView()
        .tabItem {
          Image(systemName: "2.circle")
          Text("Page 2")
        }

      ThirdView()
        .tabItem {
          Image(systemName: "3.circle")
          Text("Page 3")
        }
    }
  }
```

165

```
}

struct FirstView: View {
  var body: some View {
    Text("Page 1")
  }
}

struct SecondView: View {
  var body: some View {
    Text("Page 2")
  }
}

struct ThirdView: View {
  var body: some View {
    Text("Page 3")
  }
}
```

タブを利用する

参照 P.167「タブのスタイルを指定する」

タブのスタイルを指定する

➡ SwiftUI、TabView

メソッド

tabViewStyle(_:)　　　　　　　　　　　　　　タブのスタイルを指定

書式 tabView.**tabViewStyle(**style**)**

引数 tabView：**TabViewオブジェクト**、style：**TabViewStyleオブジェクト**

tabViewStyle(_:)メソッドは、タブのスタイルを指定します。タブのスタイルは、TabViewStyleプロトコルに準拠したオブジェクトで指定します。

TabViewStyleプロトコルには次のプロパティがあります。

TabViewStyleプロトコルのプロパティ

automatic	通常のタブ
page	ページング形式

TabViewStyle.pageを利用すると、特別なUIを作成することなく複数のページをまとめたUIを容易に実装できます。

サンプル Sample/TabStyleExampleView.swift

```swift
struct TabStyleExampleView: View {
  var body: some View {
    TabView { // 3画面をタブで表示
      BlueView()
        .tabItem {
          Image(systemName: "1.circle")
          Text("Page 1").font(.title)
        }
        .badge(1)

      YellowView()
        .tabItem {
          Image(systemName: "2.circle")
          Text("Page 2").font(.title)
        }
```

```
      RedView()
        .tabItem {
          Image(systemName: "3.circle")
          Text("Page 3").font(.title)
        }
    }
    .tabViewStyle(.page)   // スタイルを指定
  }
}
```

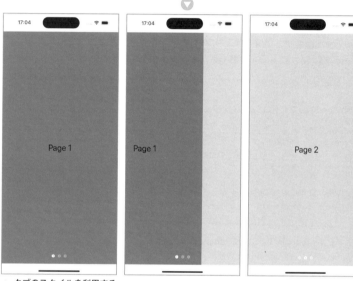

△ タブのスタイルを利用する

参照 P.165「タブを利用する」

Chapter 5

コンテンツを表示する

iOSアプリの開発では、基本的にテキストや画像などのコンテンツを配置して画面を作っていきます。SwiftUIにおいて画面上に表示して利用するという機能の基幹には、Viewプロトコルに準拠するという決まりがあります。画面に配置されるコンテンツは、すべてViewプロトコルに準拠した構造体です。本章では、アプリの開発においてよく利用される構造体について説明します。

▼ 本章で扱うオブジェクト

名前	概要	該当ページ
Shapes	2D図形	P.171
Text	テキスト	P.178
Label	ラベル	P.182
Image	画像	P.174
ForEach	一覧	P.187
List	リスト	P.189
ScrollView	スクロール	P.192
Gird	グリッド	P.196
GirdRow	グリッドの列	P.198
LazyVGrid	垂直グリッド	P.204
LazyHGrid	水平グリッド	P.206
Table	テーブル	P.210
Map	地図	P.218
ProgressView	進捗	P.245

iOSアプリの開発で最も重要となるのは画面の構成ですので、これらのオブジェクトを理解して使いこなすことが重要です。

5

コンテンツを表示する

2D 図形を表示する

➡ SwiftUI、Circle Capsule Rectangle RoundedRectangle

メソッド

init() 初期化

書式
```
Circle()
Capsule()
Rectangle()
```

SwiftUIでは、よく利用される2D図形を表示する構造体が次のように定義されています。

▼ よく利用される2D図形

Circle	円
Capsule	カプセル型
Rectangle	矩形
RoundedRectangle	角丸矩形

2D図形自体の利用のほかに、図形の前景、背景、輪郭などに利用することができます。

サンプル ViewSample/ShapesExampleView.swift

```swift
VStack(spacing: 40) {
    HStack {
        Circle()
            .fill(.blue)
            .frame(width: 100, height: 100)

        Capsule()
            .fill(.yellow)
            .frame(width: 100, height: 50)

        Rectangle()
            .fill(.red)
            .frame(width: 100, height: 100)
    }
```

```
    TextField("Search", text: .constant(""))
    .padding()
    .frame(width: 300)
    .background {    // 入力欄の形状をカプセル型に
        Capsule()
            .strokeBorder(Color.black, lineWidth:  1.0)
    }
}
```

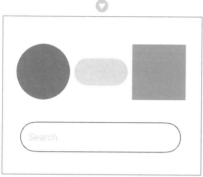

2D図形を表示する

RoundedRectangleの利用例は、はP.251「再利用可能なビューを定義する」で確認できます。

参照 P.173「背景に2D図形を利用する」

背景に 2D 図形を利用する

➡ SwiftUI、View

メソッド

background(_:)　　　　　　　　　　　　　　　　　　　　　　背景スタイルを指定
fill(_:)　　　　　　　　　　　　　　　　　　　　　　　　　　塗りつぶしの指定

書式　view.**background**(style)
　　　　view.**fill**(style)

引数　view：**ビュー**、style：**スタイル**

background(_:)モディファイアは背景スタイルを指定します。fill(_:)モディファイアは塗りつぶしの色を指定します。

背景スタイルとして2D画像を利用できること、条件によって2D画像を塗りつぶす色を設定できることを考慮すると、画像を用意することなく、バインディング変数の値などの条件によってUIの外観を変更するといった処理を行うことができます。

サンプル　ViewSample/ShapesBackgroundExampleView.swift

```swift
@State private var active: Bool = true

var body: some View {
  VStack {
    Button(action: { active.toggle() },
        label: {
        Text(active ? "Active" : "Inactive")
          .foregroundStyle(Color.white)
          .padding(.horizontal, 20)
          .padding(.vertical, 10)
      }
  )
    // ボタンに背景にカプセル型のShapeを指定
    .background( Capsule().fill(active ? Color.green : Color.red) )
  }
}
```

ボタン押下

▲ 背景に2D図形を利用する　　　　　　　　　　　　　　**参照** P.171「2D図形を表示する」

コンテンツを表示する

5

画像を表示する

➡ SwiftUI、Image

メソッド

| init(_:bundle:) | 初期化処理 |
| init(systemName:) | システムシンボルイメージを指定して初期化 |

書式　Image(name)
　　　Image(systemName: systemName)

引数　name：**画像名**、bundle：**画像ファイルの場所**、
　　　systemName：**システム画像名**

Image構造体は画像を表示します。init(_:bundle:)メソッドは、Xcode内のImage Assetに登録した画像名を指定して初期化します。init(systemName:)メソッドは、システムシンボルイメージを指定して初期化します。

サンプル　ViewSample/ImageExampleView.swift

```swift
VStack {
  Image("cake") // Image Assetの画像を表示
    .resizable()
    .aspectRatio(contentMode: .fit)
    .frame(width: 250, height: 200)

  Image(systemName: "cat") // システムシンボルイメージを表示
    .resizable()
    .aspectRatio(contentMode: .fit)
    .frame(width: 100, height: 100)
}
```

画像を表示する

174

参考 Image Assetは、Xcodeのプロジェクト内に存在するAssets.xassetsに画像を登録して利用できる機能のことです。解像度が1〜3倍の画像を1セットとして名前をつけて登録できます。iPhone/iPadの端末によって画面の解像度が異なりますが、Image Assetを利用すると、端末に応じて自動的に最適な画像が選択されます。

解像度に合わせた画像をセット

参考 システムシンボルイメージは、Appleが配布しているmacアプリ「SF Symbols」で確認することができます。
https://developer.apple.com/jp/sf-symbols/

参照 P.176「画像のサイズを調整する」

5

コンテンツを表示する

画像のサイズを調整する

メソッド

resizable()	サイズを変更可能
aspectRatio(_:contentMode:)	縦横比を設定

書式 image.**resizable**()
      image.**aspectRatio**([size,] contentMode:contentMode)

引数 image：**Image**オブジェクト、size：**CGSize**オブジェクト、
      contentMode：**ContentMode**オブジェクト

resizable()メソッドは、画像のサイズを変更可能にします。frame()メソッドなどでImage構造体のサイズを指定する場合などに利用します。

aspectRatio(_:contentMode:)メソッドは、サイズと画像の縦横比を設定します。サイズはCGSize構造体で指定し、縦横比はContentMode構造体で指定します。ContentMode構造体の種類には次のものがあります。

ContentMode構造体の種類

fill	フレーム全体を埋めるようにサイズを変更
fit	全体がフレーム内に収まるようにサイズを変更

サンプル ViewSample/ImageAspectRateSelectView.swift

```swift
struct ImageAspectRateSelectView: View {
  let modes: [ContentMode] = [.fit, .fill]
  @State private var contentMode = ContentMode.fit

  var body: some View {
    VStack {
      Image(.cake)
        .resizable() // サイズを変更可能に
        .aspectRatio(contentMode: contentMode) // 縦横比を指定
        .frame(width: 250, height: 200)
        .border(.blue, width: 3)

      // ピッカーでContentModeを切り替えられるように
      Picker("ContentMode", selection: $contentMode) {
```

5 コンテンツを表示する

```
      ForEach(modes, id: \.self) { mode in
        Text(String(describing: mode))
      }
    }.pickerStyle(WheelPickerStyle())
  }
}
}
```

画像のサイズを調整する

参照 P.174「画像を表示する」

テキストを表示する

➡ SwiftUI、Text

メソッド

init(_:)	初期化処理
font(_:)	フォントを指定
fontWidth(_:)	フォントの幅を指定
underline(_:color:)	下線を追加
shadow(color:radius:x:y:)	影を追加

書式

```
Image(string)
text.font(font)
text.fontWidth(weight)
text.underline(active, color: color)
text.shadow(color: color, radius: radius, x: x, y: y)
```

引数　text：Textオブジェクト、string：表示する文字列、
font：Fontオブジェクト、weight：Font.Weightオブジェクト、
active：下線を表示する／しない（true／false）、
color：Colorオブジェクト、radius：影のぼかし具合、
x：水平方向の影のずれ具合、y：垂直方向の影のずれ具合

Text構造体は、文字列を表示します。init(_:)メソッドは文字列を指定して初期化します。font(_:)メソッドは Font 構造体を指定してフォントを指定します。Font構造体のよく利用されるプロパティには次のものがあります。

▼ Font構造体のプロパティ

名前	概要
largeTitle	大きなタイトル
title	タイトル
title2	titleより少し小さい
title3	title2より少し小さい
headline	見出しサイズ
subheadline	小見出しサイズ
body	本文サイズ
callout	吹き出しサイズ
caption	キャプション
caption2	代替キャプション
footnote	脚注

fontWidth(_:)メソッドは、文字の太さを **Font.Weight** 構造体で指定します。Font. Weight構造体のプロパティはCSSのfont-weightに基づいて定義されており、よく利用されるプロパティには次のものがあります。

▼ **Font.Weight構造体のプロパティ**

名前	値
regular	標準の太さ
bold	太字
light	細字

underline(_:color:)メソッドは、下線を表示するかと色を指定して文字列に下線を追加します。shadow(color:radius:x:y:)メソッドは、色とずれ具合を指定して文字列に影を追加します。

サンプル **ViewSample/TextExampleView.swift**

```swift
VStack(spacing: 10) {
  Text("Hello, World!")
    .font(.title)  // タイトルサイズ

  Text("Hello, World!")
    .font(.largeTitle)  // 大きいタイトルサイズ
    .underline(true, color: Color.gray)  // 黒の下線
    .fontWeight(.bold)  // 太字
    .shadow(color: .black, radius: 0.5, x: 1, y: 1)  // 黒の影
}
```

Hello, World!
Hello, World!

● テキストを表示する

参考 Font.Weight構造体のプロパティに関しては、Appleのドキュメントにすべて掲載されていません。W3Cのドキュメント（https://www.w3.org/TR/css-fonts-4/）等を参照して確認してください。

参考 shadow(color:radius:x:y:)メソッドの影のぼかし具合、ずれ具合に関してはText構造体の大きさや背景の色によって見え方が変わります。プレビュー画面を見ながら調整してください。

参照 P.180「複数行のテキストを表示する」

複数行のテキストを表示する

➡ SwiftUI、Text

メソッド

multilineTextAlignment(_:)	文字列の位置を指定
truncationMode(_:)	トランケートの指定
lineSpacing(_:)	行間のスペースを設定
lineLimit(_:)	行数の上限を指定

書式
text.multilineTextAlignment(alignment)
text.truncationMode(truncate)
text.lineSpacing(spacing)
text.lineLimit(limit)

引数 text：**Textオブジェクト**、alignment：**TextAlignmentオブジェクト**、
truncate：**Text.TruncationModeオブジェクト**、spacing：**スペース**、
limit：**行数の上限**

multilineTextAlignment(_:)メソッドは、文字列を配置する位置をTextAlignment構造体で指定します。TextAlignment構造体には次の種類があります。

TextAlignment構造体の種類

center	中央
leading	左寄せ
trailing	右寄せ

truncationMode(_:)メソッドは、文字列が収まらない場合の切り詰めの位置をText.TruncationMode構造体で指定します。Text.TruncationMode構造体には次の種類があります。

Text.TruncationMode構造体の種類

head	先頭
middle	中央
tail	末尾

lineSpacing(_:)メソッドは、行間のスペースを数値で設定します。lineLimit(_:)メソッドは、行数の上限を数値で指定します。

コンテンツを表示する

```
Text("A text view draws a string in your app's user interface using a ⤵
body font that's appropriate for the current platform.")
    .multilineTextAlignment(.center)  // 中央に配置
    .lineSpacing(5) // 行間のスペース

Text("A text view draws a string in your app's user interface using a ⤵
body font that's appropriate for the current platform.")
    .lineLimit(1) // 行数の上限
    .truncationMode(.middle) // 文字を切り詰める位置
```

A text view draws a string in your app's user
interface using a body font that's appropriate
for the current platform.

A text view draws a st...r the current platform.

▲ 複数行のテキストを表示する

参考 iPhone／iPadの画面サイズによって、文字を切り詰める位置は変わることがあります。

参照 P.178「テキストを表示する」

ラベルを表示する

➡ SwiftUI、Label

メソッド

```
init(_:image:)                     画像を指定して初期化
init(_:systemImage:)               システムイメージを指定して初期化
init(title:icon:)                  タイトルとアイコンを指定して初期化
```

書式
```
Label(text, Image: imageName)
Label(text, systemImage: syatemImageName)
Label(title: title, icon: icon)
```

引数 text：**表示する文字列**、imageName：**画像名**、systemName：**システム画像名**、title：**タイトルのクロージャ**、icon：**アイコンのクロージャ**

Label構造体は、画像や2D図形などのアイコンと短い文字列を並べて表示する構造体です。画面の中では目印や標識として利用します。

init(_:image:)メソッドは、文字列と画像を指定して初期化します。init(_:systemImage:)メソッドは、文字列とシステム画像を指定して初期化します。init(title:icon:)メソッドは、タイトルとアイコンをクロージャの形式で指定して初期化します。

サンプル ViewSample/LabelExampleView.swift
```swift
// システムイメージを指定
Label("Hello, World!", systemImage: "person.circle.fill")

// タイトルとアイコンをクロージャで指定
Label(
    title: {
        Text("Hello, World!")
            .font(.title)
    },
    icon: { Circle()
            .fill(Color.blue)
            .frame(width: 25, height: 25)
    }
)

// ラベル自体を大きく表示
Label("Hello", systemImage: "envelope.circle") .font(.largeTitle)
```

```
// ボタンにラベルを指定
Button(role: .destructive) {
    // 処理
} label: {
  Label("Trash", systemImage: "trash")
    .font(.title3)
    .padding(.horizontal)
}
.buttonStyle(.borderedProminent)

// 背景を色付けして標識風に表示
Label("Books", systemImage: "book.fill")
    .padding(8)
    .background(Color.yellow)
```

ラベルを表示する

参考 Label構造体のサイズは、サンプルのようにモディファイアで指定することができます。

参照 P.171「2D図形を表示する」
P.174「画像を表示する」
P.184「ラベルのスタイルを指定する」

ラベルのスタイルを指定する

➡ SwiftUI、Label

メソッド

labelStyle(_:) スタイルを指定

書式 label.labelStyle(style)

引数 style：**LabelStyleオブジェクト**

labelStyle(_:)メソッドはラベルのスタイルを指定します。指定するスタイルは LabelStyle構造体です。LabelStyle構造体には次のプロパティがあります。

▼ LabelStyle構造体のプロパティ

名前	概要
automatic	サイズなどの外観に基づいて表示（既定）
iconOnly	アイコンのみ
titleAndIcon	タイトルとアイコン
titleOnly	タイトルのみ

サンプル ViewSample/LabelStyleExampleView.swift

```
Label("Hello", systemImage: "envelope.circle").labelStyle(.automatic)
Divider()
Label("Hello", systemImage: "envelope.circle").labelStyle(.iconOnly)    ⤵
// アイコンのみ
Divider()
Label("Hello", systemImage: "envelope.circle").labelStyle(.titleAndIcon)    ⤵
// タイトルとアイコン
Divider()
Label("Hello", systemImage: "envelope.circle").labelStyle(.titleOnly)    ⤵
// タイトルのみ
```

▲ ラベルのスタイルを指定する

参照 P.171「2D図形を表示する」
P.174「画像を表示する」
P.182「ラベルを表示する」

184

コレクションの要素を一意にする

➡ Swift、Identifiable

プロパティ

id	一意な値のプロパティを宣言

書式
```
struct name : Identifiable, Hashable {
    let id: type [ = value]
    ...
}
```

引数 name：**構造体の名前**、type：**型**、value：**初期値**

コレクションとは、Array（配列）／Set（集合）／Dictionary（辞書）といった複数の要素をまとめて管理する構造体のことです。

Identifiableプロトコルは、インスタンスを一意にするプロトコルです。コレクションの要素となる構造体を定義するときに利用されます。構造体を定義する際に、一意にするためのidプロパティ設けます。

identifiableプロトコルに準拠する際のidプロパティの値には、UUID構造体が用いられることが多いです。UUID構造体は、一意な値を生成する構造体です。インスタンスを生成するとUUID型の一意なオブジェクトを生成します。UUID型以外に、String型で利用する場合はuuidStringプロパティの値を代入します。

サンプル ViewSample/ForEachExampleView.swift
```
struct Fruit: Identifiable, Hashable {
    let id: String = UUID().uuidString
    let name: String
}
```

参照 P.186「コレクションの要素を識別する」
P.187「コレクションを一覧で表示する」
P.189「リストを表示する」

コレクションの要素を識別する

➡ Swift、Hashable

書式 struct name : Hashable {
// 構造体の定義
}

引数 name：**構造体の名前**

. . . .

Hashableプロトコルは、ハッシュ値を使用可能にするプロトコルです。ハッシュ値とは、システム上で1つ1つのデータを識別するために与えられる値のことです。Dictionary／Set／ForEachなどの処理ではハッシュ値を利用します。これらの処理を利用する構造体は、Hashableプロトコルを実装する必要があります。

サンプル ViewSample/ForEachExampleView.swift

```
struct Fruit: Identifiable, Hashable {  // Setとして選択できるために ⬎
Hashableに準拠
    let id: String = UUID().uuidString
    let name: String
}
```

サンプル ListMultiSelectExampleView.swift

```
struct ListMultiSelectExampleView: View {
    var fruits = [
        Fruit(name: "Apple"), Fruit(name: "Banana"),Fruit(name: "Kiwi"),
        Fruit(name: "Orange"), Fruit(name: "Pear")
    ]
    @State var selectedFruit = Set<Fruit>() // 複数の要素を選択
# 略
```

参照 P.185「コレクションの要素を一意にする」
P.187「コレクションを一覧で表示する」
P.189「リストを表示する」
P.191「リストから選択する」

コレクションを一覧で表示する

→ SwiftUI、ForEach

メソッド

init(_:id:content:)   初期化処理

書式   ForEach(collection, id: id) { content }

引数   collection：コレクション、id：コレクション内の一意なプロパティ
へのキーパス、content：繰り返し表示するクロージャ

ForEach構造体は、ビューを繰り返し表示する構造体です。配列や辞書などの
コレクションの要素を一覧で表示したい場合などに利用されます。

init(_:id:content:)メソッドは、コレクションを一覧で表示します。引数idは、コ
レクションの要素の一意の値を参照するキーパス(Key Path)です。キーパスとは、
オブジェクトのプロパティへの参照です。引数contentは、コレクションの要素を
一覧で表示するクロージャです。メソッドの後ろにブロックとして記述して利用し
ます。

サンプル   ViewSample/ForEachExampleView.swift

```swift
private var fruits = [
  Fruit(name: "Apple"), Fruit(name: "Banana"),Fruit(name: "Kiwi"),
  Fruit(name: "Orange"), Fruit(name: "Pear")
]

var body: some View {
  VStack {
    ForEach(fruits, id: \.id) { fruit in
      Text(fruit.name)
    }
  }
}
```

5

コンテンツを表示する

```
Apple
Banana
Kiwi
Orange
Pear
```

▲ コレクションを一覧で表示する

参考 「\」(バックスラッシュ)は、SwiftUIにおいてキーパスを指定する際に使われる特別な構文です。サンプルコードのForEachブロック内の「\.id」は、Fruitオブジェクト内のidプロパティを参照します。

参照 P.185「コレクションの要素を一意にする」
P.186「コレクションの要素を識別する」
P.189「リストを表示する」

リストを表示する

➡ SwiftUI、List

メソッド

`init(_:id:selection:rowContent:)` 初期化処理

書式 `List(collection, id: id, selection: selection) { rowContent }`

引数 collection：**コレクション**、id：**コレクションの要素を識別するキーパス**、selection：**選択する要素**、rowContent：**繰り返し表示するクロージャ**

List構造体は、スクロール機能と繰り返しの表示を伴って複数のビューを繰り返し表示する構造体です。init(_:id:selection:rowContent:)メソッドは、コレクション/要素を識別するキーパス/選択する要素を指定して初期化します。選択する要素はバインディング変数で、複数の要素を選択する場合はSet型で定義します。繰り返しの表示部分は、メソッドの後ろにクロージャとして記述します。

サンプル ViewSample/ListExampleView.swift

```swift
var fruits = [
  Fruit(name: "Apple"), Fruit(name: "Banana"),Fruit(name: "Kiwi"),
  Fruit(name: "Orange"), Fruit(name: "Pear")
]
@State var selectedFruit: Fruit? // 選択用の変数

var body: some View {
  List(fruits, id: \.self, selection: $selectedFruit) { fruit in
    Text(fruit.name)
  }
}
```

コンテンツを表示する

189

```
Apple

Banana

Kiwi

Orange

Pear
```

▲ リストを表示する

参考 List構造体はForEach構造体と似ていますが、引数にselectionがあるように何らかの
動作を伴って利用される構造体です。

参照 P.185「コレクションの要素を一意にする」
P.187「コレクションを一覧で表示する」

リストから選択する

→ SwiftUI、EditButton

メソッド

init()

初期化

書式 EditButton()

EditButton構造体は、SwiftUIが内部的に持つ編集モードを切り替えます。編集モードを切り替えることで、リストから要素を選択できるようになります。リストから選択する要素は、init(selection:content:)メソッドのselection引数で指定します。複数の要素を選択する場合は、Set構造体を用います。

サンプル ViewSample/ListMultiSelectExampleView.swift

```swift
var fruits = [
  Fruit(name: "Apple"), Fruit(name: "Banana"),Fruit(name: "Kiwi"),
  Fruit(name: "Orange"), Fruit(name: "Pear")
]
@State var selectedFruit = Set<Fruit>() // 複数の要素を選択

var body: some View {
  List(fruits, id: \.self, selection: $selectedFruit) { fruit in
    Text(fruit.name)
  }.toolbar { EditButton() } // ツールバーにEditButtonを配置

  // 選択した個数を表示
  Text("\(selectedFruit.count)")
}
```

リストから選択する

191

スクロールビューを表示する

メソッド

init(_:showsIndicators:content:)　　　　　　　　　　　　　　初期化処理

書式 ScrollView(axis[, showsIndicators: bool) { content }

引数 axis：スクロールの方向、bool：インジケーターを表示する／しない
（true／false）を指定、content：スクロールで表示するビュー

ScrollView 構造体は、ブロック内のビューをスクロールで表示します。init(_:showsIndicators:content:) メソッドは、スクロールの方向とインジケーターを表示するかを指定して初期化します。スクロールの方向は、Axis.Set構造体の次のプロパティで指定します。

Axis.Set構造体のプロパティ

名前	概要
vertical	垂直方向
horizontal	水平方向

インジケーターは既定では表示されます。

サンプル ViewSample/ScrollExampleView.swift

```swift
VStack {
  ScrollView { // 縦スクロールビュー
    VStack(spacing: 20) {
      ForEach(0..<10) { index in
        Text("\(index)")
          .foregroundStyle(.white)
          .font(.largeTitle)
          .frame(width: 100, height: 100)
          .background(.red)
          .padding([.leading, .trailing])
      }
    }
  }
  .frame(height: 400)
```

コンテンツを表示する

5

```
ScrollView(Axis.Set.horizontal) { // 横スクロールビュー
  HStack() {
    ForEach(0..<10) { index in
      Text("\(index)")
        .foregroundStyle(.white)
        .font(.largeTitle)
        .frame(width: 50, height: 100)
        .background(.blue)
        .clipShape(RoundedRectangle(cornerRadius: 8))
        .padding([.top,.bottom])
    }
  }
}
.padding()
```

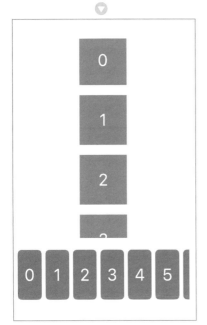

▲ スクロールビューを表示する

参照 P.139「縦に表示するレイアウトを利用する」
P.141「横に表示するレイアウトを利用する」
P.195「スクロールにスナップを設定する」

193

スクロールにスナップを実装する

➡ SwiftUI、ScrollView

メソッド

scrollTargetLayout(isEnabled:)　　　　　　　　　　　スクロールの枠を設定
scrollTargetBehavior(_:)　　　　　　　　　　　　スクロールのスナップを設定

書式 scrollView.**scrollTargetLayout**([isEnabled: bool])
scrollView.**scrollTargetBehavior**(behavior)

引数 bool：**設定する／しない（true／false）**、
behavior：**スクロールの振る舞い**

scrollTargetLayout(isEnabled:)メソッドは、構造体の一番外側の枠をスクロール対象のレイアウトとして設定するかを指定します（既定では設定されます）。

scrollTargetBehavior(_:)メソッドは、スクロールの方向を指定してユーザーの操作に合わせてスクロールの減速と終了をできるようにします。そのときのスクロールの動きの詳細を、ScrollTargetBehaviorプロトコルの次のプロパティで指定します。

ScrollTargetBehaviorプロトコルのプロパティ

paging	スクロールの外枠サイズでページング風の動き
viewAligned	スクロールの内側のビューに合わせた動き

2つのメソッドを組み合わせることで、スクロールにスナップを効かせて、より直感的なスクロールの動きを実装することができます。

サンプル ViewSample/ScrollSnapExampleView.swift

```
ScrollView(.horizontal) {
  HStack {
    ForEach(0..<10) { i in
      Capsule() // ランダムに色を指定したカプセル
        .fill(Color(red: .random(in: 0...1),
                    green: .random(in: 0...1),
                    blue: .random(in: 0...1)))
        .frame(width: 250, height: 100)
    }
  }
```

194

```
    .scrollTargetLayout()
}
.scrollTargetBehavior(.viewAligned)
.padding()
```

スクロール

次のビューでスクロールが止まる

▲ スクロールにスナップを実装する

参照 P.192「スクロールビューを表示する」

グリッドを表示する

→ SwiftUI、Grid

メソッド

`init(alignment:horizontalSpacing:verticalSpacing:content:)`　　　初期化処理

書式 `Grid(alignment:` alignment`, horizontalSpacing:` horizontalSpacing`,`
　　　　　　`verticalSpacing:` verticalSpacing`) {` views `}`

引数 alignment：**Alignmentオブジェクト**、horizontalSpacing：**水平方向の
スペース**、verticalSpacing：**垂直方向のスペース**、views：**ビュー**

Grid構造体は格子状のUIを表示します。init(alignment:horizontalSpacing:verti
calSpacing:content:)メソッドは、グリッドのセル内の表示位置をAlignmentオブ
ジェクトで、水平／垂直方向のスペースを指定して初期化します。既定では表示位
置は中央、スペースはなしです。

サンプル ViewSample/GridExampleView.swift

```swift
struct GridExampleView: View {
  var body: some View {
    Grid(horizontalSpacing: 10, verticalSpacing: 5) { // グリッドを表示
      GridRow { // グリッドの行を表示
        ForEach(1...3, id: \.self) { index in
          CellContent(index: index)
        }
      }
      GridRow { // グリッドの行を表示
        ForEach(4...6, id: \.self) { index in
          CellContent(index: index)
        }
      }
      GridRow { // グリッドの行を表示
        ForEach(6...8, id: \.self) { index in
          CellContent(index: index)
        }
      }
    }
    .padding()
  }
}
```

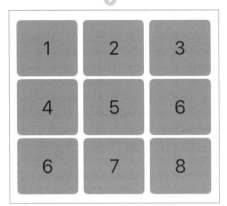

グリッドを表示する

参照 P.198「グリッドの行を表示する」
P.200「グリッドのスペースを確保する」
P.202「グリッドの列を統合する」
P.204「縦スクロールに組み込む」
P.206「横スクロールに組み込む」
P.208「スクロールの列／行を定義する」

グリッドの行を表示する

→ SwiftUI、GridRow

メソッド

init(alignment:content:)

初期化処理

書式 `GridRow(alignment: valignment) { views }`

引数 valignment：**VerticalAlignmentオブジェクト**、views：**ビュー**

GridRow構造体は、グリッドの列を表示します。init(alignment:content:)メソッドは、垂直位置を指定して列内のビューを表示します。垂直位置の指定がない場合は、Griidのalignment引数に従います。

サンプル ViewSample/GridExampleView.swift

```swift
// GridRow内に表示するセル
struct CellContent: View {
  var index: Int
  var color: Color = .red
  var body: some View {
    Text("\(index)") // index番号を表示
      .frame(minWidth: 50, maxWidth: .infinity, minHeight: 100)
      .background(color)
      .clipShape(RoundedRectangle(cornerRadius: 8))
      .font(.largeTitle)
  }
}

struct GridExampleView: View {
  var body: some View {
    Grid(horizontalSpacing: 10, verticalSpacing: 5) { // グリッドを表示
      GridRow { // グリッドの行を表示
        ForEach(1...3, id: \.self) { index in
          // グリッドのセルとしてCellContent構造体を表示
          CellContent(index: index)
        }
      }
...中略...
}
```

コンテンツを表示する

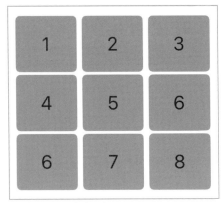

△ グリッドの行を表示する

参照 P.196「グリッドを表示する」
P.200「グリッドのスペースを確保する」
P.202「グリッドの列を統合する」
P.204「縦スクロールに組み込む」
P.206「横スクロールに組み込む」
P.208「スクロールの列／行を定義する」

グリッドのスペースを確保する

→ SwiftUI、View

メソッド

gridCellUnsizedAxes(_:)　　　　　　　　　　　　　　　　　　　　　　　スペースの確保

書式　view.gridCellUnsizedAxes(axis)

引数　view：ビュー、axis：Axis.Setオブジェクト

....

　gridCellUnsizedAxes(_:)モディファイアは、グリッドの格子に合わせてスペース
を確保します。メソッドの引数はAxis.Set構造体で垂直／水平の軸を指定します。
GridRow間で格子の数が異なる場合などに、スペースが埋まらないようにするため
に利用します。

サンプル　ViewSample/GridCellExampleView.swift

```
Grid(horizontalSpacing: 10, verticalSpacing: 10) { // グリッドを表示
  GridRow { // グリッドの行を表示
    ForEach(1...3, id: \.self) { index in
      CellContent(index: index)
    }
  }

  // 水平方向にスペースを確保して矩形を区切り線として表示
  Rectangle().frame(height: 3).foregroundStyle(Color.gray)

  GridRow { // グリッドの行を表示
    ForEach(4...6, id: \.self) { index in
      if (index % 2 == 1) { // 奇数の場合にグリッドのセルを表示
          CellContent(index: index)
      } else { // 偶数の場合は空のセルを表示
        Color.clear
          .gridCellUnsizedAxes([.horizontal, .vertical])
      }
    }
  }

  Rectangle().frame(height: 3).foregroundStyle(Color.gray) ⤵
// 区切り線を表示
```

```
  GridRow {  // グリッドの行を表示
    ForEach(6...8, id: \.self) { index in
      if (index % 2 == 0) {  // 偶数の場合はグリッドのセルを表示
            CellContent(index: index)
      } else {  // 奇数の場合は空のセルを表示
        Color.clear
          .gridCellUnsizedAxes([.horizontal, .vertical])
      }
    }
  }
}
.padding()
```

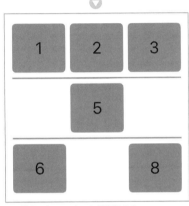

△ グリッドのスペースを確保する

参考 Color.clear構造体を利用すると、透明なオブジェクトでスペースを確保できます。

参照 P.196「グリッドを表示する」
P.198「グリッドの行を表示する」
P.202「グリッドの列を統合する」
P.204「縦スクロールに組み込む」
P.206「横スクロールに組み込む」
P.208「スクロールの列／行を定義する」

グリッドの列を統合する

➡ SwiftUI、View

メソッド

gridCellColumns(_:)   列を統合

書式　view.**gridCellColumns**(count)

引数　view：**ビュー**、count：**統合する列の数**

・・

gridCellColumns(_:)モディファイアは、グリッドの列を統合します。列を統合することで、行間でセル数が異なる場合にもグリッドの構造を維持することができます。

サンプル　ViewSample/GridCellColumnExampleVieww.swift

```
Grid(horizontalSpacing: 10, verticalSpacing: 5) {  // グリッドを表示
  GridRow {  // グリッドの行を表示
    ForEach(1...3, id: \.self) { index in
      CellContent(index: index)
    }
  }
  GridRow {  // グリッドの行を表示
    ForEach(4...6, id: \.self) { index in
      CellContent(index: index)
    }
  }
  GridRow {  // グリッドの行を表示
    CellContent(index: 6, color: .orange).gridCellColumns(2)  ⤵
// 列を2つ統合
    CellContent(index: 7, color: .blue)  // 列を1つ表示
  }
}
.padding()
```

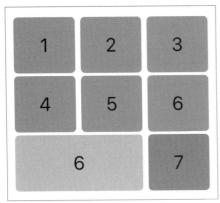

△ グリッドの列を統合する

参考 Color.clear構造体を利用すると、透明なオブジェクトでスペースを確保できます。

参照 P.196「グリッドを表示する」
P.198「グリッドの行を表示する」
P.200「グリッドのスペースを確保する」
P.204「縦スクロールに組み込む」
P.206「横スクロールに組み込む」
P.208「スクロールの列／行を定義する」

縦スクロールに組み込む

→ SwiftUI、LazyVGrid

メソッド

`init(columns:alignment:spacing:pinnedViews:content:)` 初期化処理

書式
```
LazyVGrid(columns: items [,alignment: alignment]
    [, spacing: spacing] [, pinnedViews: pinnedViews])
    { [section] foreach }
```

引数 items：**列の定義**、alignment：**セルの並び**、spacing：**スペース**、
pinnedViews：**ヘッダ/フッタの指定**、section：**セクション**、foreach
：**ForEachオブジェクト**

LazyVGrid構造体は、縦スクロールに対応した垂直方向のグリッドを表示します。スクロールの枠内に必要なグリッドのみを表示することで、メモリを節約できるように設計されています。ScrollView構造体とともに利用します。

init(columns:alignment:spacing:pinnedViews:content:)メソッドは、列の構造の定義、セルの並び、スペース、ヘッダ/フッタの指定を指定して初期化します。列の定義はGridItem構造体で行います。セルの並びはHorizontalAlignment構造体で指定します。ヘッダ/フッタの指定はPinnedScrollableViews構造体で行い、Section構造体で表示します。PinnedScrollableViews構造体には次のプロパティがあります。

▼ PinnedScrollableViews構造体のプロパティ

名前	概要
sectionHeaders	ヘッダの指定
sectionFooters	フッタの指定

サンプル ViewSample/ScrollVGridExampleView.swift

```swift
// ヘッダ用のビュー
struct HeaderView: View {
  private var title: String

  init(title: String){
    self.title = title
  }
  var body: some View {  // タイトルを表示する処理
    HStack {
```

```
      Spacer()
      Text(title).font(.title).foregroundStyle(Color.white)
      Spacer()
    }.padding().background(Color.gray)
  }
}

struct ScrollVGridExampleView: View {
  var colors: [Color] = [.blue, .yellow, .red]
  var gridItems = [GridItem(.flexible()),GridItem(.flexible()),
                           GridItem(.flexible())]

  var body: some View {
    ScrollView {
      // 縦スクロールでヘッダありのグリッドを表示
      LazyVGrid(columns: gridItems, spacing: 5,
                        pinnedViews: [.sectionHeaders]) {
        Section(header: HeaderView(title: "Header")) { // ヘッダ
          ForEach((0...99), id: \.self) { index in
            CellContent(index: index, color: colors[index % colors.count])
          }
        }
      }
      .padding()
    }
  }
}
```

縦スクロールに組み込む

参考 列の定義は P.208「スクロールの列/行を定義する」
の項で説明します。

参照 P.196「グリッドを表示する」
P.200「グリッドのスペースを確保する」
P.202「グリッドの列を統合する」
P.206「横スクロールに組み込む」
P.208「スクロールの列/行を定義する」

205

横スクロールに組み込む

→ SwiftUI、LazyHGrid

メソッド

`init(rows:alignment:spacing:pinnedViews:content:)` 初期化処理

書式　　`LazyHGrid(rows:` items `[,alignment:` alignment`]`
　　　　`[, spacing:` spacing`][, pinnedViews:` pinnedViews`])`
　　　　`{` foreach `}`

引数　　items：**行の定義**、alignment：**セルの並び**、spacing：**スペース**、
　　　　pinnedViews：**ヘッダ/フッタの指定**、foreach：**ForEachオブジェクト**

　LazyHGrid構造体は、横スクロールに対応した水平方向のグリッドを表示します。スクロールの枠内に必要なグリッドのみを表示することで、メモリを節約できるように設計されています。ScrollView構造体とともに利用します。

　init(rows:alignment:spacing:pinnedViews:content:)メソッドは行の構造の定義、セルの並び、セルのスペース、ヘッダ/フッタの指定を指定して初期化します。行の定義はGridItem構造体で行います。セルの並びはVerticalAlignment構造体で指定します。ヘッダ/フッタの指定はPinnedScrollableViews構造体で行います。

サンプル　ViewSample/ScrollHGridExampleView.swift

```
// GridRow内に表示するセル
struct HCellContent: View {
  var index: Int
  var color: Color = .red
  var body: some View {
    Text("\(index)")
      .frame(minWidth: 100, minHeight: 50, maxHeight: .infinity)
      .background(color)
      .clipShape(RoundedRectangle(cornerRadius: 8))
      .font(.largeTitle)
  }
}

struct ScrollHGridExampleView: View {
  var colors: [Color] = [.blue, .yellow, .red ]
  var gridItems = [GridItem(.flexible()),GridItem(.flexible()),
                            GridItem(.flexible())]
```

```
  var body: some View {
    ScrollView(.horizontal) { // 横スクロールでグリッドを表示
      LazyHGrid(rows: gridItems, spacing: 5) {
        ForEach((0...99), id: \.self) { index in
          HCellContent(index: index, color: colors[index % colors.count])
        }
      }
      .padding()
    }
  }
}
```

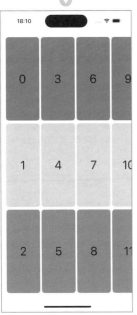

△ 横スクロールに組み込む

参考 列の定義は P.208「スクロールの列/行を定義する」の項で説明します。

参考 ScrollView が水平方向(.horizontal)であることを忘れずに指定してください。

参照 P.196「グリッドを表示する」
　　 P.200「グリッドのスペースを確保する」
　　 P.202「グリッドの列を統合する」
　　 P.204「縦スクロールに組み込む」
　　 P.208「スクロールの列/行を定義する」

スクロールの列／行を定義する

➡ SwiftUI、GridItem

メソッド

init(_:spacing:alignment:) 　　　　　　　　　　　　　　　　初期化処理

書式 GridItem(size, spacing: spacing, alignment: alignment)

引数 size：**GridItem.Size**オブジェクト、spacing：**スペース**、alignment：**Alignment**オブジェクト

GridItem構造体は、LazyVGrid／LazyHGrid構造体の行／列を定義します。init(_:spacing:alignment:)メソッドは、セルのサイズ、セル内部のスペースと並びを指定して初期化します。セルのサイズはGridItem.Size構造体で定義します。GridItem.Size構造体には次の種類があります。

▼ **GridItem.Size構造体の種類**

名前	概要
adaptive(minimum: minimum, maximum: maximum)	最小minimum〜最大maximumの間で配置可能な数分のセルを複数配置
fixed(value)	valueの長さで固定
flexible(minimum: minimum, maximum: maximum)	最小minimum〜最大maximumの間で伸長

GridItem.Size構造体で指定するセルのサイズは、LazyVGrid構造体の場合は横のサイズ、LazyHGrid構造体の場合は縦のサイズです。スクロールの方向ではなく、固定して表示する側のサイズです。

サンプル ViewSample/ScrollCellExampleView.swift

```swift
var gridItems = [GridItem(.flexible(minimum: 20, maximum: 40)),
// 20-40で伸長するセル
                 GridItem(.adaptive(minimum: 60, maximum: 80)),
// 60-80で配置可能なセルを複数
                 GridItem(.fixed(90))]  // 90固定のセル

var body: some View {
  ScrollView {  // 縦スクロール
    // 垂直方向のグリッドでGridItemの幅を指定してグリッドを表示
    LazyVGrid(columns: gridItems, alignment: .trailing, spacing: 5) {
```

```
      ForEach((0...99), id: \.self) { index in
        CellContent(index: index)
      }
    }
    .padding()
  }
}
```

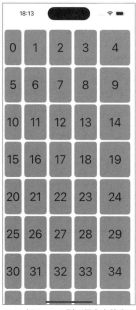

▲ スクロールの列／行を定義する

参考 サンプルコードではLazyVGrid構造体を利用していますので、セルのサイズ指定は横に
反映されています。

参照 P.196「グリッドを表示する」
P.200「グリッドのスペースを確保する」
P.202「グリッドの列を統合する」
P.204「縦スクロールに組み込む」
P.206「横スクロールに組み込む」

テーブルを表示する

➡ SwiftUI、Table

メソッド

init(_:selection:columns:)   初期化処理

書式
```
Table(items [, selection: selection]) {
    TableColumn(name, value: property). // String型の場合
    TableColumn(name){ ... } // String型以外の場合
    ...
}
```

引数 items：**テーブルに表示するコレクション**、selection：**選択された行のid**、name：**列の名前**、property：**コレクションのプロパティ名**

Table構造体は、複数のリストをまとめて一覧で表示するiPad／mac向けの構造体です。init(_:columns:)メソッドは、指定したコレクションをテーブルに表示します。init(_:selection:columns:)メソッドはテーブルから選択される行のIDを指定してテーブルを表示します。

テーブル内の列は、TableColumn構造体で表示します。テーブルの行のタイトルと表示する値を指定して列を表示します。表示する値がString型の場合は、コレクションのプロパティで指定します。String型以外の場合は、クロージャで処理を記述します。

サンプル ViewSample/TableExampleView.swift
```
// テーブルの1行で表示するデータを定義
struct Device: Identifiable, Hashable {
    let id = UUID()
    var name: String
    var screen: Double
    var cpu: String
    var memo: String
}

...中略...

let devices = [
  Device(name: "iPhone 15", screen: 6.1, cpu: "A16 Bionic", memo: ↴
"コネクタがUSB-Cに対応"),
  Device(name: "iPhone 14", screen: 6.1, cpu: "A15 Bionic", memo: ↴
```

```
  "緊急時にSOS通信可能"),
  Device(name: "iPhone SE 3rd", screen: 4.7, cpu: "A15 Bionic", memo: ⤵
"指紋認証"),
  Device(name: "iPhone 13", screen: 6.1, cpu: "A15 Bionic", memo: ⤵
"緊急時にSOS通信可能"),
  Device(name: "iPhone 13 mini", screen: 5.4, cpu: "A15 Bionic", memo: ⤵
"画面小さめ")
]

var body: some View {
  Table(devices) {  // テーブルを表示
    TableColumn("Name", value: \.name)
    TableColumn("Screen"){ item in
      Text(String(format: "%.1f", item.screen)) // 小数点以下1桁で表示
    }.width(100)
    TableColumn("CPU", value: \.cpu)
    TableColumn("memo", value: \.memo).width(400)
  }
}
```

▲ テーブルを表示する

参考 型に関わらず表示する値を加工する場合は、クロージャで処理を定義します。

参照 P.185「コレクションの要素を一意にする」
     P.212「コンテクストメニューを表示する」

コンテクストメニューを表示する

➡ SwiftUI、View

メソッド

contextMenu(forSelectionType:menu:primaryAction:) 初期化処理

書式 table.**contextMenu(forSelectionType:** selection) {
            views
        } [**primaryAction:** { primaryAction }]

引数 table：Tableオブジェクト、selection：行を識別できるオブジェクト、
        views：**メニューに表示するViewオブジェクト**、
        primaryAction：**ダブルクリック時に実行するクロージャ**

contextMenu(forSelectionType:menu:primaryAction:)モディファイアは、テーブルの行をタップした際にコンテクストメニューを表示します。引数のforSelectionTypeには、テーブルの行を識別できるオブジェクトをバインデング変数で指定します。コンテクストメニューとして表示するビューをクロージャの形式で配置します。ダブルクリック時に処理を指定する場合は、primaryActionブロック内にクロージャとして処理を記述します。クロージャには、行を識別できるオブジェクトがSetオブジェクトで渡されます。

サンプル ViewSample/TableMenuExampleView.swift

```
@State var selection: Device.ID?
var body: some View {
  Table(devices, selection: $selection)) {
    TableColumn("Name", value: \.name)
    TableColumn("Screen"){ item in
      Text(String(format: "%.1f", item.screen))
    }.width(100)
    TableColumn("CPU", value: \.cpu)
    TableColumn("memo", value: \.memo).width(400)
    // コンテクストメニューを表示
  }.contextMenu(forSelectionType: Device.ID.self) { items in
      Button("詳細") { /* 処理 */ }
      Button("編集") { /* 処理 */ }
      Divider()
      Button("削除", role: .destructive) { /* 処理 */ }
  }
```

```
// ダブルクリック時の処理
primaryAction: { items in
  // クロージャに渡されたSetの最初の要素
  et selectedId = items.first
  // テーブルに表示した端末リストから該当するものを取得
  if let selectedDevice = devices.filter({ $0.id == selectedId }).first {
    // 選択した端末情報をコンソールに表示
    print(selectedDevice)
  }
}
}
```

午後6:20 11月20日(月)			***	🔋 100%
Name	Screen	CPU	memo	
iPhone 15	6.1	A16 Bionic	コネクタがUSB-Cに対応	
iPhone 14	6.1	A15 Bionic	緊急時にSOS通信可能	
iPhone SE 3rd	4.7	A15 Bionic	指紋認証	
iPhone 13	6.1	A15 Bionic	緊急時にSOS通信可能	
iPhone 13 mini	5.4	A1F	画面小さめ	

詳細
編集
削除

▲ コンテキストメニューを表示する

参照 P.185「コレクションの要素を一意にする」
　　 P.210「テーブルを表示する」

緯度経度を利用する

→ MapKit、CLLocationCoordinate2D

メソッド

init(latitude:longitude:) 初期化処理

書式 CLLocationCoordinate2D(latitude: latitude, longitude: longitude)

引数 latitude：**緯度**、longitude：**経度**

....

CLLocationCoordinate2D構造体は、緯度経度を扱う位置情報を管理する構造体です。init(latitude:longitude:)メソッドは、緯度と経度を指定して初期化します。

サンプル ViewSample/MapExampleView.swift

```
var coordinate: CLLocationCoordinate2D {
  get {
    // 緯度 35.7031528  経度 139.57985031
    return CLLocationCoordinate2D(latitude: 35.7031528, longitude: ⤵
139.57985031)
  }
}
```

参照 P.215「範囲を利用する」
P.216「ズームを利用する」
P.217「仮想カメラを利用する」
P.218「地図を表示する」

範囲を利用する

→ MapKit、MKCoordinateRegion

メソッド

init(center:latitudinalMeters:longitudinalMeters:) 初期化処理

書式 MKCoordinateRegion(center: coordinate,
 latitudinalMeters: latitudinalMeters, longitudinalMeters:
 longitudinalMeters)

引数 coordinate : **CLLocationCoordinate2Dオブジェクト、**
 latitudinalMeters : **南北方向の距離、**
 longitudinalMeters : **東西方向の距離**

MKCoordinateRegion 構造体は、緯度経度と範囲を管理する構造体です。
init(center:latitudinalMeters:longitudinalMeters:) メ ソ ッ ド は、
CLLocationCoordinate2Dを中心として南北方向の距離(m)と東西方向の距離(m)
を指定して初期化します。

サンプル ViewSample/MapExampleView.swift

```swift
var region: MKCoordinateRegion {
  get {
    // 定義したCLLocationCoordinate2Dを中心として 南北 1000m 東西 1000m ↴
の範囲
    return MKCoordinateRegion(center: coordinate, latitudinalMeters: ↴
1000, longitudinalMeters: 1000)
  }
}
```

参照 P.214「緯度経度を利用する」
 P.216「ズームを利用する」
 P.217「仮想カメラを利用する」
 P.218「地図を表示する」

ズームを利用する

→ MapKit、MapCameraBounds

コンテンツを表示する

メソッド

init(centerCoordinateBounds:minimumDistance:maximumDistance:)　初期化処理

書式　MapCameraBounds(centerCoordinateBounds: region,
　　　　minimumDistance: minimumDistance,
　　　　maximumDistance: maximumDistance)

引数　resion：**MKCoordinateRegionオブジェクト、**
　　　　minimumDistance：**最小距離、** maximumDistance：**最大距離**

MapCameraBounds構造体は、地図上のズームできる範囲を管理する構造体
です。init(centerCoordinateBounds:minimumDistance:maximumDistance:) メ
ソッドは、CLLocationCoordinate2Dを中心として、最小距離(m)と最大距離(m)
を指定して初期化します。

サンプル　ViewSample/MapExampleView.swift

```
var bounds: MapCameraBounds {
  get {
    // 定義したMKCoordinateRegionを中心として 最小 1000m 最大 10000m の範囲
    return MapCameraBounds(centerCoordinateBounds: region,
                  minimumDistance: 1000, maximumDistance: 10000)
  }
}
```

参照　P.214「緯度経度を利用する」
　　　P.215「範囲を利用する」
　　　P.217「仮想カメラを利用する」
　　　P.218「地図を表示する」」

仮想カメラを利用する

➡ MapKit、MapCamera

メソッド

init(centerCoordinate:distance:heading:pitch:)　　　　　初期化処理

書式 MapCamera(centerCoordinate: coordinate,
　　　distance: distance, heading: heading, pitch: pitch)

引数 resion：**MKCoordinateRegionオブジェクト、**
　　　minimumDistance：**最小距離、** maximumDistance：**最大距離**

MapCamera 構造体は、3Dマップを表示するための仮想カメラを管理する構造体です。init(centerCoordinate:distance:heading:pitch:) メソッドは、CLLocationCoordinate2D を指定してそこからの距離/方位/傾斜を指定して初期化します。

サンプル ViewSample/MapExampleView.swift

```
var camera: MapCamera {
  get {
    // 定義したCLLocationCoordinate2Dを中心として
    // 距離 3729m 方位 92度 傾斜 70度の仮想カメラ
    MapCamera(centerCoordinate: coordinate, distance: 3729,
                       heading: 92, pitch: 70)
  }
}
```

参照 P.214「緯度経度を利用する」
　　　P.215「範囲を利用する」
　　　P.216「ズームを利用する」
　　　P.218「地図を表示する」
　　　P.226「3Dマップを表示する」

5

コンテンツを表示する

地図を表示する

➡ MapKit、Map

init(bounds:interactionModes:selection:scope:)　　　　　　　初期化処理

書式 ▶ Map([bounds: bounds][, interactionModes: interactionModes][,
selection: selection][, scope: scope])

引数 ▶ bounds：**MapCameraBoundsオブジェクト**、
interactionModes：**MapInteractionModesオブジェクト**、
selection：**MapFeatureオブジェクト**、scope：**文字列**

Map構造体は地図を表示します。init(bounds:interactionModes:scope:)メソッドは、範囲を指定して地図を表示します。引数のboundsは、MapCameraBoundsオブジェクトで指定します。引数のinteractionModesは、ユーザーの許可する操作を**MapInteractionModes**構造体で指定します。MapInteractionModes構造体には次のプロパティがあります。

▼ MapInteractionModes構造体のプロパティ

名前	概要
all	すべて（既定）
pan	移動
zoom	拡大
pitch	拡大縮小
rotate	回転

引数scopeは、外部のコントローラーに紐づける場合などに地図を識別するための値を指定します。引数selectionは、地図上の選択した地点を紐づける**MapFeature**型のバインディング変数です。

```swift
var coordinate: CLLocationCoordinate2D {
  get {
    // 緯度 35.7031528  経度 139.57985031
    return CLLocationCoordinate2D(latitude: 35.7031528, longitude: ⤵
139.57985031)
  }
}
var region: MKCoordinateRegion {
  get {
    // 定義したCLLocationCoordinate2Dを中心として 南北 1000m 東西 1000m ⤵
の範囲
    return MKCoordinateRegion(center: coordinate,
                                           latitudinalMeters: ⤵
1000, longitudinalMeters: 1000)
  }
}
var bounds: MapCameraBounds {
  get {
    // 定義したMKCoordinateRegionを中心として 最小 1000m 最大 10000m の範囲
    return MapCameraBounds(centerCoordinateBounds: region,
                                           minimumDistance: 1000, ⤵
maximumDistance: 10000)
  }
}

@State private var mapSelection: MapFeature?

var body: some View {
  Map(bounds: bounds, interactionModes: .all, selection: $mapSelection)
   .mapStyle(.standard) // 標準の地図
}
```

5

コンテンツを表示する

▲ 地図を表示する

> 参考 引数scopeは地図を複数利用する場合などに利用します。地図を1つしか利用しない場合は省略できます。

> 参照 P.214「緯度経度を利用する」
> P.215「範囲を利用する」
> P.216「ズームを利用する」
> P.221「地図のスタイルを指定する」
> P.223「地図の詳細スタイルを指定する」
> P.226「3Dマップを表示する」
> P.228「コントローラーを表示する」

地図のスタイルを指定する

➡ MapKit、Map

メソッド

mapStyle(_:) 地図のスタイルを指定

書式 map.**mapStyle(**style**)**

引数 map：**Map**オブジェクト、style：**MapStyle**オブジェクト

mapStyle(_:)メソッドは地図のスタイルを指定します。指定する値は、**MapStyle**構造体です。MapStyle構造体には次のプロパティがあります。

▼ MapStyle構造体のロパティ

名前	概要
standard	地図アプリと同じ画像の地図（既定）
imagery	衛星画像
hybrid	衛星画像と標準地図のアイコン

サンプル **ViewSample/MapExampleView.swift**

```
var body: some View {
  Map(bounds: bounds, interactionModes: .all, selection: $mapSelection)
    .mapStyle(.standard) // 標準の地図
}
```

hybrid   imagery   standard

地図のスタイルを指定する

参照 P.214「緯度経度を利用する」
P.215「範囲を利用する」
P.216「ズームを利用する」
P.218「地図を表示する」
P.223「地図の詳細スタイルを指定する」
P.226「3Dマップを表示する」

地図の詳細スタイルを指定する

➡ MapKit、MapStyle

メソッド

standard(elevation:emphasis:pointsOfInterest:showsTraffic:)

Appleの地図アプリのスタイルで初期化

imagery(elevation:) 　　　　　　　　　　　衛星画像に基づいて初期化

hybrid(elevation:pointsOfInterest:showsTraffic:)

衛星画像と標準地図のアイコンを指定して初期化

書式　MapStyle.standard([elevation:elevation][, emphasis:emphasis][,
pointsOfInterest:pointsOfInterest][, showsTraffic:bool]))
MapStyle.imagery([elevation:elevation])
MapStyle.hybrid([elevation:elevation][, pointsOfInterest:points
OfInterest][, showsTraffic:bool])

引数　elevation：MapStyle.Elevationオブジェクト、
emphasis：MapStyle.StandardEmphasisオブジェクト、
pointsOfInterest：PointOfInterestCategoriesオブジェクト、
bool：交通情報を表示する／しない（true／false）

地図を詳細に表示するために、MapStyle構造体には次のメソッドが定義されて
います。地図の種類に応じて引数が異なることに気をつけてください。

▼ 地図のスタイルを詳細に表示するためのメソッド

地図	メソッド	引数
標準地図	standard(elevation:emphasis:pointsOfInterest:showsTraffic:)	標高の反映／強調の度合い／アイコンの表示／交通情報
衛星画像	imagery	imagery(elevation:)標高の反映
衛星画像と標準地図のアイコン	hybrid(elevation:pointsOfInterest:showsTraffic:)	標高の反映／アイコンの表示／交通情報

標高の反映はMapStyle.Elevationオブジェクトで指定します。MapStyle.
Elevation構造体は次のプロパティを持ちます。

▼ MapStyle.Elevation構造体のプロパティ

名前	意味
automatic	標準の2Dマップ（既定）
flat	平坦な2Dマップ
realistic	標高を反映した3Dマップ

地図上のオブジェクトをどのように強調するかは、MapStyle.StandardEmphasis
オブジェクトで指定します。MapStyle.StandardEmphasis構造体は次のプロパティ
を持ちます。

MapStyle.StandardEmphasis構造体のロパティ

名前	概要
automatic	地図に応じて自動的に強調（既定）
muted	強調しない

地図上にどのアイコンを表示するかは、PointOfInterestCategoriesオブジェクト
で指定します。PointOfInterestCategories構造体は、空港やレストランなどの地図
上の地点を含める／除外するを、include／excludeメソッドで指定するオブジェク
トです。指定する地点は、MKPointOfInterestCategoryオブジェクトで指定し
ます。MKPointOfInterestCategory構造体の主なプロパティには次のものがありま
す。

▼ **MKPointOfInterestCategory構造体の主なプロパティ**

名前	概要
airport	空港
bank	銀行
cafe	カフェ
hotel	ホテル
restaurant	レストラン
school	学校

交通情報の表示は、true／falseで表示する／しないを指定します。

サンプル **ViewSample/MapExampleView.swift**

```swift
Map(bounds: bounds, interactionModes: .all)
    // 標準の地図を3D、マップにカフェを含め、交通情報は表示しない
  .mapStyle(.standard(elevation: .realistic, pointsOfInterest:
                    .including([.cafe]), showsTraffic: false))
```

△ 地図の詳細スタイルを指定する

参考 マップ上の地点については非常に種類が多く、随時追加されていますので最新のものは
Appleのドキュメントで確認してください。
https://developer.apple.com/documentation/mapkit/mkpointofinterestcategory

参照 P.214「緯度経度を利用する」
P.215「範囲を利用する」
P.216「ズームを利用する」
P.218「地図を表示する」
P.221「地図のスタイルを指定する」
P.226「3Dマップを表示する」

3D マップを表示する

→ MapKit、Map

メソッド

`init(position:bounds:interactionModes:scope:content:)` 初期化処理

書式 Map(position: cameraPosition[, bounds: bounds]
[,interactionModes: mapInteractionModes [,scope: scope])

引数 cameraPosition：**MapCameraPosition**オブジェクト、
bounds：**MapCameraBounds**オブジェクト、
interactionModes：**MapInteractionModes**オブジェクト、
selection：**MapFeature**オブジェクト、scope：**文字列**

init(position:bounds:interactionModes:scope:content:)メソッドは、仮想カメ
ラの位置を指定して3Dマップを表示します。2Dの地図を表示するときに加えて、
MapCameraPosition オブジェクトをバインディング変数で指定します。
MapCameraPositionオブジェクトは、MapCameraPosition構造体のcameraメ
ソッドにMapCameraオブジェクトを渡すことで生成できます。

サンプル ViewSample/MapCameraView.swift

```swift
// MapCameraPositionオブジェクトを定義
@State var cameraPosition: MapCameraPosition = MapCameraPosition.camera(
                   MapCamera(centerCoordinate: CLLocationCoordinate2D(
                          latitude: 35.6809591, longitude: 139.7673068),
                          distance: 3729, heading: 92, pitch: 70))

var body: some View {
    Map(position: $cameraPosition)
    .mapControls{
      MapUserLocationButton()
      MapCompass()
      MapScaleView()
      MapPitchToggle()
    }
    .mapStyle(.standard)
}
```

226

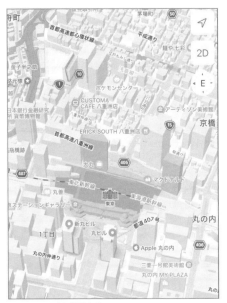

● 3Dマップを表示する

参考　3Dマップの見え方に関しては、パラメータの推奨される値や標準的な値などはありません ので、プレビュー画面で見ながら調整してください。

参考　3Dマップは地図を2本指で上にドラッグする動作で3D投影の角度を変えられます。シ ミュレーターの場合は、キーボードのオプションキーとシフトキーを同時に押したまま マウスを上に動かすことで、同様の動作ができます。

参照　P.217「仮想カメラを利用する」
　　　P.218「地図を表示する」
　　　P.221「地図のスタイルを指定する」
　　　P.223「地図の詳細スタイルを指定する」
　　　P.228「コントローラーを表示する」

コントローラーを表示する

➡ MapKit、Map

メソッド

mapControls(_:)   コントローラーを表示

書式 `map.mapControls { controllers }`

引数 `controllers`：**コントローラーのオブジェクト**

··

mapControls(_:)メソッドは、地図を操作するコントローラーを配置します。地図上に配置できるコントローラーには次のものがあります。

- 地図上に表示できるコントローラー

名前	機能
MapUserLocationButton	現在地ボタン
MapCompass	コンパス
MapScaleView	縮尺
MapPitchToggle	2D／3Dの切り替え

サンプル ViewSample/MapCameraView.swift

```swift
Map(position: $cameraPosition)
.mapControls{
  MapUserLocationButton()
  MapCompass()
  MapScaleView()
  MapPitchToggle()
}
.mapStyle(.standard)
```

🔻

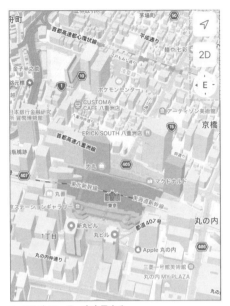

△ コントローラーを表示する

参照 P.217「仮想カメラを利用する」
　　P.218「地図を表示する」
　　P.221「地図のスタイルを指定する」
　　P.226「3Dマップを表示する」

マーカーを表示する

➡ MapKit、Marker

メソッド

init(_:coordinate:)   初期化処理

書式 Marker(text, coordinate: coordinate)

引数 text：タイトル、coordinate：CLLocationCoordinate2Dオブジェクト

Marker構造体は、地図上に立てるピンのオブジェクトです。init(_:coordinate:)メソッドは、タイトルと位置を指定してマーカーを表示します。

サンプル Sample/SampleApp.swift

```
Map(bounds: bounds, interactionModes: .all) {
  Marker("JR吉祥寺駅", coordinate: CLLocationCoordinate2D(
                                                      latitude: ↴
35.7031528, longitude: 139.57985031))

  Marker("サンロード商店街入口", coordinate: CLLocationCoordinate2D(
                                                      latitude: ↴
35.703653, longitude: 139.57980)).tint(.blue)

  Marker("ハモニカ横丁入口", coordinate: CLLocationCoordinate2D(
                                                      ↴
latitude:35.70347, longitude: 139.57910)).tint(.orange)
}
```

▲ マーカーを表示する

参考 マーカーの色は既定では赤です。色を変更する場合には、tint(_:)メソッドで色を指定します。

参照 P.214「緯度経度を利用する」
P.215「範囲を利用する」
P.216「ズームを利用する」
P.218「地図を表示する」

アノテーションを表示する

➡ MapKit、Annotation

メソッド

init(_:coordinate:anchor:content:) 初期化処理

書式 Annotation(text, **coordinate:** coordinate, **anchor:** anchor) {
views }

引数 text：**表示するテキスト**、coordinate：**CLLocationCoordinate2Dオブ
ジェクト**、anchor：**方向**、views：**ビュー**

Annotation構造体は、地図上に表示するビューのことです。init(_:coordinate:
anchor:content:)メソッドで、表示するテキスト、表示する地点の緯度経度、アノ
テーションとして表示するビューを(緯度経度の地点に対して)どの方向に置くかを
UnitPoint構造体で指定します。その後に、ブロック内で表示するビューを配置し
ます。

サンプル **ViewSample/MapAnnotationView.swift**

```swift
Map(bounds: bounds, interactionModes: .all) {
  Annotation("", /// アノテーションを配置
    coordinate: CLLocationCoordinate2D(latitude: 35.700833, longitude: ⤵
139.574167), anchor: .bottom) {
    // 表示するビュー
    VStack {
      Text("入口はここ！")
      Image(systemName: "arrowshape.right")
    }
    .foregroundStyle(.blue)
    .padding()
    .background(in: .capsule)
  }
}
```

△ アノテーションを表示する

参照 P.214「緯度経度を利用する」
　　　P.215「範囲を利用する」
　　　P.216「ズームを利用する」
　　　P.218「地図を表示する」
　　　P.221「地図のスタイルを指定する」
　　　P.226「3Dマップを表示する」

タップした地点を取得する

→ MapKit、Map

メソッド

mapFeatureSelectionContent(content:)　　　　　　　　　　　タップ時の処理

書式 `map.mapFeatureSelectionContent(content: { item in ... })`

引数 `map`：**Map**オブジェクト、`item`：**MapFeature**オブジェクト

　mapFeatureSelectionContent(content:)メソッドは、地図上に定義されている
アイコンなどの地点が選択された際の処理を実行します。選択された地点は、
MapFeatureオブジェクトとしてクロージャに渡されます。

　MapFeatureオブジェクトのtitleプロパティ、coordinateプロパティを参照して
地名と緯度経度を取得することができます。

サンプル ViewSample/MapFeatureSelectionView.swift

```swift
@State private var mapSelection: MapFeature?

var body: some View {
  Map(bounds: bounds,interactionModes: .all, selection: $mapSelection)
  .mapFeatureSelectionContent(content: { item in // タップ時の処理
    Annotation(item.title ?? "", coordinate: item.coordinate) ⤵
// タップした地点にAnnotationを配置
  {
    VStack {
      Image(systemName: "mappin.circle.fill")
        .foregroundStyle(.red)
        .background(.white)
        .clipShape(Circle())
    }
  }.annotationTitles(.hidden)
  })
}
```

▲ タップした地点を取得する

参考 mapFeatureSelectionContent(content:)メソッドは、既に地図上に配置されているアイコンなどの地点の位置情報を取得します。地図上の任意の場所の位置情報を取得する場合は、MapReader構造体（次項）を利用してください。

参照 P.214「緯度経度を利用する」
P.215「範囲を利用する」
P.216「ズームを利用する」
P.218「地図を表示する」
P.221「地図のスタイルを指定する」
P.232「アノテーションを表示する」
P.236「タップした場所の緯度経度を取得する」

タップした場所の緯度経度を取得する

➡ MapKit、MapReader

メソッド

init(content:)   初期化処理

書式
```
MapReader { proxy in
    map
      .onTapGesture(perform: { point in …})
}
```

引数 proxy：**MapProxyオブジェクト**、map：**Mapオブジェクト**、
point：**CGPointオブジェクト**

MapReader構造体は、タップなどの動作／画面上の座標などの地図に関連する画面上の情報を管理します。init(content:)メソッドは、管理する Map オブジェクトを指定して初期化します。

引数 content は、メソッドの後ろにクロージャの形式で記述できます。クロージャには地図の画面上の座標やサイズを管理する **MapProxy** オブジェクトが渡されます。

地図をタップした場所の座標は、onTapGesture(perform:)モディファイアで得られます。得られた座標は、MapProxy 構造体の convert(_:from:)メソッドで緯度経度に変換して利用できます。

サンプル ViewSample/MapReaderView.swift
```
// タップした場所の緯度経度
@State private var location: CLLocationCoordinate2D?

var body: some View {
  MapReader { proxy in // 地図上のタップした場所を検出
    Map(bounds: bounds,interactionModes: .all) {
      // タップした地点の緯度経度にマーカーを表示
      if let point = location {
        Marker("", coordinate: point).tint(.red)
      }
    }
    .onTapGesture(perform: { point in
      // タップした場所を緯度経度に変換
      guard let location = proxy.convert(point,
```

```
                                    from: .local) else { return }
        // CLLocationCoordinate2Dオブジェクトを生成
      self.location = CLLocationCoordinate2D(
            latitude: location.latitude,
            longitude: location.longitude)
    })
  }
}
```

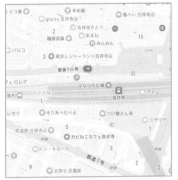

地図の任意の場所をタップ

タップした場所にピンを立てる

タップした地点を取得する

参考 MapReader構造体は、地図の任意の場所の位置情報を取得するために使われます。地図上のアイコンなど、既知の地点の位置情報を取得する場合は、mapFeatureSelection Content(content:)メソッド（前項）を利用してください。

参照 P.214「緯度経度を利用する」
P.215「範囲を利用する」
P.216「ズームを利用する」
P.218「地図を表示する」
P.221「地図のスタイルを指定する」
P.230「マーカーを表示する」
P.234「タップした地点を取得する」
P.361「タップを利用する」

円形オーバーレイを表示する

➡ MapKit、MapCircle

メソッド

```
init(center:radius:)                              初期化処理
mapOverlayLevel(level:)                    オーバーレイの位置を指定
```

書式
```
MapCircle(center: coordinate radius: radius)
    .mapOverlayLevel(level: level)
```

引数　coordinate：**CLLocationCoordinate2Dオブジェクト**、
　　　　radius：**半径（m）**、level：**MKOverlayLevelオブジェクト**

MapCircle クラスは、地図上に円形のオーバーレイを表示します。init
(center:radius:)メソッドは、オーバーレイの中心となるCLLocationCoordinate2D
オブジェクトと半径(m)を指定して初期化します。mapOverlayLevel(level:)メソッ
ドは、MKOverlayLevel オブジェクトでオーバーレイの位置を指定します。
MKOverlayLevelオブジェクトには次の種類があります。

▼ MKOverlayLevelオブジェクトの種類

名前	概要
MKOverlayLevel.aboveRoads	地図上の道路上、アイコンの下にオーバーレイを表示
MKOverlayLevel.aboveLabels	地図上の建物の3D投影の下、アイコンの上にオーバーレイを表示

サンプル ViewSample/MapOverlayView.swift
```
Map(bounds: bounds, interactionModes: .all) {
  // 円形オーバーレイを表示
  MapCircle(center: CLLocationCoordinate2D(latitude: 35.7031528, ↵
longitude: 139.57985031), radius: 180)
    .foregroundStyle(Color(red: 0, green: 0, blue: 1.0, opacity: 0.2))
    .mapOverlayLevel(level: .aboveLabels)  // アイコンの上に ↵
オーバーレイを表示
}
```

🔽

△ 円形オーバーレイを表示する

参考 よく利用されるオーバーレイを表示するクラスには次のものがあります。それぞれ比較的短いコードでオーバーレイを表示することができます。

オーバーレイを表示するクラス

名前	概要
MKCircle	円形のオーバーレイ
MKPolygon	多角形のオーバーレイ
MKPolyline	線のオーバーレイ

参照 P.214「緯度経度を利用する」
P.215「範囲を利用する」
P.216「ズームを利用する」
P.218「地図を表示する」
P.221「地図のスタイルを指定する」

地図内の地点を検索する

→ MapKit、MKLocalSearch

メソッド

```
init(request:)                                    初期化処理
start(completionHandler:)                              検索
```

書式
```
let search = MKLocalSearch(request: searchRequest)
search.start { (response, error) in ... }
```

引数　search：MKLocalSearchオブジェクト、
searchRequest：MKLocalSearch.Requestオブジェクト、
response：レスポンス、error：エラー

MKLocalSearch クラスは、地図上の地点を検索して結果を返します。
init(request:)メソッドは、MKLocalSearch.Requestオブジェクトを指定して初
期化します。start(completionHandler:)メソッドは、検索を実行して検索結果を受
け取ります。検索結果は、名前がMKMapItemオブジェクトの配列として、緯度
経度がErrorオブジェクトでエラーとしてクロージャ内に渡されます。

サンプル　ViewSample/MapSearchView.swift
```swift
// 検索結果を格納する変数
@State var mapItems: [MKMapItem] = []

var body: some View {
  Map(bounds: bounds, interactionModes: .all) {
    // 検索結果を表示
    ForEach(mapItems, id: \.self) { item in
      Marker(item: item)
    }
  }.onAppear() {
    // 地図内の喫茶店を検索
    let searchRequest = MKLocalSearch.Request()
    searchRequest.naturalLanguageQuery = "喫茶店"
    searchRequest.region = region

    let search = MKLocalSearch(request: searchRequest)
    search.start { (response, error) in
      guard let response = response else { return } // 結果がなければ中止
      mapItems = response.mapItems
```

```
      }
    }
  }
```

▲ 地図内の地点を検索する

参考 検索結果はAppleが所有する地図データに基づくものなので、実際とは異なることもあります。

参照 P.214「緯度経度を利用する」
P.215「範囲を利用する」
P.216「ズームを利用する」
P.218「地図を表示する」
P.221「地図のスタイルを指定する」

地図

周辺の景色を取得する

➡ MapKit、MKLookAroundSceneRequest

コンテンツを表示する

メソッド

init(coordinate:)　　　　　　　　　　　　　　　　　　　　　　初期化処理

プロパティ

scene　　　　　　　　　　　　　　　　　　　　　　　　　　周辺の景色を参照

書式
```
let request = MKLookAroundSceneRequest(coordinate: coordinate)
do {
    let scene = try await request.scene
} catch { }
```

引数　request：MKLookAroundSceneRequestオブジェクト、
coordinate：CLLocationCoordinate2Dオブジェクト、
scene：MKLookAroundSceneオブジェクト

MKLookAroundSceneRequestクラスは、地図上の地点の周囲の情報を検索します。検索結果は、**MKLookAroundScene**オブジェクトというiPhoneにプレインストールされている地図アプリのLook Aroundに相当するオブジェクトとして得られます。

init(coordinate:)メソッドは、緯度経度を指定して初期化処理を行います。sceneプロパティは、初期化した緯度経度の周辺のMKLookAroundSceneオブジェクトを参照します。ただし、検索結果が得られるまで待機しなければならないことや、エラーが発生することも考慮して、do-catch文とtryとともに利用します。

検索結果として得られた**LookAroundPreview**構造体に渡すことで、画面上に表示できます。

サンプル　ViewSample/MapLookAroundView.swift
```
@State private var mapSelection: MapFeature? // タップした地点
@State private var lookAroundScene: MKLookAroundScene? = nil ⤵
// タップした地点のLookArundScene

var body: some View {
  Map(bounds: bounds, selection: $mapSelection).safeAreaInset ⤵
(edge: .bottom) {
    if lookAroundScene != nil {
      VStack { // LookAround が存在する場合に表示
        LookAroundPreview(initialScene: lookAroundScene)
```

242

```
          .frame(height: 200)
          .padding()
        Button("Close") {
          lookAroundScene = nil
        }.buttonStyle(.borderedProminent)
      }
    }
  }.mapFeatureSelectionContent(content: { item in // タップ時の処理
    Annotation(item.title ?? "", coordinate: item.coordinate) ⮓
// Annotationの配置
    {
      VStack {
        Image(systemName: "mappin.circle.fill")
          .foregroundStyle(.red)
          .background(.white)
          .clipShape(Circle())
          .onTapGesture {
            Task {
              // 周辺情報を検索
              let request = MKLookAroundSceneRequest(coordinate: ⮓
item.coordinate)
              do {
                let scene = try await request.scene
                lookAroundScene = scene
              } catch {
                print("Error: \(error)")
              }
            }
          }
      }
    }.annotationTitles(.hidden)
  })
}
```

周辺の景色を取得する

参考 すべての地点でMKLookAroundSceneオブジェクトが存在するわけではなく、場所よっ
ては取得できないこともあります。

参照 P.214「緯度経度を利用する」
P.215「範囲を利用する」
P.216「ズームを利用する」
P.218「地図を表示する」
P.221「地図のスタイルを指定する」
P.230「マーカーを表示する」
P.232「アノテーションを表示する」
P.234「タップした地点を取得する」

進捗状態を表示する

➡ SwiftUI、ProgressView

メソッド

init(_:value:total:)　　　　　　　　　　　　　　　　　　　　初期化処理
progressViewStyle(_:)　　　　　　　　　　　　　　　　　　　スタイルの指定

書式　ProgressView(label, value: value)
　　　　ProgressView(label, value: value).progressViewStyle(style)

引数　label：**タイトル**、value：**進捗度の値（0.0〜1.0）**、style：**スタイル**

ProgressView 構造体は、進捗状態を表すプログレスビューを表示します。
init(_:value:total:)メソッドは、プログレスビューのタイトルと進捗度の値を指定して初期化します。progressViewStyle(_:)メソッドは、プログレスビューのスタイルを指定します。指定するスタイルは ProgressViewStyle プロトコルで、次のプロパティを持ちます。

▼ ProgressViewStyle プロトコルのプロパティ

名称	概要
automatic	既定
circular	円形
linear	線形

サンプル ViewSample/ProgressExampleView.swift

```
ProgressView("Loading...", value: 0.5)

ProgressView("Loading...", value: 0.5)
  .progressViewStyle(CircularProgressViewStyle())
```

進捗状態を表示する

参照 P.246「進捗状態を指定する」

進捗状態を指定する

➡ SwiftUI、Model data

メソッド

onReceive(_:perform:)

データを反映

書式 progressView.onReceive(timer) { ... }

引数 progressView：ProgressViewオブジェクト、timer：Timerオブジェクト

onReceive(_:perform:)メソッドは、タイマーなど時間差で実行されるオブジェクトから値を受け取り、UIに反映できるメソッドです。タイマーと組み合わせて利用することで、ProgressViewの進捗を動的に変化させることができます。

サンプル ViewSample/ProgressValueExampleView.swift

```
// 初期値を0に
@State private var loaded = 0.0

// 0.1秒のインターバルでタイマーを実行
let timer = Timer.publish(every: 0.1, on: .main, in: .common).autoconnect()

var body: some View {
  VStack {
    ProgressView("Loading", value: loaded, total: 100)
      .onReceive(timer) { _ in
        if loaded < 100 {
          loaded += 2.         // 進捗に反映
        }
      }
  }.padding()
}
```

▲ 進捗状態を指定する

参照 P.245「進捗状態を表示する」
P.428「タイマーを利用する」

モディファイアを定義する

➡ SwiftUI、View fundamentals

プロトコル

ViewModifier　　　　　　　　　　　　　　　　　　　　モディファイアを定義

メソッド

modifier(_:)　　　　　　　　　　　　　　　　　　　　モディファイアを適用

書式
```
struct name: ViewModifier {
    func body(content: Content) -> some View {
        // 処理
    }
}

view.modifier(modifier)
```

引数　name：定義するモディファイアの名前、view：ビュー、
modifier：適用するモディファイアの名前

ViewModifierプロトコルは、モディファイアを定義するプロトコルです。モ
ディファイアとして利用する処理をbody(content:)メソッド内で定義します。
modifier(_:)メソッドは、定義したモディファイアをビューに適用するメソッドで
す。これらを組み合わせることで任意のモディファイアを作成することができます。

サンプル　ViewSample/ViewModifierExampleView.swift

```swift
struct LargeTitleUnderLine: ViewModifier {  // モディファイアを定義
  func body(content: Content) -> some View {
    content.font(.largeTitle)
        .underline(true, color: Color.gray)
        .fontWeight(.bold)
        .shadow(radius: 0.5, x: 1, y: 1)
  }
}
extension View {  // 毎回modifier(_:)メソッドを呼ぶのは冗長なので、 ⮥
View の拡張として定義
  func largeTitleUnderLine() -> some View {
    modifier(LargeTitleUnderLine())
  }
}
```

```
struct ViewModifierExampleView: View {
  var body: some View {
    // 定義したLargeTitleUnderLineの処理を適用
    // Text("Hello, World!").modifier(LargeTitleUnderLine()) と同じ
    Text("Hello, World!").largeTitleUnderLine()
  }
}
```

Hello, World!

△ モディファイアを定義する

参考 メソッドのブロック内で1行で処理を記述する場合は、クロージャと同様に扱われます。
戻り値のあるメソッドの場合でも1行で完結する処理であればreturn文は不要です。

参照 P.60「メソッドを定義する」

ビューを構築するメソッドを簡略化する

➡ SwiftUI

プロパティラッパー

@ViewBuilder　　　　　　　　　　　　　　　　　　　　　ビューの構造を定義

書式
```
@ViewBuilder
func name([params]): View {
    views
}
```

引数 name：**メソッドの名前**、params：**引数**、views：**Viewオブジェクト**

@ViewBuilderは、複数のビューを構築する場合に利用されるプロパティラッパーです。主にコードをより宣言的で読みやすく、ビューを柔軟に構築できるようにするために用いられます。次のような特徴があります。

(1)複数のビューを返すメソッドを定義

メソッド中で複数のビューを宣言することで、複数のビューを返すことができます。return文は不要です。

(2)条件に基づくビューの組み立て

条件に応じて返すビューを変えることができます。

(3)再利用可能なビュー構築

ビューを構築するメソッドを抽出し、それ自体をビューとして定義することでプログラムコードの再利用性を上げることができます。

(1)(2)に関しては本項のサンプルで例を紹介します。(3)は、P.251「再利用可能なビューを定義する」でご確認ください。

サンプル ViewSample/ViewBuilderFuncExampleView.swift

```swift
struct ViewBuilderFuncExampleView: View {
  @State var isLogin: Bool = false

  var body: some View {
    // @ViewBuilderで定義した構造のViewを表示
    buildTextContent()
    Spacer().frame(height: 20)

    // ログイン/ログアウトの状態に応じてToggleを表示
```

```
    Toggle(isOn: $isLogin) {
      isLogin ? Text("Log out") : Text("Log in")
    }.toggleStyle(.button)

    // ログイン／ログアウトの状態に表示を変更
    self.buildContent(isLoggedIn: isLogin)

  }

  @ViewBuilder // 複数のビューを返す
  func buildTextContent() -> some View {
    Text("Hello, World!")
    Text("Another View")
  }

  @ViewBuilder
  func buildContent(isLoggedIn: Bool) -> some View {
    if isLoggedIn { // ログインしている場合の表示
      Text("Welcome!")
    } else {
      EmptyView()
    }
  }
}
```

▲ ビューを定義する

参照 P.251「再利用可能なビューを定義する」

再利用可能なビューを定義する

➡ SwiftUI

プロパティラッパー

@ViewBuilder ビューの構造を定義

書式
```swift
struct name<Content: View>: View {
    let content: Content

    init(@ViewBuilder content: () -> Content) {
        self.content = content()
    }

    var body: some View {
        // ビューの定義
    }
}
```

引数 name：定義するビューの名前

⋯⋯

@ViewBuilderプロパティラッパーは、複数のビューをまとめることができます。これを利用して、複数のビューをまとめるメソッドを初期化処理として、複数のビューをまとめる構造体を定義することができます。このようにして処理を再利用可能なビューとして定義し、コードの再利用性を向上させることができます。

サンプル ViewSample/ViewBuilderExampleView.swift
```swift
// 再利用可能なビューを定義
struct CustomContainer<Content: View>: View {
  let content: Content

  init(@ViewBuilder content: () -> Content) {
    self.content = content()  // クロージャを即座に実行してプロパティに格納
  }

  var body: some View {
    VStack {
      Text("Header")
      content
      Text("Footer")
    }
```

```
    }
}

struct ViewBuilderExampleView: View {
  var body: some View {
    CustomContainer {
      RoundedRectangle(cornerRadius: 10)  // 角丸矩形
        .fill(.red)  // 赤で塗りつぶし
        .overlay(Text("Hello, World!"))  // contentを上に重ねて表示
        .frame(width: 200, height: 100)

      RoundedRectangle(cornerRadius: 10)  // 角丸矩形
        .fill(.blue)  // 青で塗りつぶし
        .overlay(Text("Hello, Swift!").foregroundStyle(.white))
        .frame(width: 200, height: 50)
    }
  }
}
```

△ 再利用可能なビューを定義する

参考 サンプルでは、CustomContainer内に複数のビューを定義しています。画面表示時に
CustomContainer構造体のbodyプロパティの通りに、ヘッダとフッタを伴って表示さ
れます。

参照 P.247「モディファイアを定義する」

Chapter 6

UI部品を利用する

概要

iOSアプリでは、ユーザーからの入力や選択を受け取るためのUI部品があらかじめ用意されています。これらのUI部品は、最初からアプリを構成するパーツとして用意されているだけでなく、データのセットや入力／選択後の動作を実装するためのメソッドまで用意されています。このため、iOSアプリのUIは自分で作る必要がまずありません。

本章では、これらのUI部品およびUI部品の配置とともに利用される構造体や処理について説明します。本章で説明するUI部品は次の通りです。

▼ 本章で扱うオブジェクト

名前	概要	該当ページ
Form	フォーム	P.255
Section	セクション	P.257
Group	グループ化	P.259
GroupBox	グループ化	P.260
DisclosureGroup	グループ化	P.262
LabeledContent	ラベルとコンテンツ	P.264
Divider	区切り線	P.265
TextField	テキストフィールド	P.274
SecureField	セキュアなテキストフィールド	P.279
TextEditor	テキスト編集	P.280
Button	ボタン	P.287
Slider	スライダー	P.291
Stepper	ステッパー	P.293
Toggle	トグル	P.294
Picker	ピッカー	P.297
DatePicker	日付ピッカー	P.299
MultiDatePicker	複数日付ピッカー	P.303
ColorPicker	カラーピッカー	P.305

本書では、これらUI部品の使い方や主なメソッド／プロパティについて、具体例とともに説明します。

フォームを利用する

➡ SwiftUI、Form

メソッド

init(content:)　　　　　　　　　　　　　　　　　　　　フォームの表示

書式　Form { views }

引数　views：ビュー

Form構造体は、垂直方向のスクロールを伴って画面全体を覆う構造体です。内部に配置されたビューは、順番に上から並べられます。

サンプル　UISample/FormExampleView.swift

```swift
Form {
  Section(header: Text("プロフィール")) {
    Text("Name").font(.headline)
    TextField("名前を入力してください", text: $name)
      .textFieldStyle(.roundedBorder)
      .padding(4)
  }
  Section {
    Toggle(isOn: $receiveEmails) {
      Text("受信設定")
    }
    TextField("メールアドレス", text: $email)
      .textFieldStyle(.roundedBorder)
      .padding(4)

    Picker("受信種別", selection: $index) {
      ForEach(options, id: \.self) { mode in
        Text(String(describing: mode))
      }
    }
  }
}
header: {
  Text("メール")
}
footer: {
  Text("受信種別は後で変更できます")
```

6

UI部品を利用する

```
    }
  }
.navigationTitle("Setting")
.navigationBarTitleDisplayMode(.large)
```

▲ フォームを利用する

参照 P.257「セクションを利用する」

セクションを利用する

➡ SwiftUI、Section

メソッド

init(content:header:footer:) セクションの表示

書式 Section([header: header][, footer: footer]) { views }

引数 header：**ヘッダとして表示するビュー**、footer：**フッタとして表示するビュー**、views：**セクション内に表示するビュー**

Section構造体は、Form／List／Pickerといった縦に並べるビューの中で、内部のビューを階層的にセクションに分ける構造体です。セクションの内部には、ヘッダとフッタを設けることができます。

init(content:header:footer:)メソッドは、ヘッダとフッタを指定してセクションを表示します。

サンプル **UISample/FormExampleView.swift**

```swift
Form {
  Section(header: Text("プロフィール")) {
    Text("Name").font(.headline)
    TextField("名前を入力してください", text: $name)
      .textFieldStyle(.roundedBorder)
      .padding(4)
  }
  Section {
    Toggle(isOn: $receiveEmails) {
      Text("受信設定")
    }
    TextField("メールアドレス", text: $email)
      .textFieldStyle(.roundedBorder)
      .padding(4)

    Picker("受信種別", selection: $index) {
      ForEach(options, id: \.self) { mode in
        Text(String(describing: mode))
      }
    }
  }
  header: {
```

```
    Text("メール")
  }
  footer: {
    Text("受信種別は後で変更できます")
  }
}
```

セクションを利用する

参考 Section構造体では、ヘッダとフッタの文字が英字の場合は自動的に大文字に変換され
ます。大文字に変換したくない場合は、.textCase(.none)または.textCase(nil)モディ
ファイアを利用してください。

参考 header／footerはメソッドの後ろにブロックとして記述することも可能です。

参照 P.255「フォームを利用する」

グループ化する

→ SwiftUI、Group

メソッド

init(content:) ビューをグループ化

書式 Group { views }

引数 views : **ビュー**

Group構造体は、ビューをグループ化します。VStack／HStack／Listなどの内部に複数のビューを配置する構造体において、複数の構造体をコード上に意味を持たせるためにまとめる、ブロック内部のビューにまとめてモディファイアを適応する、といった使い方をします。

サンプル UISample/GroupExampleView.swift

```
VStack {
  // グループ化
  Group {
    Text("SwiftUI")
    Text("Language: Swift")
  }.font(.title)

  // グループ化
  Group {
    Text("iOS 13.0+")
    Text("iPadOS 13.0+")
  }.foregroundStyle(Color.gray)
}.padding()
```

SwiftUI
Language: Swift
iOS 13.0+
iPadOS 13.0+

グループ化する

参考 グループ化する際に、視覚的な区別もつけたい場合はGroupBox構造体を利用します。

参照 P.139「縦に表示するレイアウトを利用する」
P.141「横に表示するレイアウトを利用する」
P.143「重ねて表示するレイアウトを利用する」
P.255「フォームを利用する」

視覚的にグループ化する

➡ SwiftUI、GroupBox

init(_:content:)   初期化処理
init(content:label:)   初期化処理

書式 GroupBox([title]) { views }
      GroupBox(label: label) { views }

引数 title：**タイトル**、views：**ビュー**、label：**Labelオブジェクト**

GroupBox構造体は、UIの一部をグループ化して視覚的に区別する構造体を管理します。init(_:content:)メソッドは、グループ化するビューを指定して初期化します。

init(content:label:)メソッドは、ラベルとグループ化するビューを指定して初期化します。

サンプル UISample/GroupBoxExampleView.swift

```swift
@State private var setting1: Bool = true
@State private var setting2: Bool = true
@State private var setting3: Bool = true


var body: some View {
  Form {
    // 視覚的にグループ化
    Section {
      GroupBox("Settings") {
        VStack(spacing: 8) {
          Toggle("Push", isOn: $setting1)
          Toggle("SNS", isOn: $setting2)
          Toggle("E-mail", isOn: $setting3)
        }
      }

      // ラベルを指定してグループ化
      Section {
        GroupBox(label: Label("注意", systemImage: "exclamationmark.↴
triangle")) {
          HStack {
```

UI部品を利用する 6

```
            Text("どれか1つONにしてください")
              .padding()
            Spacer()
          }
        }
      }
    }
  }
}
```

▲ 視覚的にグループ化する

参考 グループ化する際に、視覚的な区別が不要な場合はGroup構造体を利用します。

参照 P.139「縦に表示するレイアウトを利用する」
P.141「横に表示するレイアウトを利用する」
P.143「重ねて表示するレイアウトを利用する」
P.255「フォームを利用する」
P.262「階層的にグループ化する」

階層的にグループ化する

➡ SwiftUI、DisclosureGroup

メソッド

init(_:isExpanded:content:)   初期化処理

書式　DisclosureGroup(title, isExpanded: expanded) { views }

引数　title：**タイトル**、expanded：**ビューを展開するか**、views：**ビュー**

DisclosureGroup構造体は、展開して表示/収束して非表示を切り替えるUIの下で、ビューを階層的にグループ化します。

init(_:isExpanded:content:)メソッドは、タイトルとビューを表示する/しないを、true/falseで指定して初期化します。

サンプル　UISample/DisclosureGroupExampleView.swift

```
@State private var setting1: Bool = true
@State private var setting2: Bool = true
@State private var setting3: Bool = true
@State private var isExpanded = true
@State private var listExpanded = true

var body: some View {
  Form {
    // 階層的にグループ化
    DisclosureGroup("Settings", isExpanded: $isExpanded) {
      VStack(spacing: 8) {
        Toggle("Push", isOn: $setting1)
        Toggle("SNS", isOn: $setting2)
        Toggle("E-mail", isOn: $setting3)
      }
    }
  }
}
```

収束して非表示　　　　　　　　　　　　　展開して表示

▲ 階層的にグループ化する

参照　P.139「縦に表示するレイアウトを利用する」
　　　P.141「横に表示するレイアウトを利用する」
　　　P.143「重ねて表示するレイアウトを利用する」
　　　P.255「フォームを利用する」
　　　P.260「視覚的にグループ化する」

6

UI部品を利用する

ラベルを付加して
コンテンツを表示する

➡ SwiftUI、LabeledContent

メソッド

init(_:content:)	タイトルを指定して初期化
init(content:label:)	ラベルを指定して初期化

書式 LabeledContent(title) { view }
LabeledContent { view } label: { label }

引数 title：**タイトル**、view：**ビュー**、label：**Labelオブジェクト**

LabeledContent構造体は、任意のビューにラベルを付加して1行のコンテンツとして表示する構造体です。init(_:content:)メソッドは、タイトルを指定して初期化します。init(content:label:)メソッドは、ラベルを指定して初期化します。

サンプル UISample/LabeledContentExampleView.swift

```swift
@State var count = 0

var body: some View {
  Form {
    LabeledContent {
      Stepper("\(count)", value: $count, in: 0...10)
    } label: {
      Label("Count", systemImage: "hammer")
    }
  }
}
```

ラベルを付加してコンテンツを表示する

参考 LabeledContent構造体は、1行で収まる規模で利用します。複数のビューをまとめる場合には、VStack／HStack／Groupなどの構造体を利用します。

参照 P.255「フォームを利用する」
P.257「セクションを利用する」

6

UI部品を利用する

区切りを設ける

→ SwiftUI、Divider

メソッド

init() 初期化処理

書式 `Divider()`

....

Divider構造体は、UIを区切るための線を引く構造体です。

6

UI部品を利用する

サンプル ViewSample/TableMenuExampleView.swift

```
Table(devices, selection: $selection)) {
...中略...
}.contextMenu(forSelectionType: Device.ID.self) { items in
    Button("詳細") { /* 処理 */ }
    Button("編集") { /* 処理 */ }
    Divider()
    Button("削除", role: .destructive) { /* 処理 */ }
}
```

区切りを設ける

参照 P.185「コレクションの要素を一意にする」
P.210「テーブルを表示する」

ナビゲーションバーを利用する

➡ SwiftUI、View

メソッド

```
navigationTitle(_:)                          ナビゲーションのタイトルを指定
navigationBarTitleDisplayMode(_:)            タイトルのスタイルを指定
```

書式 view.navigationTitle(title).navigationBarTitleDisplayMode(mode)

引数 view：ビュー、title：タイトル、mode：NavigationBarItem.
TitleDisplayModeオブジェクト

navigationTitle(_:)モディファイアは、NavigationStack構造体の配下でナビゲーションバーと画面のタイトルを表示します。navigationBarTitleDisplayMode(_:)モディファイアは、画面のタイトルのスタイルを指定します。指定する値は、**NavigationBarItem.TitleDisplayMode** 構造体です。NavigationBarItem.TitleDisplayMode構造体には、次の種類があります。

▼ NavigationBarItem.TitleDisplayMode構造体の種類

名前	概要
automatic	サイズや内容などで自動的に表示（既定）
inline	インライン表示
large	大きな文字で表示

サンプル UISample/FormExampleView.swift

```
Form {
  Section(header: Text("プロフィール")) {
    Text("Name").font(.headline)
    TextField("名前を入力してください", text: $name)
      .textFieldStyle(.roundedBorder)
      .padding(4)
  }
...中略...
}
.navigationTitle("Setting")
.navigationBarTitleDisplayMode(.large) // 大きな文字で表示
```

▽

NavigationBarItem.TitleDisplayMode.large　　　　　　NavigationBarItem.TitleDisplayMode.inline

 ナビゲーションのタイトルを利用する

参考 navigationTitle(_:)モディファイアは、利用するビュー自身にNavigationStack構造体を利用しているか、もしくは画面遷移の上層のビューにNavigationStack構造体を利用しているときのみに利用できます。

参照 P.147「ナビゲーションを利用する」

ツールバーを利用する

➡ SwiftUI、View

メソッド

toolbar(content:)　　　　　　　　　　　　　　　　　　　　ツールバーの表示

書式 `view`.toolbar { `views` }

引数 `view`：ビュー、`views`：**ツールバーに表示するビュー**

toolbar(content:)モディファイアは、画面の任意の位置／キーボードの上などにバーを表示します。バー内にボタンを配置することで、アプリの補助的な操作を実装する目的で使われます。

サンプル UISample/FocusExampleView.swift

```swift
TextField("名前を入力してください", text: $name)
  .textFieldStyle(.roundedBorder)
  .focused($focused)
  .toolbar {
    ToolbarItemGroup(placement: .keyboard) { // キーボード上に表示する
      Spacer()
      Button("Close") {
        focused = false // キーボードを閉じる
      }
    }
  }
```

▲ ツールバーを利用する

参照 P.269「ツールバーのアイテムを利用する」
P.314「フォーカスする／外すときの処理を定義する」

268

ツールバーのアイテムを利用する

➡ SwiftUI、ToolbarItemGroup

メソッド

init(placement:content:) 初期化処理

書式 ToolbarItemGroup(placement: placement) { views }

引数 placement：**ToolbarItemPlacementオブジェクト**、views：**ビュー**

ToolbarItemGroup構造体は、ツールバーに表示するビューを管理する構造体です。

init(placement:content:) メソッドは、ビューを配置する目的や位置を示す **ToolbarItemPlacement**構造体を指定して初期化します。ToolbarItemPlacement構造体には、次のプロパティがあります。

ToolbarItemPlacement構造体のプロパティ

名前	概要
automatic	サイズや外観から自動的に判断(既定)
bottomBar	画面下部
cancellationAction	キャンセルの動作がわかるような表示
confirmationAction	確認の動作がわかるような表示
destructiveAction	重要な動作がわかるような表示
keyboard	キーボード上に表示
navigation	画面上部
navigationBarLeading	画面上部左
navigationBarTrailing	画面上部右
principal	中央

```
Form {
  Section(header: Text("プロフィール")) {
    TextField("名前を入力してください", text: $name)
      .focused($focused)
      .toolbar {
        ToolbarItemGroup(placement: .keyboard) {
          Spacer()
          Button("Close") {
            focused = false // キーボードを閉じる
          }
        }
      }
    }.textFieldStyle(.roundedBorder).padding(4)
  }
}
.navigationTitle("Setting")
.navigationBarTitleDisplayMode(.inline)
.toolbar {
  // ナビゲーションバーの右
  ToolbarItem(placement: .navigationBarTrailing){
    Button(action: {}) { Image(systemName: "plus.circle") }
  }
  // 画面下部
  ToolbarItemGroup(placement: .bottomBar){
    Button(action: {}) { Image(systemName: "house") }
    Spacer()
    Button(action: {}) { Image(systemName: "list.bullet") }
    Spacer()
    Button(action: {}) { Image(systemName: "text.bubble") }
    Spacer()
    Button(action: {}) { Image(systemName: "person") }
  }
}
```

6
UI部品を利用する

ナビゲーションバーの右にボタンを表示

画面の下部に表示

キーボードの上に表示

 ツールバーのアイテムを利用する

参考 ナビゲーションを利用している画面では、ナビゲーションバー上にボタンを表示できます。

参照 P.266「ナビゲーションバーを利用する」
P.268「ツールバーを利用する」
P.314「フォーカスする／外すときの処理を定義する」

検索バーを表示する

→ SwiftUI、View

searchable(text:placement:prompt:)　　　　　　　　　　検索バーの表示

書式　view.**searchable(text:**text [, **placement:**placement] [, **prompt:** prompt])

引数　view：**ビュー**、text：**検索ワード**、placement：**SearchFieldPlacement オブジェクト**、prompt：**プレースホルダ**

searchable(text:placement:prompt:)メソッドは、検索バーを表示します。引数 textで検索ワードをバインディング変数で指定します。引数placementは、検索 バーの表示形式をSearchFieldPlacement構造体で指定します。SearchField Placement構造体には次のプロパティがあります。

▼ SearchFieldPlacement構造体のプロパティ

名前	概要
automatic	サイズや外観で自動的に判断（既定）
navigationBarDrawer(displayMode: NavigationBar DrawerDisplayMode.always)	ナビゲーションバーの下に常に表示
navigationBarDrawer(displayMode: NavigationBar DrawerDisplayMode.automatic)	ナビゲーションバーの下にサイズや 外観を判断して表示
toolbar	ツールバー風に表示

引数promptではプレースホルダを指定します。

サンプル　UISample/SearchExampleView.swift

```swift
struct Fruit: Identifiable, Hashable {  //リストに表示する要素
  let id: String = UUID().uuidString
  let name: String
}


struct SearchExampleView: View {

  var fruits = [
    Fruit(name: "Apple"), Fruit(name: "Banana"),Fruit(name: "Kiwi"),
    Fruit(name: "Orange"), Fruit(name: "Pear")
```

6

UI部品を利用する

```
    ]

  @State private var searchWord = ""   // 検索ワード
  var searchResults: [Fruit] {   // 検索ワードを反映した検索結果
    get {
      return searchWord.isEmpty ? fruits : fruits.filter { $0.name. ⤵
contains(searchWord) }
    }
  }

  var body: some View {
    NavigationStack {
      List {
        ForEach(searchResults, id: \.id) { fruit in
          NavigationLink {
            Text(fruit.name)
          } label: {
            Text(fruit.name)
          }
        }
      }
      // 検索バーをナビゲーションバー下部に常に表示
      .searchable(text: $searchWord, placement: SearchFieldPlacement. ⤵
navigationBarDrawer(displayMode: .always), prompt: "Search fruit")
    }
```

検索バーを表示する

参照 P.189「リストを表示する」
　　 P.268「ツールバーを利用する」

テキストフィールドを利用する

→ SwiftUI、TextField

メソッド

init(_:text:axis:)　　　　　　　　　　　　　　　　　　　　初期化処理

書式 TextField(placeholder, text: text [, axis: axis])

引数 placeholder：**プレースホルダ**、text：**入力する文字列**、
axis：**Axisオブジェクト**

TextField構造体は、テキストの入力欄であるテキストフィールドを管理します。init(_:text:axis:)メソッドは、プレースホルダ／入力する文字列のバインディング変数／入力方向を指定して初期化します。入力方向は**Axis**構造体の次の値で指定し、水平方向／垂直方向に入力を伸ばすかを指定します。

Axis構造体の種類

Axis.horizonal	水平方向
Axis.vertical	垂直方向

サンプル UISample/TextFieldExampleView.swift

```
@State private var name = ""

var body: some View {
  VStack {
    TextField("名前を入力してください", text: $name, axis: .horizontal)
      .textFieldStyle(.roundedBorder)
  }.padding()
}
```

```
名前を入力してください
```

テキストフィールドを利用する

参照 P.275「テキストフィールドのスタイルを指定する」

テキストフィールドのスタイルを指定する

⇒ SwiftUI、TextField

メソッド

textFieldStyle(_:) スタイルを指定

書式 textField.textFieldStyle(style)

引数 textField：TextFieldオブジェクト、
style：TextFieldStyleオブジェクト

textFieldStyle(_:)メソッドは、テキストフィールドのスタイルを指定します。指定する値は、TextFieldStyleプロトコルに準拠した構造体です。TextFieldStyleプロトコルには次のプロパティがあります。

TextFieldStyleプロトコルのプロパティ

automatic	DefaultTextFieldStyle	サイズや外観に合わせて自動的に判断（既定）
plain	PlainTextFieldStyle	枠のないプレーンテキストのスタイル
roundedBorder	RoundedBorderTextFieldStyle	角丸の枠のあるスタイル

サンプル UISample/TextFieldStyleExampleView.swift

```swift
TextField("名前を入力してください", text: $name)
    .textFieldStyle(.plain)

TextField("名前を入力してください", text: $name)
    .textFieldStyle(.roundedBorder)

// オーバーレイで角丸の枠を付加
TextField("名前を入力してください", text: $name)
    .textFieldStyle(.plain)
    .padding(8)
    .overlay(
        RoundedRectangle(cornerRadius: 30)
        .stroke(Color.gray, lineWidth: 1)
    )

// 水平方向にアイコンと入力欄を並べて角丸の枠を付加
HStack(alignment: .top) {
  Image(systemName: "person.circle")
```

6 UI部品を利用する

```
    .resizable()
    .frame(width: 24, height: 24) /
  TextField("名前を入力してください", text: $name)
    .textFieldStyle(.plain)
}
.padding(8)
.overlay(
  RoundedRectangle(cornerRadius: 30)
    .stroke(Color.gray, lineWidth: 1)
)
```

△ テキストフィールドのスタイルを指定する

参考 .plainの場合は枠がないため、背景に色をつける／ボーダーを設けるなどで、テキスト
フィールドの位置をわかるようにして利用するのが一般的です。

参照 P.274「テキストフィールドを利用する」
P.279「セキュアなテキストフィールドを利用する」

テキストフィールドの行数を指定する

➡ SwiftUI、TextField

メソッド

lineLimit(_:reservesSpace:)　　　　　　　　　　行数と表示する最低行数を指定

書式 textField.**lineLimit**(num [,reservesSpace: bool])

引数 textField：**TextFieldオブジェクト**、num：**行数**、
　　　bool：**入力がない場合でも行数を維持する/しない（true/false）**

　lineLimit(_:reservesSpace:)モディファイアは、テキストフィールドの入力行数を指定します。入力する行数は、数値または数値の範囲で指定します。入力がない場合でも、テキストフィールドの表示する行数を維持する/範囲の下限の行数を維持する場合は、reservesSpace引数の値をtrueにします。既定はfalseです。

　2行以上の入力を指定する場合でも、TextField構造体の性質上、改行の入力はできません。

サンプル　UISample/TextFieldLineExampleView.swift
```swift
TextField("3行で入力", text: $text, axis: .vertical)
  .textFieldStyle(.roundedBorder)
  .padding(.horizontal, 30)
  .lineLimit(3)

TextField("2行以上入力可能", text: $text, axis: .vertical)
  .textFieldStyle(.roundedBorder)
  .padding(.horizontal, 30)
  .lineLimit(2...)

TextField("3行まで入力可能", text: $text, axis: .vertical)
  .textFieldStyle(.roundedBorder)
  .padding(.horizontal, 30)
  .lineLimit(...3)

TextField("2〜5行で入力可能", text: $text, axis: .vertical)
  .textFieldStyle(.roundedBorder)
  .padding(.horizontal, 30)
  .lineLimit(2...5)

TextField("3行の高さで表示", text: $text, axis: .vertical)
```

6 UI部品を利用する

277

```
.textFieldStyle(.roundedBorder)
.padding(.horizontal, 30)
.lineLimit(3, reservesSpace: true)
```

▲ テキストフィールドの行数を指定する

参照 P.274「テキストフィールドを利用する」
　　 P.275「テキストフィールドのスタイルを指定する」

セキュアなテキストフィールドを利用する

➡ SwiftUI、SecureField

メソッド

init(_:text:)

書式 SecureField(placeholder, text: text)

引数 placeholder：**プレースホルダ**、text：**入力する文字列**

SecureField構造体は、セキュアなテキストフィールドを管理します。入力された値を●に置き換えて表示しますので、パスワードなどの機密情報の入力時に利用します。init(_:text:)メソッドは、プレースホルダを指定して初期化処理を行います。

サンプル UISample/SecureFieldExampleView.swift

```swift
@State private var pass: String = ""

var body: some View {
  VStack {
    SecureField("パスワードを入力してください", text: $pass)
      .textFieldStyle(.roundedBorder)
  }
  .padding()
}
```

初期状態	入力時
パスワードを入力してください	•••••••

▲ セキュアなテキストフィールドを利用する

参考 TextField構造体と同様にtextFieldStyle(_:)メソッドが利用できます。

参照 P.274「テキストフィールドを利用する」
P.275「テキストフィールドのスタイルを指定する」

6

UI部品を利用する

複数行のテキスト入力欄を利用する

➡ SwiftUI、TextEditor

メソッド

init(_:text:)

初期化処理

書式 `TextEditor(text: text)`

引数 `text`：**入力するテキスト**

TextEditor構造体は、複数行のテキスト入力欄を管理します。改行を含む複数のテキストを入力する場合に利用されます。

サンプル **UISample/TextEditorExampleView.swift**

```swift
@State private var text: String = ""

var body: some View {
  VStack {
  TextEditor(text: $text)
    .multilineTextAlignment(.leading) // 左揃え
    .lineSpacing(10)     // 行間のスペース
    .autocorrectionDisabled(true)    // 単語の自動修正を有効に
    .border(.gray, width: 1)    // ボーダー
    .frame(height: 300)    // 高さ
    .padding(8)
  }
}
```

🔽

▲ 複数行のテキスト入力欄を利用する

参考 TextEditorにはTextFieldと違ってスタイルの指定がないので、背景やボーダーなどで外観を調整して利用します。

参考 TextEdior構造体には、TextField構造体と違ってプレースホルダの機能がありません。プレースホルダを利用する場合は、次のようにZStack構造体やオーバーレイを利用して入力するテキストが空の場合にText構造体を重ねます。

　サンプル　UISample/TextEditorPlaceholderExampleView.swift

```
ZStack(alignment: .topLeading) {
  TextEditor(text: $text)
  ...中略...
  if text.isEmpty {
    // プレースホルダとして表示するTextを表示
    Text("ここに入力してください") .foregroundColor(Color.gray)
      .padding()
  }
}
```

ここに入力してください

▲ プレースホルダの利用

参照 P.274「テキストフィールドを利用する」
P.282「行揃え／行間のスペース／単語の自動修正を設定する」
P.314「フォーカスする／外すときの処理を定義する」

行揃え／行間のスペース／単語の自動修正を設定する

➡ SwiftUI、TextEditor

メソッド

multilineTextAlignment(_:)	行揃えを指定
lineSpacing(_:)	行間の指定
autocorrectionDisabled(_:)	単語の自動修正
disabled(_:)	編集の可否

書式
```
textEditor.multilineTextAlignment(alignment)
textEditor.lineSpacing(space)
textEditor.autocorrectionDisabled(bool)
textEditor.disabled(disabled)
```

引数
textEditor：**TextEditorオブジェクト**、
alignment：**Alignmentオブジェクト**、space：**スペース**、
bool：**単語の自動修正を設定する／しない（true／false）**、
disabled：**編集を不可能にする／しない（true／false）**

multilineTextAlignment(_:)メソッドは、行揃えを指定します。指定する値はAlignmentオブジェクトです。

lineSpacing(_:)メソッドは、行間のスペースをピクセル数で指定します。

autocorrectionDisabled(_:)メソッドは、単語の自動修正を行うかをtrue／falseで指定します。

サンプル UISample/TextEditorExampleView.swift
```swift
@State private var text: String = ""

var body: some View {
  VStack {
  TextEditor(text: $text)
    .multilineTextAlignment(.leading)  // 左揃え
    .lineSpacing(10)  // 行間のスペース
    .autocorrectionDisabled(true)  // 単語の自動修正を有効に
    .disabled(false)  // 編集を可能に
    .border(.gray, width: 1)  // ボーダー
    .frame(height: 300)  // 高さ
    .padding(8)
  }
}
```

◆電子書籍・雑誌を読んでみよう！

技術評論社　GDP	検索

 で検索、もしくは左のQRコード・下の
URLからアクセスできます。

https://gihyo.jp/dp

1 アカウントを登録後、ログインします。
【外部サービス(Google、Facebook、Yahoo!JAPAN)
　でもログイン可能】

2 ラインナップは入門書から専門書、
趣味書まで3,500点以上！

3 購入したい書籍を 🛒 カート に入れます。

4 お支払いは「*PayPal*」にて決済します。

5 さあ、電子書籍の
読書スタートです！

Software **D**esign も電子版で読める!

電子版定期購読が
お得に楽しめる!

くわしくは、
「**Gihyo Digital Publishing**」
のトップページをご覧ください。

🎁 電子書籍をプレゼントしよう!

Gihyo Digital Publishing でお買い求めいただける特定の商品と引き替えが可能な、ギフトコードをご購入いただけるようになりました。おすすめの電子書籍や電子雑誌を贈ってみませんか?

こんなシーンで…　　●ご入学のお祝いに　●新社会人への贈り物に
　　　　　　　　　　　　●イベントやコンテストのプレゼントに　………

●**ギフトコードとは?**　Gihyo Digital Publishing で販売している商品と引き替えできるクーポンコードです。コードと商品は一対一で結びつけられています。

くわしい**ご利用方法**は、「**Gihyo Digital Publishing**」をご覧ください。

のインストールが必要となります。

を行うことができます。法人・学校での一括購入においても、利用者1人につき1アカウントが必要となり、

への譲渡、共有はすべて著作権法および規約違反です。

電脳会議

紙面版

新規送付の
お申し込みは…

電脳会議事務局 　　　検 索

で検索、もしくは以下の QR コード・URL から
登録をお願いします。

https://gihyo.jp/site/inquiry/dennou

一切
無料！

「電脳会議」紙面版の送付は送料含め費用は
一切無料です。
登録時の個人情報の取扱については、株式
会社技術評論社のプライバシーポリシーに準
じます。

技術評論社のプライバシーポリシー
はこちらを検索。

https://gihyo.jp/site/policy/

技術評論社　　　電脳会議事務局
〒162-0846　東京都新宿区市谷左内町21-13

```
SwiftUI provides views, controls, and layout
structures for declaring your app's user
interface. The framework provides event
handlers for delivering taps, gestures, and other
types of input to your app, and tools to manage
the flow of data from your app's models down to
the views and controls that users see and
interact with.
```

行揃え／行間のスペース／単語の自動修正を設定する

参照 P.280「複数行のテキスト入力欄を利用する」
P.314「フォーカスする／外すときの処理を定義する」

キーボードの種類を指定する

⇒ SwiftUI、View

メソッド

keyboardType(_:) キーボードの種類を指定
submitLabel(_:) リターンキーの種類を指定

書式 　textInput.keyboardType(type)
　　　　textInput.submitLabel(submitLabel)

引数 　type：**UIKeyboardType**オブジェクト、
　　　submitLabel：**SubmitLabel**オブジェクト

keyboardType(_:)メソッドは、キーボードの種類を指定します。指定する値は
UIKeyboardType構造体です。UIKeyboardType構造体には次の種類があります。

▼ **UIKeyboardTypeの種類**

名前	概要
UIKeyboardType.default	OSの言語設定でのキーボード（既定）
UIKeyboardType.asciiCapable	英字
UIKeyboardType.numbersAndPunctuation	数字と記号
UIKeyboardType.URL	URL用の英字
UIKeyboardType.numberPad	英字テンキー
UIKeyboardType.phonePad	数字テンキー
UIKeyboardType.namePhonePad	電話番号用、名前入力補助あり
UIKeyboardType.emailAddress	Eメール用の英字
UIKeyboardType.decimalPad	小数点ありの数字テンキー
UIKeyboardType.twitter	X（旧Twitter）用
UIKeyboardType.webSearch	「@」を入力しやすい形式 スペースや「.」を入力しやすい形式
UIKeyboardType.asciiCapableNumberPad	数字のみを出力するテンキー

submitLabel(_:)メソッドは、キーボードのリターンキーの種類を指定します。指
定する値は**SubmitLabel**構造体です。SubmitLabel構造体には次のプロパティが
あります。

▼ SubmitLabel構造体のプロパティ

continue	continue
done	done
go	go
join	join
next	next
return	return
route	route
search	search
send	send

サンプル UISample/TextFieldExampleView.swift
```swift
@State private var mail: String = ""

var body: some View {
  VStack {
    TextField("メールアドレス", text: $mail)
      .textFieldStyle(.roundedBorder)
      .keyboardType(.emailAddress)  // メールアドレス入力用
      .submitLabel(.done)  // リターンキーはdone
  }.padding()
}
```

▲ キーボードの種類を指定する

参考 TextFieldとTextEditorの両方で利用できるメソッドです。

参照 P.274「テキストフィールドを利用する」
P.279「セキュアなテキストフィールドを利用する」
P.280「複数行のテキスト入力を利用する」

6
UI部品を利用する

ボタンを利用する

➡ SwiftUI、Button

<メソッド>

init(_:role:action:)　　　　　　　　　　　　　　　　　　　　　　　　　初期化処理
init(role:action:label:)　　　　　　　　　　　　　　　　　　　　　　　初期化処理

書式 Button(title [,role: role)) { … }
　　　　Button([role: role]) { … } label : { views}

引数 title：**タイトル**、role：**ButtonRoleオブジェクト**、views：**ビュー**

Button構造体は、動作を伴うボタンを管理します。init(_:role:action:)メソッド
は、タイトルと引数roleで役割を指定して初期化します。役割を指定する場合は、
ButtonRole構造体の次のプロパティで指定します。

ButtonRole構造体のプロパティ

cancel	キャンセルの動作を示唆するボタン
destructive	重要なことがらを赤で示す赤字のボタン

引数actionは、メソッドの後ろにクロージャとしてブロックで記述できます。
init(role:action:label:)メソッドは、引数labelでボタンに利用するビューを指定し
て初期化します。引数action／引数labelは、クロージャとしてメソッドの後ろに
ブロックで記述できます。

サンプル UISample/ButtonsExampleView.swift

```swift
Button("送信") {
  print("送信します")
}

Button("キャンセル", role:.cancel) {
  print("キャンセルします")
}

Button("削除", role:.destructive) {
  print("削除します")
}
```

```
Button {
  print("録画されました")
} label: {
  HStack {
    Image(systemName: "circle.fill")
    Text("Record")
  }
}
```

▲ ボタンを表示する

参照 P.289「ボタンのスタイルを指定する」

ボタンのスタイルを指定する

→ SwiftUI、Button

メソッド

buttonStyle(_:)   スタイルの指定

書式 button.buttonStyle(style)

引数 style：**ButtonStyle**オブジェクト

buttonStyle(_:)メソッドは、ボタンのスタイルを指定します。指定するスタイル
は、**ButtonStyle**プロトコルに準じた構造体で指定します。ButtonStyleプロトコ
ルは、ボタンのスタイルをコードから作成する仕様に対応した広い意味なので、通
常は簡易的なスタイルが用意されている**PrimitiveButtonStyle**プロトコルを利用
します。PrimitiveButtonStyleプロトコルには次のプロパティが存在します。

PrimitiveButtonStyleプロトコルのプロパティ

automatic	DefaultButtonStyle	ボタンの表示内容に応じて自動的に判断（既定）
bordered	BorderedButtonStyle	枠のあるボタン
borderedProminent	BorderedProminentButtonStyle	枠のある色のついたボタン
borderless	BorderlessButtonStyle	枠のないボタン
plain	PlainButtonStyle	テキストのみ

サンプル **UISample/ShapesExampleView.swift**

```
Button("Automatic") {}
    .buttonStyle(.automatic)

Button("Bordered") {}
    .buttonStyle(.bordered) // 枠のあるボタン

Button("BorderedProminent") {}
    .buttonStyle(.borderedProminent) // 枠のある色のついたボタン

Button("Borderless") {}
    .buttonStyle(.borderless) // 枠のないボタン
```

```
Button("Plain") {}
    .buttonStyle(.plain) // テキストのみ
```

.automatic

.bordered

.borderedProminent

.borderless

.plain

▲ ボタンのスタイルを指定する

参照 P.287「ボタンを表示する」

UI部品を利用する

スライダーを利用する

➡ SwiftUI、Slider

メソッド

init(value:in:step:onEditingChanged:) 初期化処理

書式 `Slider(value: value, in: range[ step: step]) [ { bool in … } ]`

引数 value：スライダーの入力値、range：スライダーの範囲、step：スライダーのステップ、bool：入力中である／ない（true／false）

Slider構造体は、小数点を含む数値を選択できるスライダーを管理します。init(value:in:step:onEditingChanged:)メソッドは、スライダーの値をバインディング変数で指定し、範囲とスライダーのステップを指定して初期化します。ステップを指定しない場合は、1が既定の値として割り振られます。

onEditingChangedの引数はクロージャなので、メソッドの後ろにブロックとして記述します。クロージャには、入力中であるかがBool型の変数として渡されます。

サンプル UISample/SliderExampleView.swift

```
@State private var value: Float = 10
@State private var active: Bool = false

var body: some View {
VStack(spacing: 40) {

  // スライダーの値 入力中は赤で表示
  Text(value.formatted(.number)).foregroundStyle(active ? Color.red : ↓
Color.black)
    .font(.title)

  Slider(value: $value, in: 0...100, step: 1)  // 0～100まで1単位のスライダー
  {
    self.active = $0
  }

  // 黄色のスライダー
  Slider(value: $value, in: 0...100, step: 1)
    .tint(Color.yellow)
```

```
    // 背景色を指定して幅を持たせたスライダー
    Slider(value: $value, in: 0...100, step: 1)
      .tint(Color.white)
      .padding(10)
      .background(Color.gray)

  }.padding()
  }
```

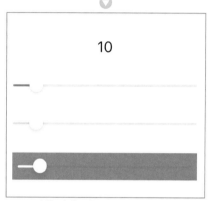

△ スライダーを表示する

参考 スライダーはより細かい値の入力が可能です。整数のみの値を扱う場合は、ステッパー
を利用してください。

参照 P.293「ステッパーを利用する」

ステッパーを利用する

➡ SwiftUI、Stepper

メソッド

init(_:value:in:step:onEditingChanged:)　　　　　　　　　　　初期化処理

書式 Stepper(title, value:value, in: range[step: step]) [{ bool in … }]

引数 title：タイトル、value：スライダーの入力値、
range：ステッパーの範囲、step：ステッパーのステップ、
bool：入力中である／ない（true／false）

Stepper構造体は、整数の値を選択できるステッパーを管理します。init(_:value:in:step:onEditingChanged:)メソッドは、タイトルとステッパーの値をバインディング変数で指定し、範囲とステッパーのステップを指定して初期化します。ステップを指定しない場合は、1が既定の値として割り振られます。

サンプル UISample/StepperExampleView.swift

```
VStack {
  Text(value.formatted(.number)).font(.title)
  // 0~100まで1単位のステッパー
  Stepper("Counter", value: $value, in: 0...100)
}.padding()
```

ステッパーを表示する

参考 ステッパーは整数を扱います。より細かい値を扱う場合は、スライダーを利用してください。

参照 P.291「スライダーを表示する」

6

UI部品を利用する

トグルを利用する

メソッド

```
init(_:isOn:)
```
初期化処理
```
init(isOn:label:)
```
初期化処理

書式
```
Toggle(title, isON: bool)
Toggle(iisON: bool) { label }
```

引数 title：**タイトル**、value：**入力値**、label：**Labelオブジェクト**

Toggle 構造体は、Bool型の値を切り替えるトグルを管理します。init(_:isOn:) メソッドは、タイトルと初期値を指定して初期化します。init(isOn:label:) メソッドは、ラベルと初期値を指定して初期化します。ラベルはクロージャとしてメソッドの後ろのブロックに記述できます。

サンプル UISample/ToggleExampleView.swift
```swift
@State private var value: Bool = false
@State private var enabled: Bool = false

var body: some View {
  VStack {
    Toggle("Sound", isOn: $value) // タイトルを指定したトグル

    // ラベルを指定したトグル
    Toggle(isOn: $enabled) {
      HStack {
        Text("Enable")
          .font(.system(size: 16))
        Image(systemName: enabled ? "wifi" : "wifi.slash")
          .font(.system(size: 16))
      }
    }
  }.padding()
}
```

6

UI部品を利用する

	OFF時			ON時	

OFF時

Sound	⬜
Enable 🛜	⬜

ON時

Sound	🔵
Enable 🛜	🔵

▲ トグルを利用する

参照 P.296「トグルのスタイルを指定する」

COLUMN▶ UI部品を作成する例

SwiftUIには、「UIを装飾するモディファイアが数多く用意されている」「アニメーションやジェスチャーの実装が容易にできる」という特徴があります。2D図形などを利用してオリジナルのUI部品を作成することも比較的容易にできます。例えば、ON時に全体を青／OFF時に全体をグレーで表示するトグルは、次のコードで作成できます。

サンプル UISample/ToggleSampleView.swift

```
RoundedRectangle(cornerRadius: 25)  // 角丸矩形
  .foregroundColor(isOn ? .blue : .gray)  // On/Off時の色
  .frame(width: 50, height: 30)
  .overlay(  // オーバーレイで白い丸を表示
    Circle().frame(width: 20,height: 20)
      .foregroundColor(.white).padding(5)
      .offset(x: isOn ? 10 : -10)  // On/Offでオフセットを変更
  )
  .animation(.linear(duration: 0.2), value: isOn)
  .onTapGesture { isOn = !isOn }  // タップでOn/Offの切り替え
```

▼

🔵	⚪
ON：青	OFF：グレー

▲ トグルを作成する例

トグルのスタイルを指定する

→ SwiftUI、Toggle

メソッド

toggleStyle(_:)

スタイルの指定

書式 toggle.toggleStyle(style)

引数 toggle：**Toggle**オブジェクト、style：**ToggleStyle**オブジェクト

・・・

toggleStyle(_:)メソッドは、トグルのスタイルを指定します。指定するスタイルは、ToggleStyle プロトコルに準拠したオブジェクトです。ToggleStyle プロトコルには次の種類があります。

▽ **ToggleStyle プロトコルのプロパティ**

名前	値	解説
automatic	DefaultToggleStyle	トグルの表示内容に応じて自動的に判断（既定）
button	ButtonToggleStyle	ボタンのスタイル
switch	SwitchToggleStyle	スイッチのスタイル

サンプル UISample/ToggleStyleExampleView.swift

```
Toggle("Sound", isOn: $value)
    .toggleStyle(.button) // ボタンのスタイル

Toggle("Sound", isOn: $value)
    .toggleStyle(.switch) // スイッチのスタイル
```

	OFF時	ON時
.button		
.switch		

▲ トグルのスタイルを指定する

参照 P.294「トグルを利用する」

ピッカーを利用する

➡ SwiftUI、Picker

メソッド

init(_:selection:content:)　　　　　　　　　　　　　　　　　　初期化処理
pickerStyle(_:)　　　　　　　　　　　　　　　　　　　　　　　スタイルの指定

書式　Picker(title,selection:selection) { views }
　　　　picker.pickerStyle(style)

引数　picker：Pickerオブジェクト、style：スタイル、
　　　　views：選択肢となるビューの配置

Picker構造体は、複数の値の中から1つの値を選択するUIです。

▼ PickerStyleプロトコルのプロパティ

名前	型	説明
automatic	DefaultPickerStyle	内容や外見から自動的に判断(既定)
inline	InlinePickerStyle	インラインから選択
menu	MenuPickerStyle	ポップアップメニューから選択
segmented	SegmentedPickerStyle	セグメント形式で選択
wheel	WheelPickerStyle	ホイールから選択

サンプル UISample/PickerExampleView.swift

```swift
let fruits = [
  Fruit(name: "Apple"), Fruit(name: "Banana"),Fruit(name: "Kiwi"),
]

@State private var selectedIndex: Int = 0

var body: some View {
  Form {
    Section {
      Picker("選択してください", selection: $selectedIndex) {
        ForEach(0..<fruits.count, id: \.self) { index in
          Text(fruits[index].name).tag(index)
        }
      }.pickerStyle(.inline) // インライン
    }
```

```
      Section {
        Picker("選択してください", selection: $selectedIndex) {
          ForEach(0..<fruits.count, id: \.self) { index in
            Text(fruits[index].name).tag(index)
          }
        }.pickerStyle(.menu)  // ポップアップメニュー
      }

      Section {
        Picker("選択してください", selection: $selectedIndex) {
          ForEach(0..<fruits.count, id: \.self) { index in
            Text(fruits[index].name).tag(index)
          }
        }.pickerStyle(.segmented)  // セグメント
      }

      Section {
        Picker("選択してください", selection: $selectedIndex) {
          ForEach(0..<fruits.count, id: \.self) { index in
            Text(fruits[index].name).tag(index)
          }
        }.pickerStyle(.wheel)  // ホイール
      }
    }
  }
}
```

.inline

.menu

.segment

.wheel

▲ ピッカーを利用する

参照 P.299「日付ピッカーを利用する」

日付ピッカーを利用する

➡ SwiftUI、DatePicker

init(_:selection:in:displayedComponents:) 初期化処理

> **書式** DatePicker(title, selection:selection[, in: range]
> [, displayedComponents:components])

> **引数** title : **タイトル**、selection : **Dateオブジェクト**、range : **日時の範囲**、
> components : **DatePickerComponentsオブジェクト**

init(_:selection:displayedComponents:)メソッドは、タイトル/選択する日時/
選択する日時の範囲/表示形式を指定して初期化します。

選択する日時は、あらかじめDate型のバインディング変数で定義しておきます。
選択する日時の範囲は、範囲演算子で日時の範囲を指定します。表示形式は、
DatePickerComponents構造体を単体または配列で指定します。DatePicker
Components構造体の種類は次の通りです。

DatePickerComponents 構造体の種類

DatePickerComponents.date	年月日
DatePickerComponents.hourAndMinute	時分

既定では、DatePickerComponents.dateとDatePickerComponents.hourAnd
Minuteの両方が指定されています。

サンプル UISample/DatePickerExampleView.swift

```
@State private var selectedDate: Date = Date()
...中略...
DatePicker("Default:", selection: $selectedDate, in: ...Date())

DatePicker("日付と時刻", selection: $selectedDate, in: Date()...,
                displayedComponents: [.hourAndMinute, .date])

DatePicker("日付", selection: $selectedDate, in: Date()...,
                displayedComponents: .date)
```

6

UI部品を利用する

```
DatePicker("時刻", selection: $selectedDate, in: Date()...,
                     displayedComponents: .hourAndMinute)
```

▲ 日付ピッカーを利用する

参照 P.297「ピッカーを利用する」
　　P.301「日付ピッカーのスタイルを指定する」

日付ピッカーのスタイルを指定する

➡ SwiftUI、DatePicker

メソッド

datePickerStyle(_:)

スタイルの指定

書式 datePicker.**datePickerStyle**(style)

引数 datePicker：**DatePickerオブジェクト**、
style：**DatePickerStyleオブジェクト**

datePickerStyle(_:)メソッドは、日付ピッカーのスタイルを指定します。DatePickerStyleプロトコルに準拠した構造体で指定します。DatePickerStyleプロトコルには次のプロパティがあります。

▼ DatePickerStyleプロトコルのプロパティ

名前	概要
automatic	1行の表示形式（既定）
compact	1行の表示形式
graphical	カレンダーでの表示形式
wheel	ホイールから選択する形式

サンプル UISample/DatePIckerStyleExampleView.swift

```swift
@State private var selectedDate: Date = Date()

var body: some View {
  VStack (spacing: 30) {
    // .compact
    DatePicker("Date:", selection: $selectedDate, in: Date()...)
      .datePickerStyle(.compact)

    // .graphical
    DatePicker("Date:", selection: $selectedDate, in: Date()...)
      .datePickerStyle(.graphical)

    // .wheel
    DatePicker("Date:", selection: $selectedDate, in: Date()...). ⬇
labelsHidden()
      .datePickerStyle(.wheel)
```

```
        Spacer()
    }.padding()
}
```

.compact

.graphical

.wheel

▲ 日付ピッカーのスタイルを指定する

参照 P.299「日付ピッカーを利用する」

複数日付ピッカーを利用する

➡ SwiftUI、MultiDatePicker

メソッド

init(_:selection:in:) 　　　　　　　　　　　　　　　　　　　　　初期化処理

書式 MultiDatePicker(title, selection: selection[, in: range])

引数 title：**タイトル**、selection：**DateComponentsオブジェクトのセット**、
range：**日時の範囲**

MultiDatePicker構造体は、複数の日付を選択できるUIを管理します。
init(_:selection:in:)メソッドは、タイトル／選択した日付のセット／選択できる日
付の範囲を指定して初期化します。選択した日付は、DateComponents型のバイ
ンディング変数で定義します。

サンプル UISample/MultiDatePickerExampleView.swift

```swift
@State private var selectedDates: Set<DateComponents> = []
@State private var dates: String = ""

var body: some View {
  VStack {
    MultiDatePicker("Dates:", selection: $selectedDates)
      // 日付選択時に新しく選択された値を取得
      .onChange(of: selectedDates, initial: false) { _ , values in
        let days = values.map({ value in String(value.day!) })
        dates = days.joined(separator: ",")   // 選択された日付の日を ⤵
「,」で区切ってString型へ
      }
    // 表示
    Text(dates)
  }
}
```

303

SUN MON TUE WED THU FRI SAT

	April 2024 ›					‹ ›
	1	2	3	4	5	6
7	8	9	10	11	12	13
14	15	16	17	18	19	20
21	22	23	24	25	26	27
28	29	30				

1,29,20,9,30

△ 複数日付ピッカーを利用する

参照 P.299「日付ピッカーを利用する」
　　 P.312「値が変更された際の処理を指定する」

カラーピッカーを利用する

→ SwiftUI、ColorPicker

メソッド

init(_:selection:supportsOpacity:)　　　　　　　　　　　　　　　　初期化処理

書式 ColorPicker(title, selection:selection, supportsOpacity:bool)

引数 title：**タイトル**、selection：**Colorオブジェクト**、
supportsOpacity：**不透明度を利用する／しない（true／false）**

ColorPicker 構造体は、カラーパレットから色を選択できる UI です。
init(_:selection:supportsOpacity:)メソッドは、タイトル／選択する色に相当する
バインディング変数／不透明を利用するかを指定して初期化します。不透明度の利
用は、既定ではtrueです。

サンプル UISample/ColorPickerExampleView.swift

```swift
@State private var color = Color.blue.opacity(0.5)

var body: some View {
  VStack {
    RoundedRectangle(cornerRadius: 25)
      .frame(width: 120, height: 120)
      .foregroundStyle(color)
    ColorPicker("色を選択", selection: $color)
      .padding(40)
  }
}
```

6

UI部品を利用する

表示時	選択時

色を選択

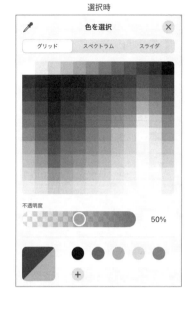

カラーピッカーを利用する

参照 P.297「ピッカーを利用する」

6

UI部品を利用する

アラートを表示する

➡ SwiftUI、View

メソッド

`alert(_:isPresented:presenting:actions:message:)` アラートの表示

書式 `view.alert(title, isPresented: bool[, presenting: data])`
```
{
    [views]
}
[message: {
    text
}]
```

引数 view：表示元のビュー、title：タイトル、
bool：アラートを表示する／しない（true／false）、
data：アラートに渡すデータ、views：アラート内に配置するビュー、
text：Textオブジェクト

....

alert(_:isPresented:presenting:actions:message:)メソッドは、アラートを表示するメソッドです。引数titleでアラートのタイトル、引数isPresentedでアラートを表示するかのBool型のバインディング変数を指定します。アラート内にデータを渡して利用する場合は、引数presentingでデータを指定します。

引数actions／messageはクロージャなので、書式のようにメソッドの外にブロックとして記述します。引数actionsには、アラート内に表示するボタンと押下時の処理などアラート内に表示するビューを記述します。引数messageには、アラートのメッセージをText構造体で指定します。

サンプル UISample/AlertExampleView.swift
```swift
@State private var showAlert = false

var body: some View {
  Button("アラートを表示する") {
    showAlert.toggle()
  }
  .alert("エラー発生", isPresented: $showAlert) {
    Button("OK") { /* 処理*/ }
    Button("Cancel", role: .cancel) { /* 処理*/ }
  } message: { // メッセージ
```

307

6
UI部品を利用する

```
    Text("入力内容を確認してください。")
  }
}
```

▲ アラートを表示する

参考 アラート内に配置したボタンは、押下時にアラート自体を閉じる処理が自動的に実装されます。

参考 アラートではボタンが1つまたは2つで収まる内容を表示します。選択肢が2つより多くなる場合は、確認ダイアログを利用します。

参照 P.309「確認ダイアログを表示する」

確認ダイアログを表示する

➡ SwiftUI、View

confirmationDialog(_:isPresented:titleVisibility:presenting:actions:)

確認ダイアログの表示

書式 view.confirmationDialog(title, isPresented: bool
[, titleVisibility: visibility][, presenting: data])
{
[action]
}
[message: {
text
}]

引数 view：表示元のビュー、title：タイトル、
bool：アクションシートを表示する/しない（true/false）、
visibility：タイトルを表示する/しない（true/false、
data：アクションシートに渡すデータ、views：アクションシート内に
配置するビュー、text：Textオブジェクト

confirmationDialog(_:isPresented:titleVisibility:presenting:actions:) メソッド
は、確認ダイアログを表示するメソッドです。引数 title で確認ダイアログのタイト
ル、引数 isPresented で確認ダイアログを表示するかの Bool 型のバインディング変
数を指定します。

引数 titleVisibility は、確認ダイアログのタイトルの表示を Visibility 構造体で指定
します。Visibility 構造体には次の種類があります。

▼ Visibility 構造体の種類

名前	説明
automatic	サイズや外観に合わせて自動的に表示（既定）
visible	表示
hidden	非表示

確認ダイアログ内にデータを渡して利用する場合は、引数 presenting でデータを
指定します。

引数 actions／message はクロージャなので、書式のようにメソッドの外にブ
ロックとして記述します。引数 actions には、確認ダイアログ内に表示するボタン

と押下時の処理などアラート内に表示するビューを記述します。引数messageには、確認ダイアログのメッセージをText構造体で指定します。

サンプル UISample/ConfirmationDialogExampleView.swift

```swift
@State private var showDialog = false
private let fruit = Fruit(name: "Apple")

var body: some View {
  Button("確認ダイアログを表示する") {
    showDialog.toggle()
  }
  .confirmationDialog("メニュー",
            isPresented: $showDialog,
            titleVisibility: .visible,
            presenting: fruit) { fruit in

    // 選択肢
    Button("\(fruit.name) 詳細") { /* 処理 */ }
    Button("\(fruit.name) 削除", role: .destructive) { /* 処理 */ }
    Button("キャンセル", role: .cancel) { /* 処理 */ }
  } message: { fruit in   // メッセージの指定
    Text("\(fruit.name)に関して")
  }
}
```

▲ 確認ダイアログを表示する

参考 確認ダイアログ内に配置したボタンは、押下時に確認ダイアログ自体を閉じる処理が自動的に実装されます。

参考 キャンセル用のボタンを配置しない場合でも、確認ダイアログの一番下に自動的にキャンセルボタンが配置されます。

参照 P.307「アラートを表示する」

ビューが表示されたときの処理を指定する

➡ SwiftUI、View

メソッド

onAppear(perform:) 表示時の処理を指定

書式 view.**onAppear** { … }

引数 view : ビュー

onAppear(perform:)メソッドは、ビューが表示されたときの処理を指定します。値のプリセットなど、UIの表示時に処理を行う場合に利用されます。

サンプル UISample/AppearExampleView.swift

```
@State private var name = ""

...中略...
TextField("名前を入力してください", text: $name)
  .textFieldStyle(.roundedBorder)
  .onAppear { // 表示時に値をセット
    name = "むく"
  }
```

むく

ビューが表示されたときの処理を指定する

参照 P.274「テキストフィールドを利用する」

6

UI部品を利用する

311

値が変更された際の処理を定義する

➡ SwiftUI、View

メソッド

onChange(of:initial:_:)　　　　　　　　　　値が変更されたときの処理を定義

書式 view.onChange(of: name [, initial: bool]) { [oldValue,
newValue] in … }

引数 view：**ビュー**、name：**変数名**、bool：**初期状態で実行する/しない**
(true/false) 、oldValue：**変更前の値**、newValue：**変更後の値**

onChange(of:initial:_:)メソッドは、値が変更された際の処理を定義します。メソッドの引数は、変更される値の変数名と初期状態で処理を実行する/しないのBool値です。入力欄やピッカーなど、入力値に応じて処理を行う場合に利用します。メソッドの後ろのクロージャには、変更する前の値と変更後の値が渡されます。

サンプル UISample/MultiDatePickerExampleView.swift

```
MultiDatePicker("Dates:", selection: $selectedDates)
  // 日付選択時に新しく選択された値を取得
  .onChange(of: selectedDates, initial: false) { _ , values in
    let days = values.map({ value in String(value.day!) })
      // 選択された日付の日を「,」で区切ってString型へ
    dates = days.joined(separator: ",")
  }
  // 表示
  Text(dates)
```

🔽

6

UI部品を利用する

| November 2023 > | | | | | | < > |
SUN	MON	TUE	WED	THU	FRI	SAT
			1	2	3	4
5	6	7	8	9	10	11
12	13	14	15	16	17	18
19	20	21	22	23	24	25
26	27	28	29	30		

15,14,30

△ 選択した日を表示

参照 P.303「複数日付ピッカーを利用する」

フォーカスする／外すときの処理を定義する

メソッド

focused(_:)

書式 view.focused(bool)

引数 view：ビュー、bool：フォーカスする／しない（true／false）

focused(_:)メソッドは、Bool型の引数でフォーカス状態を切り替えるメソッドです。入力系のUIからフォーカスを外す／キーボードを下げる場合に利用します。

サンプル UISample/FocusExampleView.swift

```
@State private var text = ""
@FocusState private var focused: Bool

...中略...

TextEditor(text: $text).border(.gray, width: 1).frame(height: 200)
  .focused($focused)
  .toolbar {
  ToolbarItemGroup(placement: .keyboard) {
    Spacer()
    Button("Close") {
      focused = false  // キーボードを閉じる
    }
```

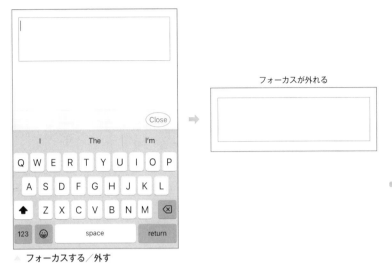

フォーカスが外れる

▲ フォーカスする／外す

補足 UIのフォーカス状態と連動させる場合は、Bool型の変数をフォーカス状態とバインドするプロパティラッパーFocusStateを用いて宣言します。

参照 P.268「ツールバーを利用する」
P.274「テキストフィールドを利用する」

アニメーションを利用する

➡ SwiftUI、View

animation(_:value:)

アニメーションを適用

書式 view.**animation**(animation, **value:** param)

引数 view：**View**オブジェクト、animation：**Animation**オブジェクト、
param：**パラメータ**

animation(_:value:)モディファイアは、指定されたパラメータの値が変更された
ときにアニメーションをビューに適用するモディファイアです。引数には、アニ
メーションの種類を指定する**Animation**オブジェクト、値の変更時にアニメーショ
ンを適応するパラメータを指定します。

Animation構造体は、時間の経過とともにビューに視覚的なアニメーション効果
を及ぼす構造体です。よく利用されるAnimation構造体のプロパティには次のもの
があります(duration秒内、強度bounceで変化するアニメーションの例です)。

▼ よく利用されるアニメーション

名称	説明
default	ビューによって異なる既定のアニメーション
linear([duration: duration])	一定の速度で変化
easeIn([duration: duration])	最初は遅く、終わりにかけて速度を上げて変化
easeOut([duration: duration])	最初は早く、終わりにかけて速度を下げて変化
easeInOut([duration: duration])	遅く、早く、遅くの順番で変化
bouncy([duration: duration, extraBounce: bounce])	バウンス効果のあるスプリングアニメーション
smooth([duration: duration, extraBounce: bounce])	バウンス効果のないスプリングアニメーション
snappy([duration: duration, extraBounce: bounce])	小さなバウンス効果のあるスプリングアニメーション

サンプル Sample/AnimationExampleView.swift

```swift
@State var isAnimate = false

var body: some View {
  VStack {
    HStack {
      Rectangle()
        .fill(Color.blue)
        .frame(width: 100, height: 100)
        // isAnimate が true の場合に45度回転させる
        .rotationEffect(isAnimate ? .degrees(45) : .zero)
        // アニメーション定義 変数 isAnimate の値の変更に適用
        .animation(.easeOut(duration: 1.0), value: isAnimate)
    }
    .frame(width: 200, height: 150)

    Button("Start") {
      // アニメーションを実行するために isAnimate の値を変更
      isAnimate.toggle()
    }
  }
}
```

6
UI部品を利用する

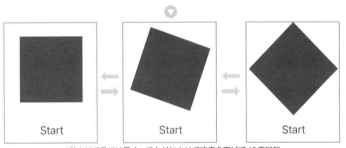

1秒かけて最初は早く、終わりにかけて速度を下げて45度回転

▲ アニメーションを利用する

参考 アニメーションの処理は、ビューに直接アニメーションを適用するのではありません。時間を伴ったバインディング変数の値の変化が、結果的にビューの外観に影響を与えているものと考えてください。

参照 P.318「アニメーションの処理を定義する」

317

アニメーションの処理を定義する

➡ SwiftUI、View

関数

withAnimation(_:_:) アニメーションの処理を定義

書式 withAnimation(animation) { param = value }

引数 animation：**Animationオブジェクト**、param：**パラメータ**、value：**値**

withAnimation(_:_:)は、ビューとは別に記述した処理の中でバインディング変数の値を変更することで、アニメーションを適用する関数です。モディファイアではないため、ビューとは分けて処理を記述することができ、コードの見通しをよくできるというメリットがあります。

メソッドの引数はAnimationオブジェクトです。メソッドの後のブロック内でアニメーションを反映するパラメータの値を設定します。

サンプル Sample/AnimationWithExampleView.swift

```swift
@State private var scale: CGFloat = 1

var body: some View {
  VStack {
    HStack {
      Rectangle()
        .fill(Color.blue)
        .frame(width: 50, height: 50)
        .scaleEffect(scale)  // スケールに適用
    }
    .frame(width: 200, height: 150)

    Button("Start") {
      // アニメーションの定義
      withAnimation(.easeIn(duration: 1)) {
        // 値を変更する際にアニメーションを反映
        scale = scale == 1 ? 2 : 1
      }
    }
  }
}
```

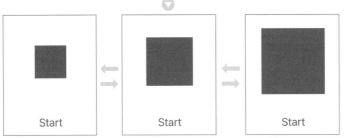

1秒かけて最初は遅く、終わりにかけて速度を上げて拡大／縮小

アニメーションの処理を定義する

参考 アニメーションの処理を比較的自由度の高いブロックの形式で指定できるので、animation(_:value:)モディファイアよりも使い勝手が良いです。

参考 バインディング変数には、値に変化に伴ってビューが再描画されるという特徴があります。animation(_:value:)メソッド／withAnimation(_:_:)メソッドはともにバインディング変数の値の変化を遅らせたり滑らかにすることで、ビューにアニメーション効果を与えます。

参照 P.316「アニメーションを利用する」

6

UI部品を利用する

Chapter 7

データフローと非同期処理

規模の大きなアプリを開発する際には、アプリの中でデータをどのように扱うかが重要です。SNSアプリや業務用のアプリなどは、ほかのシステムとの連携が前提となっており、アプリ内だけでなく外部とのデータのやりとりを意識しなければなりません。

SwiftUIでは、ビュー側でオブジェクトを監視して値の変化に応じて自動的に処理を行う仕組みがあります。また、外部からデータを取得するといった大きなデータを扱う処理においても、バックグラウンドに回して非同期に実行する仕組みがあります。これらの仕組みを利用することによって、画面ごとにオブジェクトを毎回受け渡したり、処理のたびに待ちの状態を作る必要はなくなります。

本章ではこれらのデータを扱う仕組みに関して説明します。

● データモデルとデータフロー

アプリ内で扱うオブジェクトの中でマップ上の位置情報やSNSのアカウントなど、プログラムの処理に依存しないオブジェクトのことをデータモデルと呼びます。データモデルは一般的に、プログラムの処理や特定の操作に関連する機能を持たず、単にデータを表現するために利用されます。

iOSアプリのように端末の画面自体が小さく、複数の画面を頻繁に行き来することが前提のアプリケーションでは、アプリとデータモデルの関係について次のことが期待されます。

- アプリの起動時から同じデータモデルを各画面で保持したい
- データモデルに変更があった場合に、各画面に反映したい
- 画面内の各ビューコンポーネントにも同時にデータモデルの変更を反映したい

これらの期待される関係を、アプリの画面遷移や画面を構成するUI単位で図示すると、次のようになります。

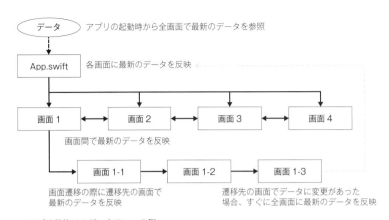

データ　アプリの起動時から全画面で最新のデータを参照

App.swift　各画面に最新のデータを反映

画面 1　画面 2　画面 3　画面 4

画面間で最新のデータを反映

画面 1-1　画面 1-2　画面 1-3

画面遷移の際に遷移先の画面で
最新のデータを反映

遷移先の画面でデータに変更があった
場合、すぐに全画面に最新のデータを反映

■ アプリ単位でのデータフローの例

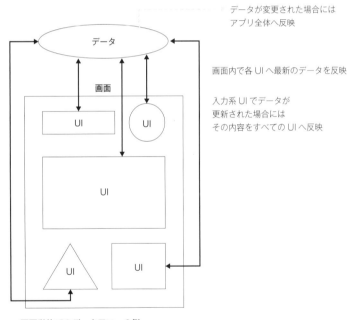

データが変更された場合には
アプリ全体へ反映

画面内で各 UI へ最新のデータを反映

入力系 UI でデータが
更新された場合には
その内容をすべての UI へ反映

データ

画面

UI　UI

UI

UI　UI

■ 画面単位でのデータフローの例

　上記のように、データがどのように生成/移動/変換/処理されるかを示す概念
をデータフローと呼びます。

　このデータフローを管理するために、SwiftではObservationフレームワークが

用意されています。Observationフレームワークには、データを観測可能なオブジェクトとして捉え、アプリ内のデータフローを管理する機能が備わっています。

データフローはアプリ開発において、アプリの構造や機能を理解し、最適化するのに役立ちます。本章の前半部分で、Observationフレームワークを利用したデータフローの制御について説明します。

スレッドと非同期処理

OSによって管理され、メモリ空間やリソースを持つプログラムの実行単位をプロセスといいます。このプロセス内での実行単位をスレッドといいます。

iOSの場合は、実行されるアプリ単位でプロセスが独立しており、その中でスレッドが必要な数だけ存在します。

スレッドのイメージ

各アプリが管理するスレッドのうち、主にUI操作と関連する処理を担当するスレッドをメインスレッドと呼びます。SwiftUIでのアプリ開発において、UIの構築／更新／操作といった処理はメインスレッドで行われます。

アプリが行う処理の中で、ネットワークへのアクセスや大きなファイルの読み込みなど、比較的メモリを消費する処理をメインスレッドで行うと、UIの操作を受け付けなくなるなど、アプリの動作に影響が出てしまいます。このことを防ぐために、Swiftでは大きな処理を非同期にバックグラウンドのスレッドで行う仕組みが用意されています。

同期処理   非同期処理

メインスレッド   メインスレッド

メインスレッドの処理が停止   大きな処理

バックグラウンドで非同期に実行

メインスレッドの処理は停止しない   大きな処理

実行結果を非同期に返却

非同期処理のイメージ

　大きな処理を行う場合に、非同期処理を利用することによってメインスレッドで待機状態を作ることを回避でき、利用者にストレスをかけないアプリを開発することができます。非同期処理については、本章の後半で説明します。

オブジェクトを観測可能にする

➡ Observation

マクロ

@Observable 観測可能なクラスを宣言

書式 @Observable
class

引数 class：**クラス定義**

．．

@Observableは、オブジェクトの値を観測し、値に変更があった場合にその旨をViewへ伝えるようにできるマクロのことです。値を観測できる対象はクラスです。クラスを宣言する際に、宣言するクラスの前に @Observable を記述することで、そのクラスのインスタンスを観測可能にします。

サンプル ObservationSample/ApplicationData.swift

```swift
import Foundation
import Observation  // Observationフレームワークをインポート

@Observable  // 観測可能に
class ApplicationData {
  var name: String = "Alice"  // ユーザー名
  var isLogin: Bool = false    // ログイン中か
  var level: Int = 10  // ユーザーのレベル
}
```

参考 サンプルコードは以降の節でも利用します。

参照 P.327「観測可能なオブジェクトを環境に配置する」
P.328「観測可能なオブジェクトを環境から取得する」
P.330「観測可能なオブジェクトをバインディング可能にする」
P.333「値が変更された際の処理を定義する」

観測可能なオブジェクトを
環境に配置する

➡ SwiftUI、View

メソッド

environment(_:)

書式 view.environment(obj)

引数 view：**View**オブジェクト、obj：**観測可能なオブジェクト**

　environment(_:)メソッドは、観測可能なオブジェクトをViewオブジェクトの環境に配置します。環境に配置された観測可能なオブジェクトは、画面から参照して利用することができます。

サンプル ObservationSample/ObservableSampleApp.swift

```swift
@main
struct ObservableSampleApp: App {
  // 観測可能なクラスのインスタンス
  @State private var appData = ApplicationData()

  var body: some Scene {
    WindowGroup {
      // appDataを環境に配置
      ContentView().environment(appData)
    }
  }
}
```

参照 P.326「オブジェクトを観測可能にする」
P.328「観測可能なオブジェクトを環境から取得する」
P.330「観測可能なオブジェクトをバインディング可能にする」
P.333「値が変更された際の処理を定義する」

観測可能なオブジェクトを環境から取得する

➡ SwiftUI

プロパティラッパー

@Environment

観測可能なオブジェクトを取得

書式 `@Environment(obj) var name`

引数 obj：**オブジェクトの型**、name：**変数名**

@Environmentは、観測可能なオブジェクトを取得するためのプロパティラッパーです。environment(_:)メソッドで環境に配置されたオブジェクトを取得する／（画面のサイズなどの）端末の情報を取得するために利用されます。取得するオブジェクトの型を指定して変数を宣言して利用します。

サンプル ObservationSample/.swift

```swift
struct ContentView: View {
  // 観測可能なオブジェクトを取得
  @Environment(ApplicationData.self) var appData

  var body: some View {
    // 観測可能なオブジェクトをBindableに
    @Bindable var bindingData = appData
    NavigationStack {
      TabView(selection: $selection) {
...中略...
      // タブで各画面を呼び出す処理
      .toolbar {
      ToolbarItem(placement: .navigationBarTrailing) {
        // isLoginの状態に応じてToggleを表示
        Toggle(isOn: $bindingData.isLogin) {
          appData.isLogin ? Text("Log out") :
              Text("Log in")
        }.toggleStyle(.button)
      }
...後略...
```

サンプル ObservationSample/FirstView.swift

```swift
struct FirstView: View {
  @Bindable var appData: ApplicationData
```

```swift
  var body: some View {
    VStack {
      // ログイン時は名前を表示
      if appData.isLogin {
        Text("Hello, \(appData.name)")
          .font(.title)
      }
      // 未ログイン時はロック表示
      else {
        ContentUnavailableView("Log in",
            systemImage: "lock.fill")
      }
    }
  }
}
```

他の画面へも
ログイン状態が反映される

■ 観測可能なオブジェクトを環境から取得する／変更を確認する

参考 「クラス名 .self」と記述することで、そのクラス自身のオブジェクトを指すことができます。

参照 P.326「オブジェクトを観測可能にする」
P.327「観測可能なオブジェクトを環境に配置する」
P.330「観測可能なオブジェクトをバインディング可能にする」
P.333「値が変更された際の処理を定義する」

観測可能なオブジェクトを
バインディング可能にする

→ SwiftUI

プロパティラッパー

@Bindable
バインディング可能なオブジェクトを宣言

書式 @Bindable var name [= obj]

引数 name：**変数名**、obj：**観測可能なオブジェクト**

....

@Bindableは、観測可能なオブジェクトをバインディング可能な変数に変換するためのプロパティラッパーです。観測可能なオブジェクトにはバインディングの機能はありません。データバインディングに利用する場合には、@Bindableをつけてバインディング可能な変数として宣言します。こうすることで、観測可能なオブジェクトのプロパティの値をUIから変更することができます。

サンプル ObservationSample/.swift

```swift
struct ContentView: View {
    // 観測可能なオブジェクトを取得
    @Environment(ApplicationData.self) var appData
    @State private var selection = 1

    var body: some View {
        // 観測可能なオブジェクトをBindableに
        @Bindable var bindingData = appData
        NavigationStack {
            TabView(selection: $selection) {
                // タブで管理する画面
                FirstView(appData: bindingData)
                    .tabItem {
                        Image(systemName: "1.circle.fill")
                        Text("Screen 1")
                    }
                    .tag(1)
...中略...
            }
            .navigationTitle("Observation Example")
            .toolbar {
                ToolbarItem(placement: .navigationBarTrailing) {
                    // isLoginの状態に応じてToggleを表示
```

7

データフローと非同期処理

```
                    Toggle(isOn: $bindingData.isLogin) {
                        appData.isLogin ? Text("Log out") :
                         Text("Log in")
                    }.toggleStyle(.button)
                }
            }
        }
    }
}
```

サンプル **ObservationSample/SecondView.swift**

```
struct SecondView: View {
  @Bindable var appData: ApplicationData

  var body: some View {
    if appData.isLogin {
      NavigationView {
        Form {
          Section(header: Text("profile")) {
            LabeledContent {
              // 入力欄でnameを変更できるように
              TextField("User Name", text: $appData.name)
                .textFieldStyle(.roundedBorder)
            } label: {
              Text("User Name")
            }
          }
    ...後略...
```

名前を表示

他の画面のUIで
名前を変更

名前を変更して
前の画面に戻る

変更された名前が
すぐに反映される

● 観測可能なオブジェクトをバインディング可能にする

参考 @Bindableで変換した後の観測可能な変数は、@Bindable型としてほかのビューへ渡すこともできます。

参照 P.326「オブジェクトを観測可能にする」
P.327「観測可能なオブジェクトを環境に配置する」
P.328「観測可能なオブジェクトを環境から取得する」
P.333「値が変更された際の処理を定義する」

COLUMN 状態の管理に関するプロパティラッパーのまとめ

これまでに出てきた変数の状態を管理するプロパティラッパーを一覧でまとめます。

● 状態の管理に関するプロパティラッパー

名前	用途	掲載ページ
@State	ビュー自身の状態を管理する場合	P.135
@Binding	ビュー間で状態を管理する場合	P.137
@Environment	アプリ全体で状態を管理する場合	P.328
@Bindable	観測可能なオブジェクトをバインディング可能にする場合	P.330

SwiftUIのプログラムコードでは、利用するプロパティラッパーを参照すると、その変数がどのように利用されるか/どんな処理が行われそうかの、おおよその予想がつきます。プロパティラッパーは本書で紹介しているもの以外にも定義されていますので、整理しながら覚えておくと便利です。

値が変更された際の処理を行う

➡ Observation

関数

withObservationTracking(_:onChange:)

書式 [let value =] withObservationTracking applyClosure
onChange : changeClosure

引数 value：戻り値、applyClosure：観測可能な変数を含むクロージャ、
changeClosure：値が変更された際のクロージャ

withObservationTracking(_:onChange:)関数は、観測可能な変数の値が変更された際の処理を指定する関数です。

指定された処理は、観測可能な変数の値が変更された際に一度だけ実行されます。値の変更を検知したい観測可能な変数を含むクロージャを指定し、その中の変数の値が変更された場合の処理をクロージャで指定します。

関数の引数が2つともクロージャである点に注意してください。計算などの場合は、観測可能な変数を含むクロージャの戻り値を関数の戻り値として取得することも可能です。

サンプル ObservationSample/.swift

```swift
struct ThirdView: View {
  @Bindable var appData: ApplicationData
  // アニメーションエフェクト切替フラグ
  @State private var animationRun = false

  var body: some View {
    if appData.isLogin {
      NavigationView {
        Form {
...中略...
          LabeledContent {
            Stepper("\(appData.level)",
              value: $appData.level, in: 0...100)
          } label: {
            Label("Count", systemImage: "square.stack.3d.up")
            // 不透明度と画像レイヤーの有効を反復するアニメーション ⤵
エフェクト

            .symbolEffect(.variableColor.iterative, value: animationRun)
```

```
        }.onAppear() {
            // 初回表示時に実行
            trackingLevel()
        }
```

```
    // levelプロパティの値が変更されたときの処理
    func trackingLevel() {
      withObservationTracking {
        // levelプロパティの値を監視
        _ = appData.level
      } onChange : {
        // 値が変わったときにアニメーションを実行
        animationRun.toggle()
        // 再起的にこのメソッドを呼び出す
        trackingLevel()
      }
    }
```

アイコンがアニメーションを行う

カウントアップ

| | Count 10 | − | + |

| | Count 11 | − | + |

| | Count 11 | − | + |

- 値が変更された際の処理を行う

参考 観測可能な変数の値が変更された際に毎回処理を行う場合には、サンプルのように onChangeクロージャの中で再起的に処理を呼び出します。

参照 P.326「オブジェクトを観測可能にする」
P.327「観測可能なオブジェクトを環境に配置する」
P.328「観測可能なオブジェクトを環境から取得する」
P.330「観測可能なオブジェクトをバインディング可能にする」

非同期な処理を定義する

➡ Concurrency

async let 非同期な処理を定義

書式
```
func method async -> type
let result = await method
```

引数 method：メソッド名と引数、type：戻り値の型、result：戻り値

. . . .

async/wait文は、非同期な処理を簡易的に記述するための構文です。非同期で実行したいメソッドの後方にasyncをつけて宣言します。定義したメソッドを実行する際に、前方にawaitをつけることで非同期な処理が完了するまで待機します。

async/wait文を利用することで、コールバックやデリゲートを経由せずに処理が完了するまで待機して結果を得ることができます。

サンプル AsyncSample/.swift
```swift
// アドレス情報を格納する構造体
struct Address: Codable {
  let id: Int
  let uid: String
  ...中略...
  let full_address: String  // 住所のフルアドレス
}

struct RandomAPIExample1View: View {
  @State private var isHidden: Bool = true  // ローディングの表示
  @State private var fullAddress: String = ""  // 画面に表示する住所

  func asyncLoadAddress() async throws -> Address {
    let url = URL(string: "https://random-data-api.com/api/
                                      address/random_address")!
    // データを取得
    let (data, _) = try await URLSession.shared.data(from: url)
    // JSON解析後、Address構造体にマッピングされたデータを取り出す
    let address = try! JSONDecoder().decode(Address.self, from: data)
    return address
  }
```

```swift
    var body: some View {
      VStack {
        ProgressView(value: 0.5)
          .progressViewStyle(.circular).opacity(isHidden ? 0 : 1)
        Text(fullAddress)

        Button("実行") {
          Task {
            fullAddress = ""
            isHidden = false
            // ランダムな住所を取得するまで待機
            let address = try await asyncLoadAddress()
            // 住所のフルアドレスを表示
            fullAddress = address.full_address
            isHidden = true
          }
        }
      }.padding()
    }
  }
```

▲ 非同期な処理を定義する

参考 本項のサンプルは、システム開発者向けに公開されているRandom Data APIを利用しています。API自体に関しては、Random Data APIドキュメント(https://random-data-api.com/legacy_documentation)をご確認ください。

参照 P.337「非同期処理の値を取得する／並列して実行する」
P.339「同期処理の中で非同期処理を実行する」
P.341「同期処理から並列的に非同期処理を実行する」

➡ Concurrency

構文

async let　　　　　　　　　　　　　　　　　　　　非同期処理の値を取得

書式 `async let param = process`

引数 `param`：変数名、`process`：非同期処理

. . . .

　async let文は、変数の宣言と非同期処理の開始を同時に行う構文です。非同期処理が完了するまで変数にはアクセスできず、結果を直接変数に格納するという1行の記述で非同期処理をまとめる意味で利用されます。

　async let文を並べて記述することで、それぞれの非同期処理を並列して実行できます。結果を参照する際には、await文が必要です。

サンプル AsyncSample/AsyncLetExampleView.swift

```swift
// 犬画像情報を格納する構造体
struct Dog: Codable {
  let message: String
  let status: String
}

struct AsyncLetExampleView: View {

  // 非同期に犬の画像を取得するメソッド
  func loadDogImage(index: Int) async -> UIImage? {
    // ランダムな犬の画像情報を返すAPI
    let imageURL = URL(string: "https://dog.ceo/api/breeds/image/random")!
    let request = URLRequest(url: imageURL)
    let (data, _) = try! await URLSession.shared.data(for: request, ↴
delegate: nil)
    let decoded = try? JSONDecoder()
        .decode(Dog.self, from: data)
    // JSON内の画像URLから画像を取得
    if let message = decoded?.message {
      let request = URLRequest(url: URL(string: message)!)
      let (data, _) = try! await URLSession.
                              shared.data(for: request, delegate: nil)
      // どのindexで実行しているかログを出力
```

```
      print("Loaded Dog Image index: \(index)")
      return UIImage(data: data) ?? nil
  }
  return nil
}


var body: some View {
  Button("実行") {
    Task {
      // 非同期処理を並列して実行
      async let image1 = loadDogImage(index: 1)
      async let image2 = loadDogImage(index: 2)
      async let image3 = loadDogImage(index: 3)

      // 結果にアクセス
      let _ = await image1
      let _ = await image2
      let _ = await image3
```
...後略...

```
Loaded Dog Image index: 3
Loaded Dog Image index: 1
Loaded Dog Image index: 2
```

非同期処理の値を取得する／並列して実行する

参考 サンプルでは実行時間に差をつけるためにランダムなサイズの画像をダウンロードする
処理を行っています。取得できた画像の処理からコンソールにログを出力しているのを
確認してください。

参考 逐次的に非同期処理を実行する場合には、次のようにTaskブロックを使わずにawaitの
みを利用してください。

  サンプル **AsyncSample/AsyncLetExampleView.swift**
```
let image1 = await loadDogImage(index: 1)
let image2 = await loadDogImage(index: 2)
let image3 = await loadDogImage(index: 3)
```

参照 P.335「非同期な処理を定義する」
P.339「同期処理の中で非同期処理を実行する」
P.341「同期処理から並列的に非同期処理を実行する」

同期処理の中で非同期処理を実行する

➡ **Concurrency、Task**

init(priority:operation:)

書式 Task([priority: priority]) { closure }

引数 priority：**TaskPriorityオブジェクト**、
closure：**非同期処理を含むクロージャ**

....

Task構造体は、同期処理の中で非同期な処理を実行するための構造体です。具体的にはUIを操作するといった同期的な処理の中で、非同期の処理を呼ぶ場合などに利用されます。init(priority:operation:)メソッドは、引数priorityで処理の優先度と非同期処理を含むクロージャを指定して初期化します。処理の優先度はTaskPriority構造体で指定します。TaskPriority構造体には次のプロパティがあります。

▼ TaskPriority構造体のプロパティ

名前	概要
background	バックグラウンドで実行
high	優先度高めで実行
low	優先度低めで実行
medium	hightとlowの中間で実行

非同期処理を含むクロージャは、Task構造体に続くブロックで記述できます。クロージャは、処理の親となるメインスレッドの管理下で非同期処理を含めて逐次的に処理が行われます。

サンプル AsyncSample/RandomAPIExample1View.swift

```
func asyncLoadAddress() async throws
  -> Address {

    let url = URL(string:
      "https://random-data-api.com/api/address/random_address")!
    // データを取得
    let (data, _) = try await URLSession
      .shared.data(from: url)
```

```
  // Address構造体にマッピングされたデータ
  let address = try! JSONDecoder()
    .decode(Address.self, from: data)
  return address
}

var body: some View {
  Button("実行") {
    // 非同期の処理を実行
    Task(priority: .high) {
      // 住所1を取得
      let address1 = try await asyncLoadAddress()
      print("address1")
      print(address1.full_address)

      // 住所2を取得
      let address2 = try await asyncLoadAddress()
      print("address2")
      print(address2.full_address)
    }
  }
}
```

```
address1
Apt. 276 91298 Geoffrey Locks, Masonberg, LA 09540-1403
address2
Suite 724 42198 Roberts Radial, Somerview, WY 83038
```

同期処理の中で非同期処理を実行する

参考　TaskPriority構造体の各プロパティに関しては、本稿執筆時点ではまだ仕様策定中であり、詳細なことは決まっていないとAppleのドキュメントに注意書きがあります。利用する前には一度ドキュメントを確認してください。

https://developer.apple.com/documentation/swift/taskpriority

参考　親となる処理の管理下で実行されるメソッドなので、クロージャ内でエラーが起きた場合などは、親となる処理に影響があります。

参照　P.335「非同期な処理を定義する」
P.341「同期処理から並列的に非同期処理を実行する」

同期処理から並列的に非同期処理を実行する

➡ Concurrency、Task

detached(priority:operation:)　　　　　　　　　　　　　　　　　初期化処理

書式 `Task.detached([priority: priority]) { closure }`

引数 `priority` : **TaskPriorityオブジェクト**、
`closure` : **非同期処理を含むクロージャ**

detached(priority:operation:)メソッドは、Task構造体を初期化し、並列的に非同期処理を実行します。引数priorityで処理の優先度と非同期処理を含むクロージャを指定します。

detached(priority:operation:)メソッドで初期化されたTask構造体は、処理の親となるメインスレッドとは独立した別のスレッドで管理されます。つまり、エラーが起きた場合でも、親となる処理には影響がありません。データの送信やダウンロードなど、親となる処理と切り離せる処理の実行に向いています。

サンプル AsyncSample/RandomAPIExample3View.swift

```swift
Button("実行") {
  // 2つのTask.detachedを並列して実行
  Task.detached(priority: .background) {
    // 非同期にAPIから住所を取得
    let address1 = try await asyncLoadAddress()

    // ドキュメントディレクトリまでのURL
    let documentDirectory = try FileManager.
      default.url(for: .documentDirectory, in: .userDomainMask,
        appropriateFor: nil, create: true)
    // address1.txtの名前でファイルを作成
    let fileURL = documentDirectory
      .appendingPathComponent("address1.txt")
    // ファイルにaddressのJSONを書き込み
    let encoder = JSONEncoder()
    try encoder.encode(address1).write(to: fileURL)
    print("address1 書き込み完了")
    print(address1.full_address)
  }
```

```
    Task.detached(priority: .background) {
      // 非同期にAPIから住所を取得
      let address2 = try await asyncLoadAddress()

...中略...
      // ファイルに addressのJSONを書き込み
      let encoder = JSONEncoder()
      try encoder.encode(address2).write(to: fileURL)
      print("address2 書き込み完了")
      print(address2.full_address)
    }
}
```

```
address2 書き込み完了
Apt. 991 59180 Reichert Orchard, Effertzchester, NH 65516-4280
address1 書き込み完了
4921 Marvin Run, Thompsonberg, DE 68844-8741
```

同期処理から並列的に非同期処理を実行する

参考 サンプル内のTask.detachedブロックは同時に開始され、処理が終わった方から先にコンソールにログを出力します。

参考 非同期処理を並列に実行する仕組みには、async let文もあります。async let文が結果を取得することのみを目的としているのに対して、Task構造体はクロージャでの処理自体を管理することを目的としています。

参考 Task(priority: .high) を利用したサンプルは、AsyncSample/RandomAPIExample2 View.swiftで確認できます。

参照 P.335「非同期な処理を定義する」
P.339「同期処理の中で非同期処理を実行する」

エラーを定義する

→ Swift、Error

プロトコル

Error エラーを定義

書式 enum name: Error { /* enum定義 */ }

引数 name：エラーの名前

Errorプロトコルは、エラーを列挙型で定義します。処理の途中で何らかの理由でエラーが起きた場合、適切なパターンのエラーを返すことができます。

非同期で行う処理は、メインスレッドに影響がないように大きめの処理を行うことが多いです。処理が大きくなると、発生するエラーも数種類になることが考えられます。そのような場合に、Errorプロトコルを利用して予想されるエラーを定義しておくことで、エラーを特定しやすくできます。

サンプル AsyncSample/RandomAPIErrorExampleView.swift

```swift
// エラー定義
enum AddressError: Error {
  case serverError  // サーバー側のエラー
  case noData       // データがない場合のエラー
}

struct RandomAPIErrorExampleView: View {

  // エラーを返すメソッド
  func asyncLoadAddress() async throws -> Address {
    let url = URL(string: "https://random-data-api.com/api/
                                    address/random_address")!
    // データを取得
    let (data, response) = try await URLSession
                                    .shared.data(from: url)

    // レスポンスコードが200でなければエラーを返す
    guard (response as? HTTPURLResponse)?
      .statusCode == 200
      else { throw AddressError.serverError }

    // JSONを解析してAddress構造体にマッピング
```

7

データフローと非同期処理

```
      // データがなければエラーを返す
    guard let address = try? JSONDecoder()
      .decode(Address.self, from: data)
      else { throw AddressError.noData }

      // 取得したAdressを返す
    return address
  }

  var body: some View {
    Button("実行") {
      Task {
        do {
          let address = try await asyncLoadAddress()
          print(address.full_address)
        } catch {
          print(error)
          print(error.localizedDescription)
        }
...後略...
```

```
serverError
The operation couldn't be completed. (AsyncSample.AddressError error 0.)
```

▲ 定義したエラーを確認

参考 エラー発生時には、ErrorプロトコルのlocalizedDescriptionプロパティでエラーの詳細を確認することができます。

参考 処理の結果をResult型で返す場合、戻り値のError型のオブジェクト内でエラーの原因に応じた戻り値を返すことが可能です。

参照 P.335「非同期な処理を定義する」
P.339「同期処理の中で非同期処理を実行する」
P.345「処理の結果を定義する」

処理の結果を定義する

➡ Swift、Result

列挙体

Result 成功 失敗を定義

書式
```
func name([params], completion:
         @escaping(Result<type, error>)
         -> Void) { ... }
```

引数
name：メソッドの名前、params：メソッドのパラメータ、
completion：クロージャの引数名、type：正常終了時の場合の戻り値
の型、error：異常終了時の戻り値の型

Result列挙体は、成功(.success)/失敗(.failure)の2つのケースを持つ列挙体です。メソッドを定義する際に、Result列挙体を用いたクロージャを引数とすることで、処理の結果には成功/失敗の2つのケースがあることと、成功/失敗それぞれの場合の処理を明示的かつ簡易的に記述できます。

クロージャを定義する際には@escapingをつけて、メソッドの実行が終了した後もメソッド内の変数や値を参照できるようにします。

サンプル AsyncSample/RandomAPIExample4View.swift

```
// ランダムな住所を取得して
// Result型の結果を受け取るメソッド
func asyncLoadAddress(completion:
   @escaping (Result<Address, Error>) -> Void) async {
 let url = URL(string:"https://random-data-api.com
                      /api/address/random_address")!

 // データを取得
 let (data, response)
   = try! await URLSession.shared.data(from: url)

 // レスポンスコードが200でなければエラーを返す
 guard (response as? HTTPURLResponse)?
   .statusCode == 200 else {
   // エラー発生時
   completion(.failure(AddressError.serverError))
   return
 }
```

```
  // JSONを解析してAddress構造体にマッピング
  // データがなければエラーを返す
  guard let address = try? JSONDecoder()
    .decode(Address.self, from: data) else {
    // エラー発生時
    completion(.failure(AddressError.noData))
    return
  }

  // 成功時
  completion(.success(address))
}

var body: some View {
  Button("実行") {
    Task {
      // 非同期に実行してクロージャで結果を取得
      await asyncLoadAddress { result in
        switch result {
        // 成功時 .success に戻り値が渡される
        case .success(let address):
          print(address)
        // 失敗時 .failure に戻り値が渡される
        case .failure(let error):
          print(error)
          print(error.localizedDescription)
        }
...後略...
```

▼

```
35581 Rogahn Underpass, New Fabianfort, WA 34905-7113
```

▲ 成功時

```
serverError
The operation couldn't be completed. (AsyncSample.AddressError error 0.)
```

▲ エラー発生時

参考 メソッドの処理が終わった後に実行されるクロージャを明確にするという意味で、クロージャの引数名は「completion」や「completionHandler」などがよく利用されます。

補足 クロージャで成功時／失敗時の処理を別々に定義するのではなく、Result型のオブジェクトが渡されるだけなので、その後の処理の不整合を防ぐことができます。

参照 P.335「非同期な処理を定義する」
P.339「同期処理の中で非同期処理を実行する」
P.343「エラーを定義する」

排他制御可能な型を利用する

➡ Swift

actor

書式

```
actor name {
    var property: type { [set] get }
    func method( [[label] param
        [:paramType][=value],...] )
        [->return type]
}
```

引数 property：プロパティ名、method：メソッド名、label：ラベル、
param：引数、value：引数の初期値、paramType：引数の型、
type：戻り値の型

actorは、排他制御可能な型を定義します。クラスや構造体と同じような書式で宣言でき、同様にインスタンスを生成してオブジェクトとして利用できます。actor型のオブジェクトでは排他制御が可能となり、処理が入り乱れるようなことはありません。

サンプル AsyncSample/ActorExampleView.swift

```swift
// actorを宣言
actor Counter {   // 排他的にカウントを管理するオブジェクト
  var count: Int = 0

  func updateCount() -> Int {
    count += 1
    return count
  }
}


struct ActorExampleView: View {
  var counter: Counter = Counter()
  @State var timer1: Timer? = Timer()
  @State var timer2: Timer? = Timer()

  var body: some View {
    VStack (spacing: 30) {
```

7

データフローと非同期処理

```
      Button("実行") {
        // 0.3秒のインターバルで実行
        timer1 = Timer.scheduledTimer(withTimeInterval: 0.3,
           repeats: true) { (timer) in
          Task(priority: .background) {
            // countを表示
            print(await counter.updateCount())
          }
        }

        // 0.2秒のインターバルで実行
        timer2 = Timer.scheduledTimer(withTimeInterval: 0.2,
           repeats: true) { (timer) in
          Task(priority: .high) {
            // countを表示
            print(await counter.updateCount())
          }
        }
      }
```

```
40
41
42
43
```

△ 排他制御可能な型を利用する

参考 コンソールに数字が順番に出力され、タイマーで回した処理に関して排他的な管理が行われていることが確認できます。

参照 P.55「クラスを定義する」
P.75「構造体を定義する」
P.428「タイマーを利用する」

Chapter 8

画面の操作を処理する

iOSアプリの大きな特徴として、画面上での直感的な指の動きでアプリを操作できる点が挙げられます。指の動きを素早くアプリの動作に反映できることが、iOSアプリの使いやすさの大きな理由となっています。

Swiftでは画面上の指の動きをジェスチャー(Gesture)という概念で扱います。SwiftUIでは、ジェスチャーを扱う構造体として次のものが用意されています。

▽ ジェスチャーを管理する構造体

名前	概要	ページ数
TapGesture	タップ	P.361
LongPressGesture	長押し	P.363
DragGesture	ドラッグ	P.365
MagnifyGesture	ピンチイン/ピンチアウト	P.367
RotateGesture	回転	P.369

SwiftUIは、わかりやすく短いコードで機能を実装できるように設計されています。ジェスチャーにおいても処理は共通化されており、すべてのジェスチャーで利用できる統一されたメソッドが定義されています。

● ジェスチャー時の処理

ジェスチャー中/ジェスチャー終了時の処理は、それぞれonChanged(_:)メソッド/onEnded(_:)メソッドで定義されています。2つのメソッドのイメージは次の通りです。

Gesture 構造体

```
.onChanged { value in          ── ジェスチャーごとに得られる値が異なる
    // ジェスチャー中の処理
}
.onEnded { value in
    // ジェスチャー終了時の処理
}
```

△ ジェスチャー中/ジェスチャー終了時の処理

両メソッドは、ジェスチャーを管理する構造体に共通して利用できるメソッドです。メソッドの後ろのクロージャで、ジェスチャー時の処理を指定します。

8
画面の操作を処理する

クロージャに渡される値は、ジェスチャーで変更される値です。その値は、ジェスチャーを管理する各構造体のValueプロパティで参照できるオブジェクトです。メソッドの書式と使い方は同じで、クロージャに渡される値のみが異なる点を覚えておいてください。

● ジェスチャーによる状態の変化

ジェスチャー中に呼び出されるメソッドには、onChanged(_:)メソッドのほかにupdating(_:body:)メソッドというメソッドも用意されています。updating(_:body:)メソッドは、ジェスチャーによって変化する値を@GestureStateで宣言した変数に格納することができます。利用する際のイメージは次の通りです。

❶ジェスチャーによる値の変化を格納する変数を先に宣言する

```
@GestureState private var gestureState = 初期値
```

ジェスチャーによる状態の変化を利用

❶ プロパティラッパー@GestureStateでジェスチャーの変化を格納する変数を宣言

❷ updating(_:body:)メソッドの引数に❶で宣言した変数を指定

❸ updating(_:body:)メソッドのクロージャ内で、❶で宣言した変数の更新／アニメーション効果を利用

上記の手順によってジェスチャーによる状態の変化を値に反映し、それに続くビューへの反映を簡単なコードで実装できます。言い換えると、updating(_:body:)メソッドはジェスチャーによる状態の更新を監視し、ジェスチャーの進行中の状態を取得するために利用できるものだといえます。この仕組みは、入力系UIとバインディング変数の関係によく似ています。

updating(_:body:)／onChanged(_:)メソッドは両方とも、ジェスチャーの変更が

あった際に呼び出されます。両メソッドの違いとしては、updating(_:body:)は特にジェスチャーの状態の更新を利用するもの、onChanged(_:)はジェスチャーの変更に応じた処理を指定するもの、といった使い分けができます。

　ジェスチャー時の動作について、上記2つの手法で処理を実装できることを覚えておいてください。

● 画面上の位置関係

　SwiftUIでは、VStackやHStackといったUIの位置関係を管理するための構造体を利用できます。そのため、UIを配置する際に、画面のどこに配置するという細かな位置関係まで意識することはあまりありません。ただし、ジェスチャーによるUIのサイズの変更や位置の移動では、ジェスチャー後にUIをどのように変形／移動させるかを数値や座標で考える必要があります。

　iOSアプリでは、画面の左上を(0,0)とした座標で画面上の位置関係を考えます。画面上の位置関係は、次の3つの構造体で考えます。

▽ オブジェクトの位置／サイズを管理する構造体

名前	概要	生成する関数	引数
CGPoint	縦、横の位置で指定した点を管理する構造体	CGPoint(x:x, y:y)	x：横位置（ピクセル） y：縦位置（ピクセル）
CGSize	縦と横のサイズでオブジェクトを管理する構造体	CGSize(width:w, height:h)	w：幅（ピクセル） h：高さ（ピクセル）
CGRect	位置とサイズでオブジェクトを管理する構造体	CGRect(origin:origin, size:size)	origin：CGPoint size：CGSize

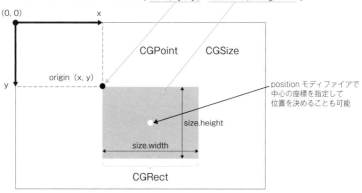

（x, y）の位置から幅：w、高さ：hの矩形を生成
```
let rect : CGRect = CGRect ( x: x, y: y,  width: w, height: h )
```

▲ オブジェクトの位置/サイズを管理する構造体のイメージ

SwiftUIはシンプルなプログラムを記述できるように設計されており、明確にサイズを指定せずにUIを配置することが可能です。そのため、ビューのサイズを取得するためのGeometryReader構造体を使ってサイズや位置関係に関する処理を行います。

このようにサイズや位置に関する処理においても、目的別に構造体を用いて処理を行うことを覚えておいてください。

● アニメーションの反映

ジェスチャーによる状態の変化をビューに反映する際には、アニメーション効果を利用することが多いです。SwiftUIのアニメーションの仕組みは、バインディング変数の値を遅らせたり滑らかに変化させることでビューに時間とともに変更を与えるというものです。アニメーションの際によく利用されるモディファイアを次の表にまとめます。

▽ アニメーションでよく利用されるモディファイア

名前	変更する対象
offset(_:)	位置
opacity(_:)	透明度
scaleEffect(_:anchor:)	スケール
rotationEffect(_:anchor:)	角度
background(_:ignoresSafeAreaEdges:)	背景スタイル
foregroundStyle(_:)	前景スタイル
frame(width:height:alignment:)	フレーム
blur(radius:opaque:)	ぼかし具合
shadow(color:radius:x:y:)	影

第4章 P.133「ビューの属性を指定する」、第6章 P.316「アニメーションを利用する」とあわせて確認してみてください。

ジェスチャーを登録する

➡ SwiftUI、Gestures

メソッド

gesture(_:including:) ジェスチャーを登録

書式 view.gesture(gesture [, including: mask])

引数 view：**View**オブジェクト、gesture：**Gesture**オブジェクト、
mask：**GestureMask**オブジェクト

gesture(_:including:)メソッドは、ビューにジェスチャーを登録します。その際に、GestureMaskオブジェクトで詳細を指定することもできます。

GestureMaskオブジェクトには次のプロパティがあります。動的にジェスチャーを切り替える場合などに既定のall以外を利用します。

GestureMaskオブジェクトのプロパティ

all	ビュー/サブビュー上のすべてのジェスチャーを有効(既定)
gesture	登録されたジェスチャーを有効/サブビューのジェスチャーをすべて無効
subviews	登録されたジェスチャーを無効/サブビューのジェスチャーをすべて有効
none	ビュー/サブビュー上のすべてのジェスチャーを無効

サンプル GestureSample/TapExampleView.swift

```swift
@State private var isTapped = false  // タップ時にtrueにするためのフラグ

var body: some View {
  Circle()  // 100x100の円
    .frame(width: 100, height: 100)
    .foregroundStyle(isTapped ? .red : .blue)  // タップ後に色を赤に
    .gesture(  // TapGestureを登録
      TapGesture(count: 2)
        .onEnded { _ in
          isTapped = true  // タップ時にtrueに
        }
    )

  Text(isTapped ? "Tapped!" : "Tap Here!")  // タップ後に表示を変更
    .foregroundStyle(.black)
```

```
    .font(.headline)
    .padding()
}
```

タップ前

タップ後

ジェスチャーを登録する

参考 各ジェスチャーの動作は、該当するページで確認できます。

参照 P.356「ジェスチャー中／終了時の処理を指定する」
P.358「ジェスチャーによる状態の変化を参照する変数を宣言する」
P.359「ジェスチャー時の状態の変化に応じた処理を指定する」
P.361「タップを利用する」
P.363「長押しを利用する」
P.365「ドラッグを利用する」
P.367「拡大／縮小の動きを利用する」
P.369「回転の動きを利用する」

ジェスチャー中／終了時の処理を指定する

➡ SwiftUI、Gestures

メソッド

onChanged(_:)	ジェスチャー中の処理を指定
onEnded(_:)	ジェスチャー終了時の処理を指定

書式　GestureStructure.onChanged { value in … }
GestureStructure.onEnded { value in … }

引数　GestureStructure：ジェスチャーの構造体、
value：ジェスチャーによって変化した値

onChanged(_:)メソッドは、ジェスチャー中の処理を指定します。onEnded(_:)メソッドは、ジェスチャーの終了後の処理を指定します。

両メソッドは、クロージャで実行する処理を指定します。クロージャには、ジェスチャーによって変化した値が渡されます。この値は、各ジェスチャーのValueプロパティで参照できるオブジェクトであり、ジェスチャーによって異なります。

▼ Valueプロパティで参照できるオブジェクト

名称	値	型
TapGesture	値なし（クロージャに何も渡されない）	なし
LongPressGesture	長押し中であるか	Bool
DragGesture	2D座標情報を格納したオブジェクト	Object
MagnifyGesture	拡大縮小の倍率	CGFloat
RotateGesture	変化のあった角度	Angle

サンプル　GestureSample/GestureChangeExampleView.swift

```swift
// DragGestureで得られる移動距離を格納する変数
@State private var offset: CGSize = CGSizeZero

var body: some View {
  VStack {
    Circle()
      .fill(.red)
      .frame(width: 100, height: 100)
      .offset(offset)  // オフセット値を反映
      .gesture(  // DragGestureを登録
        DragGesture()
```

8
画面の操作を処理する

```
          .onChanged { value in  // ジェスチャー中
            offset = value.translation  // 移動距離をオフセット値を参照
          }
          .onEnded { _ in  // ジェスチャー終了時
            offset = .zero  // 変数をリセット
          }
      )
  }
}
```

ドラッグ前

ドラッグ中
ドラッグの動きに合わせて円が移動

ドラッグ後
円の位置が元に戻る

△ ジェスチャー中／終了時の処理を指定する

参照 P.354「ジェスチャーを登録する」
    P.358「ジェスチャーによる状態の変化を参照する変数を宣言する」
    P.359「ジェスチャー時の状態の変化に応じた処理を指定する」

8

画面の操作を処理する

ジェスチャーによる状態の変化を参照する変数を宣言する

➡ SwiftUI、Gestures

GestureState ジェスチャー中にプロパティの値を更新

書式 @GestureState var name [: type] = value

引数 name：**変数名**、type：**変数の型**、value：**初期値**

@GestureStateは、ジェスチャーによる状態の変化を参照する変数を宣言するためのプロパティラッパーです。宣言した変数は、バインディングの性質を持ち、ジェスチャーの終了時には初期値に戻ります。@GestureStateで宣言された変数は、updating(_:body:)メソッドでジェスチャーによる値の変化を受け取ることができます。

サンプル GestureSample/DragExampleView.swift

```
// ジェスチャーによる状態の変化を格納する変数
@GestureState private var offset: CGSize = .zero

...中略...
    DragGesture()
      .updating($offset) { value, state, transaction in
        // ジェスチャーによる距離を参照し、オフセット値として変数に代入
        state = value.translation
      }
...後略...
```

参考 ジェスチャーによって変化した値を受け取った後の動作については、各ジェスチャーのサンプルで確認できます。

参照 P.354「ジェスチャーを登録する」
P.359「ジェスチャー時の状態の変化に応じた処理を指定する」

ジェスチャー時の状態の変化に応じた処理を指定する

➡ SwiftUI、Gestures

updating(_:body:)　　　　　　　　　　　ジェスチャー中に状態を更新

書式　GestureStructure.**updating**(gestureState)
　　　　{ value, state, transaction in
　　　　　…
　　　　}

引数　GestureStructure：**ジェスチャーの構造体**、gestureState：**@Gesture
State変数**、value：**ジェスチャーによって変化した値**、state：
gestureStateへの参照、transaction：**Transactionオブジェクト**

updating(_:body:)メソッドは、ジェスチャー中に状態を更新するための処理を
行うメソッドです。メソッドの引数は、@GestureStateで宣言したジェスチャーの
状態を反映する変数です。クロージャには、各ジェスチャーのValueプロパティで
参照できる値／@GestureState変数への参照／Transactionオブジェクトが渡さ
れます。

ジェスチャーの途中でクロージャが実行されますので、その中で@GestureState
変数を更新でき、ジェスチャーによる変化をビューに反映することができます。

Transactionオブジェクトは、ビューの表示に伴うアニメーション効果を管理す
る構造体です。

サンプル　GestureSample/DragExampleView.swift

```swift
// ジェスチャーによる状態の変化を格納する変数
@GestureState private var offset: CGSize = .zero

var body: some View {
  VStack {
    Circle() // 100x100の円
      .fill(.red)
      .frame(width: 100, height: 100)
      .offset(offset) // オフセット値を反映
      .gesture( // DragGestureを登録
        DragGesture()
          // 変数offsetでジェスチャー時の値の変化を受け取れるようにして
          // updateメソッドを実行
```

8

画面の操作を処理する

359

```
        .updating($offset) { value, state, transaction in
            // ジェスチャーによる距離を参照し、オフセット値として変数に代入
            state = value.translation
        }
    )
  }
}
```

ドラッグ前	ドラッグ中 ドラッグの動きに合わせて円が移動	ドラッグ後 円の位置が元に戻る

ジェスチャー時の状態の変化に応じた処理を指定する

参考 @GestureStateで宣言した変数とともに利用するメソッドです。

参照 P.354「ジェスチャーを登録する」
P.356「ジェスチャー中／終了時の処理を指定する」
P.358「ジェスチャーによる状態の変化を参照する変数を宣言する」

タップを利用する

➡ SwiftUI、TapGesture

メソッド

init(count:) 初期化処理

書式 TapGesture(count: count)

引数 count：**タップ数**

TapGesture構造体は、タップを管理する構造体です。init(count:)メソッドは、タップ数を指定して初期化します。タップ数の既定は1です。

サンプル GestureSample/TapExampleView.swift

```swift
@State private var isTapped = false // タップ時にtrueにするためのフラグ
@State private var color : Color = Color.blue // 矩形の初期の色

var body: some View {
  VStack {
    Circle() // 100x100の円
      .frame(width: 100, height: 100)
      .foregroundStyle(isTapped ? .red : .blue) // タップ後に色を赤に
      .gesture( // TapGestureを登録
        TapGesture(count: 2) // 連続した2回のタップでジェスチャーを定義
          .onEnded { _ in
            isTapped = true
          }
      )

    Text(isTapped ? "Tapped!" : "Tap Here!") // タップ後に表示を変更
      .foregroundStyle(.black)
      .font(.headline)
      .padding()

    Rectangle()
      .frame(width: 100, height: 100)
      .foregroundStyle(color)
      .gesture(
        // タップ終了後に1秒かけて徐々に色を赤に
        TapGesture()
```

361

```
            .onEnded {
              withAnimation(.easeIn(duration: 1.0)){
                color = Color.red
              }
            }
        )
        .padding(.top, 30)
    }
}
```

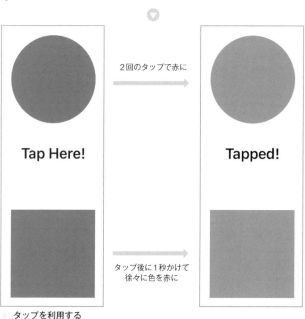

2回のタップで赤に

Tap Here!

Tapped!

タップ後に1秒かけて
徐々に色を赤に

▲ タップを利用する

参考 TapGesture構造体では、onEnded(_:)メソッドのみ利用できます。onChange(_:)メソッドは利用できない点に気をつけてください。

参照 P.354「ジェスチャーを登録する」
P.356「ジェスチャー中／終了時の処理を指定する」

長押しを利用する

→ SwiftUI、LongPressGesture

メソッド

init(minimumDuration:maximumDistance:)　　　　　　　　　　　　初期化処理

書式 LongPressGesture([minimumDuration: min] [, maximumDistance: max])

引数 min：長押しを認識する最短の秒数、
max：長押しを認識する最大の距離

LongPressGesture構造体は、長押しのジェスチャーを管理します。init(mini mumDuration:maximumDistance:)メソッドは、長押しのジェスチャーを認識する最短の秒数と最大の距離をピクセル数で指定して初期化します。初期値はそれぞれ0.5秒／10ピクセルです。

ジェスチャー時のクロージャにはBool型の値が渡されます。

サンプル GestureSample/LongPressExampleView.swift

```
// ジェスチャーによる状態の変化を格納する変数
@GestureState private var isPressing: Bool = false

var body: some View {
  Image("cat")
    .resizable()
    .scaledToFit()
    .frame(width: 300, height: 200)
    .opacity(isPressing ? 0 : 1)
    .gesture(LongPressGesture(minimumDuration: 1)  // LongPressGestureを登録
      .updating($isPressing) { value, state, transaction in
        state = value
        // アニメーションを伴ってクロージャ内の処理を実行
        // 3秒かけて画像の透明度を変化させる
        transaction.animation = Animation.easeOut(duration: 3.0)
      }
    )
}
```

8

画面の操作を処理する

 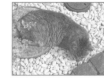 

長押し開始　　　　　　　1秒後に透明度が変化　　　　透明になった後に初期状態に戻る

△ 長押しを利用する

参考 長押しを認識するまでの秒数は感覚的なものもありますので、実機で確認するようにしてください。

参考 長押しを終了したときに処理を実行する場合は、onEnded(_:)メソッドを利用してください。

参照 P.316「アニメーションを利用する」
P.354「ジェスチャーを登録する」
P.356「ジェスチャー中／終了時の処理を指定する」
P.358「ジェスチャーによる状態の変化を参照する変数を宣言する」
P.359「ジェスチャー時の状態の変化に応じた処理を指定する」

8
画面の操作を処理する

ドラッグを利用する

⇒ SwiftUI、DragGesture

メソッド

init(minimumDistance:coordinateSpace:) 初期化処理

書式 DragGesture([minimumDistance:min] [, coordinateSpace: space])

引数 min：最小の移動距離、space：座標空間

....

DragGesture構造体は、ドラッグのジェスチャーを管理する構造体です。init(minimumDistance:coordinateSpace:)メソッドは、ドラッグによる最小の移動距離のピクセル数と座標空間を、プロトコルCoordinateSpaceProtocolを継承したオブジェクトで指定して初期化します。CoordinateSpaceProtocolには次のプロパティとメソッドがあります。

CoordinateSpaceProtocolのプロパティ

local	ジェスチャーを行うビュー内でのローカル座標（既定）
global	画面全体での座標
named(_:)	任意の座標空間を指定

ドラッグによる最小の移動距離の初期値は10です。

また、ジェスチャー時のクロージャに渡されるDragGesture.Valueオブジェクトのプロパティには次のものがあります。

DragGesture.Valueオブジェクトのプロパティ

startLocation	ドラッグの開始位置	CGPoint
location	ドラッグの現在位置	CGPoint
predictedEndLocation	予想されるドラッグの終了位置	CGPoint
translation	ドラッグで移動した距離	CGSize
predictedEndTranslation	予想されるドラッグの終了時距離	CGSize

ドラッグによる移動量は、開始から終了までの座標でCGSizeオブジェクトとして扱います。

8

画面の操作を処理する

```
// ジェスチャーによる状態の変化を格納する変数
@GestureState private var offset: CGSize = .zero

var body: some View {
  VStack {
    Circle() // 100x100の円
      .fill(.red)
      .frame(width: 100, height: 100)
      .offset(offset)
      .gesture(// DragGestureを登録
        DragGesture()
          // 変数offsetでジェスチャー次の値の変化を受け取れるようにして
          // updateメソッドを実行
          .updating($offset) { value, state, transaction in
            // ジェスチャーによる移動距離を参照し、オフセット値として ➡
変数に代入
            state = value.translation
          }
      )
  }
}
```

8 画面の操作を処理する

ドラッグ前	ドラッグ中 ドラッグの動きに合わせて円が移動	ドラッグ後 円の位置が元に戻る

▲ ドラッグを利用する

参考 CoordinateSpaceProtocolのname(_:)メソッドはオブジェクト間で座標空間を分ける
ときなどに利用します。

参照 P.354「ジェスチャーを登録する」
P.358「ジェスチャーによる状態の変化を参照する変数を宣言する」
P.359「ジェスチャー時の状態の変化に応じた処理を指定する」

拡大／縮小の動きを利用する

➡ SwiftUI、MagnifyGesture

メソッド

init(minimumScaleDelta:)　　　　　　　　　　　　　　　　　　　　　初期化処理

書式 MagnifyGesture([minimumScaleDelta: scale])

引数 scale：ジェスチャーが認識する拡大／縮小の割合

・・・

　MagnifyGesture 構造体は、拡大／縮小のジェスチャーを管理します。init(minimumScaleDelta:)メソッドは、ジェスチャーが認識する拡大／縮小の倍率を指定して初期化します。ジェスチャーが認識する拡大／縮小の倍率の既定は0.01倍です。ジェスチャー時のクロージャにはCGFloat型の値が渡されます。

サンプル GestureSample/MagnifyGestureExampleView.swift

```swift
// ジェスチャーによる状態の変化を格納する変数 終了時に初期値に戻す場合
@GestureState private var magnifyBy: CGFloat = 1.0
// 終了時に値を維持する場合
//@State private var magnifyBy: CGFloat = 1.0


var body: some View {
  Circle()
    .fill(.red)
    .frame(width: 100, height: 100)
    .scaleEffect(magnifyBy)  // 拡大縮小の倍率を反映
    .gesture(
      MagnifyGesture()
        .updating($magnifyBy) { value, state, transaction in
          state = value.magnification
        }
      // 終了時に拡大縮小の倍率を維持する場合はこちら
      /*
      .onChanged { value in
       self.magnifyBy = value.magnification
      }
      */
    )
}
```

8
画面の操作を処理する

367

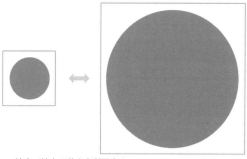

▲ 拡大／縮小の動きを利用する

参考 iOSシミュレーターでは、optionキーを押しながらマウスを操作すると、2本指での拡大／縮小の動きをシミュレートすることができます。

参考 P.354「ジェスチャーを登録する」
P.356「ジェスチャー中／終了時の処理を指定する」
P.358「ジェスチャーによる状態の変化を参照する変数を宣言する」
P.359「ジェスチャー時の状態の変化に応じた処理を指定する」

回転の動きを利用する

➡ SwiftUI、RotateGesture

メソッド

`init(minimumAngleDelta:)`　　　　　　　　　　　　　　　　　　　初期化処理

書式 `RotateGesture( [minimumAngleDelta: angle] )`

引数 `angle`：ジェスチャーが認識する最小の角度

`RotateGesture`構造体は、回転のジェスチャーを管理する構造体です。`init(minimumAngleDelta:)`メソッドは、ジェスチャーが認識する最小の角度を指定して初期化します。認識する最小の角度の既定は1度です。ジェスチャー時のクロージャにはAngle型の値が渡されます。

サンプル GestureSample/DragExampleView.swift

```
// ジェスチャーによる状態の変化を格納する変数 終了時に初期値に戻す場合
@GestureState private var angle = Angle(degrees: 0.0)
// 終了時に値を維持する場合
//@State private var angle:Angle = Angle(degrees: 0.0)

var body: some View {
  VStack {
    Rectangle()
      .fill(.red)
      .frame(width: 100, height: 100)
      .rotationEffect(angle)  // 矩形に回転の角度を反映
      .gesture(
        RotateGesture()
          .updating($angle, body: { value, state, transition in
            state = value.rotation  // ジェスチャーによる回転の角度を ⮐
変数に反映
          })
          // 終了時に拡大縮小の倍率を維持する場合はこちら
          /*
          .onChanged { value in
            angle = value
          }
          */
      )
```

8

画面の操作を処理する

```
    }
}
```

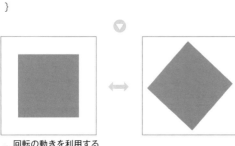

回転の動きを利用する

参考 iOSシミュレーターでは、optionキーを押しながらマウスを操作すると、2本指での回転の動きをシミュレートすることができます。

参照 P.354「ジェスチャーを登録する」
P.356「ジェスチャー中／終了時の処理を指定する」
P.358「ジェスチャーによる状態の変化を参照する変数を宣言する」
P.359「ジェスチャー時の状態の変化に応じた処理を指定する」

8

画面の操作を処理する

2つのジェスチャーを同時に実行する

➡ SwiftUI、SimultaneousGesture

メソッド

init(_:_:)
初期化処理

書式 SimultaneousGesture(first , second)

引数 first：最初に実行するジェスチャー、
second：2番目に実行するジェスチャー

....

SimultaneousGesture構造体は、2つのジェスチャーを組み合わせて1つの
ジェスチャーとして利用するための構造体です。init(_:_:)メソッドは、組み合わせ
る2つのジェスチャーを指定して初期化します。2つのジェスチャーを同時に認識
する1つのジェスチャーが作成されます。

サンプル GestureSample/SimultaneouslyExampleView.swift

```swift
@GestureState private var offset: CGSize = .zero
@GestureState private var longPress: Bool = false

var body: some View {

  // 長押しのジェスチャーを定義
  let longPressGesture = LongPressGesture(minimumDuration: 3.0)
            .updating($longPress) { value, state, _ in
              state = value
            }

  // ドラッグのジェスチャーを定義
  let dragGesture = DragGesture()
            .updating($offset) { value, state, _ in
              state = value.translation
            }

  // // 2つのジェスチャーでSimultaneousGestureを定義
  let simultaneousGesture =  SimultaneousGesture(longPressGesture
                                                , dragGesture)

  Circle()
    .fill(longPress ? Color.red : Color.blue)
```

8

画面の操作を処理する

371

```
    .frame(width: 100, height: 100)
    .offset(offset)
    .gesture(simultaneousGesture)
}
```

初期状態

長押しでは赤

ドラッグでは青

2つののジェスチャーを同時に実行する

参考 gesture(_:including:)メソッドは、メソッドチェーンの形式で複数記述することはできます。ですが、最初に登録したジェスチャー以外は無視されます。複数のジェスチャーを利用する場合は、SimultaneousGesture構造体／SequenceGesture構造体を利用してください。

参照 P.354「ジェスチャーを登録する」
P.356「ジェスチャー中／終了時の処理を指定する」
P.363「長押しを利用する」
P.365「ドラッグを利用する」
P.373「2つののジェスチャーを順番に実行する」

2つのジェスチャーを順番に実行する

→ SwiftUI、SequenceGesture

メソッド

init(_:_:) 初期化処理

書式 SequenceGesture(first , second)

引数 first：最初に実行するジェスチャー、
second：2番目に実行するジェスチャー

SequenceGesture構造体は、2つのジェスチャーを組み合わせて1つのジェスチャーとして利用するための構造体です。init(_:_:)メソッドは、組み合わせる2つのジェスチャーを指定して初期化します。2番目のジェスチャーは、最初のジェスチャーが成功した後に実行されます。

サンプル GestureSample/SequencedExampleView.swift

```swift
@GestureState private var offset: CGSize = .zero
@State private var draggable: Bool = false

var body: some View {
  // 長押しのジェスチャーを定義
  let longPressGesture = LongPressGesture(minimumDuration: 3.0)
            .onEnded { _ in
              draggable = true
            }

  // ドラッグのジェスチャーを定義
  let dragGesture = DragGesture()
            .onEnded { _ in
              draggable = false
            }

  // 2つのジェスチャーでSequenceGestureを定義
  let sequenceGesture = SequenceGesture(longPressGesture,
    dragGesture)

  Circle()
    .fill(draggable ? Color.red : Color.blue)  // ドラッグ中は赤に
    .frame(width: 100, height: 100)
```

8

画面の操作を処理する

```
      .offset(offset)  // オフセットに反映
      .gesture(  // ジェスチャーを登録
        sequenceGesture
          .updating($offset) { value, state, transaction in
            switch value {
              // 最初のジェスチャー
              case .first(_):
                print("Long Press Gesture 開始")  // 出力された後に次の ⤵
ジェスチャー開始
                // 最初のジェスチャーが終わって2番目のジェスチャーが ⤵
呼ばれるとき
              case .second(_, let drag):
                state = drag?.translation ?? .zero  // 変数offsetに ⤵
ドラッグしたサイズを反映
            }
          }
      )
}
```

初期状態   長押しで赤   長押し後にドラッグ可能に

▲ 2つのジェスチャーを順番に実行する

参考 1つのジェスチャーを行った後に、次のジェスチャーを行うことに注意してください。この順番は変更できません。

参照 P.354「ジェスチャーを登録する」
     P.356「ジェスチャー中／終了時の処理を指定する」
     P.363「長押しを利用する」
     P.365「ドラッグを利用する」
     P.371「2つののジェスチャーを同時に実行する」

8
画面の操作を処理する

タップした位置を利用する

➡ SwiftUI、Gestures

メソッド

onTapGesture(count:coordinateSpace:perform:) ジェスチャーを登録

書式 view.**onTapGesture**([count:count] [,coordinateSpace: space]]) {
value in … }

引数 view：Viewオブジェクト、count：タップ数、
space：coordinateSpaceオブジェクト、value：CGPointオブジェクト

onTapGesture(count:coordinateSpace:perform:)メソッドは、TapGesture を簡易的に利用するモディファイアです。引数にはタップ数と座標空間を指定します。クロージャでタップした位置が得られます。

サンプル GestureSample/TapPointExample.swift

```swift
// タップした位置を格納するバインディング変数
@State private var point: CGPoint = CGPointZero

private var opacity: Double {  // タップした位置の有無を透明度に反映
  get {
    return point == .zero ? 0 : 1
  }
}

var body: some View {
  ZStack {
    Color.white
    Circle()
      .fill(.red)
      .frame(width: 100, height: 100)
      .position(point)  // タップした位置を円に反映
      .opacity(opacity)  // 初期値でなければ表示

    Text("\(Int(point.x)), \(Int(point.y)))")  // タップした位置の座標
      .position(point)
      .foregroundStyle(.black)
      .opacity(opacity)
```

8

画面の操作を処理する

375

```
  }
  .onTapGesture { value in
    point = value  // タップした位置を変数に反映
  }
}
```

▲ タップした位置を表示

参考 TapGesture構造体のonEnded(_:)メソッドではタップした位置は得られません。タップした位置を利用する場合は、本メソッドを利用してください。

参照 P.354「ジェスチャーを登録する」
P.356「ジェスチャー中／終了時の処理を指定する」
P.361「タップを利用する」

ビューのサイズを利用する

→ SwiftUI、GeometryReader

メソッド

init(content:_) 初期化処理

書式 view {
　　　GeometryReader { geometry in ... }
　　}

引数 view：Viewオブジェクト、geometry：GeometryProxyオブジェクト

GeometryReader構造体は、ビューの位置情報を管理する構造体です。init(content:_)メソッドは、クロージャ内に位置やサイズを扱うGeometryProxy構造体を返すメソッドです。クロージャで得られたGeometryProxyオブジェクトのsizeプロパティを参照してビューのサイズを取得することができます。

サンプル GestureSample/GeometryReaderWidthExampleView.swift

```swift
@State var isTapped = false // タップ時に値を切り替えるためのフラグ

var body: some View {
  GeometryReader { geometry in
    VStack() {
      Text("Tap Here!")
        .font(.largeTitle)
        .frame(width: isTapped ? geometry.size.width: geometry.size. ⏎
width / 2,
               height: geometry.size.height) // サイズをフレームに反映
        .border(Color.black)
        .position(CGPointMake(geometry.size.width/2, geometry.size. ⏎
height/2))
        .onTapGesture { // タップ時にアニメーションを伴ってフラグを ⏎
切り替える
          withAnimation {
            isTapped.toggle()
          }
        }
    }
  }
}
```

8 画面の操作を処理する

377

▲ ビューのサイズを利用する

参照 P.361「タップを利用する」
P.379「ビューの特定の領域で処理を行う」

ビューの特定の領域で処理を行う

➡ Core Graphics、CGRect

メソッド

```
init(x:y:width:height:)                                初期化処理
contains(_ :)                                          座標を含むか
```

書式
```
let rect = CGRect(x: x, y: y, width: width, height: height)
let bool = rect.contains(point)
```

引数 rect：CGRectオブジェクト、x：X軸座標、y：Y軸座標、width：幅、
height：高さ、bool：座標を含む／含まない（true／false）、
point：CGPointオブジェクト

CGRect構造体は、座標とサイズで矩形を表す構造体です。init(x:y:width:height:)
メソッドは、矩形の左上の座標と幅／高さを指定して初期化します。contains(_ :)
メソッドは、矩形が指定した座標を含むか／含まないをtrue／falseで返します。

CGRect構造体でのサイズ指定とcontains(_ :)メソッドでの画面上の座標との包
括関係を利用することによって、画面上の特定の領域で特定の動作を行うといった
処理を実装することができます。

サンプル GestureSample/GeometryReaderCircleExampleView.swift

```swift
// ジェスチャーで動かす円の中心
@State private var circlePosition: CGPoint = CGPoint.zero
let rectangleInset: CGFloat = 25   // 円の半径、矩形のインセット
let circleSize: CGSize = CGSize(width: 50, height: 50)   // 円のサイズ

var body: some View {
  GeometryReader { geometry in   // 座標を利用
    ZStack {
      Color.white   // 画面全体に白地を配置

      Rectangle()   // 白地の上に矩形を配置
        // 画面内上下左右50pxインセットのサイズ
        .frame(width: geometry.size.width - rectangleInset * 2,
          height: geometry.size.height - rectangleInset * 2)
        .foregroundStyle(Color.green)
        .opacity(0.5)
        .overlay(   // Rectangle上にオーバーレイを設ける
          Circle()   // オーバーレイの中に移動できる円を配置
```

8

画面の操作を処理する

```
                .foregroundStyle(Color.blue)
                .frame(width: circleSize.width, height: circleSize.height)
                .position(self.circlePosition)  // 円の中心に変数を反映
                .gesture(
                  DragGesture()
                    .onChanged { value in
                      // 円の半経を考慮してRectangle内に収まる矩形を想定
                      let rect = CGRect(x: rectangleInset, y: rectangleInset,
                          width: geometry.size.width - rectangleInset* 4,
                          height: geometry.size.height - rectangleInset * 4)

                      // 円の中心座標が上記の矩形内であれば円を移動
                      if rect.contains(value.location) {
                        self.circlePosition = value.location
                      }
                    }
                )
            )
        ...後略...
```

緑の枠内のみ円が移動可能

▲ ビューの特定の領域で処理を行う

参考 オーバーレイ上に表示したビューでもジェスチャーは利用できます。

参照 P.354「ジェスチャーを登録する」
P.356「ジェスチャー中／終了時の処理を指定する」
P.358「ジェスチャーによる状態の変化を参照する変数を宣言する」
P.359「ジェスチャー時の状態の変化に応じた処理を指定する」
P.361「タップを利用する」
P.365「ドラッグを利用する」
P.375「タップした位置を利用する」
P.377「ビューのサイズを利用する」

端末の機能を利用する

iOSを搭載できる端末では、マルチタッチディスプレイのほかにも位置情報を取得するGPSセンサーや、端末の動きを数値で取得する加速度センサー／ジャイロセンサーといった機器が最初から搭載されています。また、電話をかけるためのソフトウェアや、プリインストールされているメールやブラウザーといったアプリもあります。

このような機能や標準で用意されているアプリは、ほかのアプリの中から呼び出すことができます。iOSを搭載できる端末はすべてApple社が管理していますので、端末の機能についても統一したものが利用できます。

Androidでも、OHA(Open Handset Alliance)という団体内で、アプリケーションやサービスの標準化が図られています。ただし、OHAは強制力を持たないため、端末メーカーが必ずしもOHAの方針に従うとは限らないという事情があります。

その点、iOSはApple社がOSと端末の両方の開発を行っていますので、端末の機能を利用したアプリの開発では優位にあると言えます。

● デリゲートとプロトコル

Swiftの特徴的なしくみとして、デリゲートとプロトコルという概念があります。デリゲートとは、ほかのオブジェクト(クラス)から利用されるためのオブジェクトやメソッドのことです。Swiftのクラスでは、デリゲートとしてのクラスが用意されており、そのクラス内ではメソッドの宣言のみが行われています。これらのクラスでは、自分自身ではメソッドの中身は持たずに、ほかのオブジェクトにメソッドを委譲し、実行を任せるという性質を持っています。このしくみ全体をデリゲーションといいます。

プロトコルとは、あるクラスにおいて、ほかのクラスが利用できるように宣言されているメソッドの集合のことです。おもに、デリゲーションを実装するために利用されます。

プログラミングでデリゲートとプロトコルを利用する手順は、次の通りです。

❶デリゲートを実装したクラスを作成
❷クラス内のオブジェクトのdelegateプロパティで、デリゲートを実装したクラスを指定
❸デリゲートのメソッドをオーバーライド
❹❸でオーバーライドしたメソッドの処理を実装

9
端末の機能を利用する

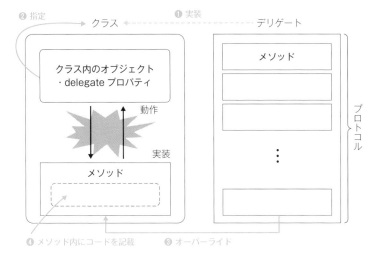

▲ デリゲートとプロトコルのイメージ

デリゲートは、例えば、カメラを起動した／撮影した、GPSセンサーで緯度経度を取得したなど、おもにハードウェアを経由したオブジェクトの操作に関する処理で利用されます。ハードウェアに近い操作は、ハードウェアやOSに対する依存度が高いものになりがちです。このような処理はプログラムの抽象度が低くなりやすいため、低レベルな処理（プログラム）と呼ぶことがあります。

SwiftUI自体は抽象度が高く設計されています。このため、低レベルな処理に関してはまだ十分に対応されているとは言えず、SwiftUI登場以前のデリゲートのしくみを使って対応します。このことを覚えておいてください。

位置情報の利用を許可する

➡ Core Location、CLLocationManager

メソッド

requestWhenInUseAuthorization	位置情報の利用を許可
requestAlwaysAuthorization	常に位置情報の利用を許可

書式 manager.requestWhenInUseAuthorization()
      manager.requestAlwaysAuthorization()

引数 manager：CLLocationManagerオブジェクト

iOSでは、端末で利用できる位置情報関連の機能のことを位置情報サービスと呼びます。CLLocationManagerクラスは、位置情報サービスを経由した位置情報の取得や参照を管理します。

requestWhenInUseAuthorization( )メソッドは、アプリの初回起動時に位置情報の利用を許可するかどうかのアラートを表示します。requestAlwaysAuthorization( )メソッドは、バックグラウンドでも位置情報の利用を許可するかどうかのアラートを表示します。端末2つのメソッドのどちらかによるアラート内で「許可する」を選択した場合のみ、アプリ内で位置情報を利用することができます。

2つのメソッドを利用する際には、info.plist内の「Privacy - Location Always and When In Use Usage Description」に、確認ウィンドウ内に表示するメッセージを指定してください。

Key	Type	Value
∨ Information Property List	Dictionary	(1 item)
Privacy - Location Always and When In Use Usage Description ◇	String	アプリ内で位置情報を利用します

▲ info.plist内の設定

CLLocationManagerクラスは、位置情報を取得するCLLocationManagerDelegateプロトコルとペアで利用します。

Swiftの仕様ではCLLocationManagerDelegateプロトコルは、NSObjectクラスを継承したクラスのみで利用できるという制限があります。したがって、SwiftUIでCLLocationManagerクラスを利用する際には、NSObjectクラスを継承したクラスを作成した後、そのクラス内でCLLocationManagerクラスを利用します。

```swift
import Foundation
import CoreLocation
import Observation

@Observable
class MyLocationManager: NSObject {
  private let locationManager = CLLocationManager()
  var authorisationStatus: CLAuthorizationStatus = .notDetermined
  var location: CLLocationCoordinate2D?
  var address: String = ""

  override init() {
    super.init()
    locationManager.delegate = self
  }

  // 位置情報サービスの利用
  func requestAuthorisation(always: Bool = false) {
    // 位置情報サービス利用の設定がまだされていない
    if locationManager.authorizationStatus == .notDetermined {
      if always {
        // 常に許可
        locationManager.requestAlwaysAuthorization()
      } else {
        // アプリ使用時のみ許可
        locationManager.requestWhenInUseAuthorization()
      }
    }
  }

  func requestTemporaryFullAccuracyAuthorization() {
    // 位置情報の取得は精度が低い設定の場合
    if(locationManager.accuracyAuthorization == .reducedAccuracy) {
      // 一時的に正確な位置情報を取得
      locationManager.requestTemporaryFullAccuracyAuthorization(with ⤵
PurposeKey:
        "LocationAccuracyAuthorizationDescription", completion: { error in
        if error != nil {  // エラーがあれば表示
          print(error.debugDescription)
        }
      })
    }
```

端末の機能を利用する

9

385

```
  }

  // 位置情報の取得を開始
  func startUpdateLocation() {
    locationManager.startUpdatingLocation()
  }

  // 位置情報の取得を停止
  func stopUpdateLocation() {
    locationManager.stopUpdatingLocation()
  }
}
```

サンプル DeviceSample/LocationAuthExampleView.swift

```
struct LocationAuthExampleView: View {
  let manager = MyLocationManager()  // MyLocationManagerクラスのインスタンス

  var body: some View {
    Button("位置情報を利用") {
      // 位置情報サービス利用の許可
      manager.requestAuthorisation()
    }
  }
}
```

▲ 位置情報の利用を許可する

参考 info.plistとは、アプリを実行する際にiOSに知らせておくべき定数を設定するためのファイルです。

参考 位置情報の利用を許可するアラートで「許可しない」を選択した場合でも、「設定」−「アプリ名」−「位置情報」のステータスを「常に許可」に変更することで位置情報を利用できます。

参考 位置情報の利用を許可／不許可は、アプリのBundleIDというアプリ単位のIDで管理されます。つまり、同じBundleIDのアプリであれば、一度許可すれば再び許可／不許可のアラートは表示されません。アプリを再インストールしても同様です。位置情報の利用を許可／不許可の動作を何度もテストしたい場合は、「設定」−「一般」−「リセット」−「位置情報とプライバシーをリセット」からリセットしてください。

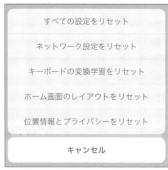

すべての設定をリセット

ネットワーク設定をリセット

キーボードの変換学習をリセット

ホーム画面のレイアウトをリセット

位置情報とプライバシーをリセット

キャンセル

▲ 位置情報の利用を許可／不許可をリセット

ここでリセットを行うと、再び許可／不許可のアラートが表示されるようになります。ただし、この設定はすべてのアプリで共通の設定です。アプリ単位での設定ではないことに気をつけてください。

参照 P.388「位置情報の許可状況を参照する」
P.390「正確な位置情報の取得を許可する」

位置情報の許可状況を参照する

→ Core Location、CLLocationManager

authorizationStatus　　　　　　　　　　　　位置情報サービスの許可状態
accuracyAuthorization　　　　　　　　　　　　　　　　位置情報の精度

書式 let status = manager.**authorizationStatus**
　　　 let accuracy = manager.**accuracyAuthorization**

引数 manager：**CLLocationManager**オブジェクト、
　　　 status：**CLAuthorizationStatus**オブジェクト、
　　　 accuracy：**CLAccuracyAuthorization**オブジェクト

authorizationStatus プロパティは、位置情報サービスの許可状態を
CLAuthorizationStatusオブジェクトで返します。具体的な設定値は次の通りです。

▼ CLAuthorizationStatus オブジェクトの種類

名前	値
CLAuthorizationStatus.notDetermined	設定がまだされていない（既定）
CLAuthorizationStatus.restricted	アプリ自体が位置情報の利用を許可されていない
CLAuthorizationStatus.denied	ユーザーによる拒否または位置情報サービスが無効
CLAuthorizationStatus.authorizedAlways	常に許可
CLAuthorizationStatus.authorizedWhenInUse	アプリの利用時のみ許可

accuracyAuthorization プロパティは、位置情報を取得する際の精度を
CLAccuracyAuthorizationオブジェクトで返します。具体的な設定値は次の通りです。

▼ CLAccuracyAuthorization オブジェクトの種類

名前	値
CLAccuracyAuthorization.fullAccuracy	正確な位置情報を取得
CLAccuracyAuthorization.reducedAccuracy	精度を下げた位置情報を取得

```swift
func requestAuthorisation(always: Bool = false) {
    // 位置情報サービス利用の設定がまだされていない
    if self.locationManager.authorizationStatus == .notDetermined {
        if always {
            // 常に許可
            locationManager.requestAlwaysAuthorization()
        } else {
            // アプリ使用時のみ許可
            locationManager.requestWhenInUseAuthorization()
        }
    }
}
```

参考 accuracyAuthorizationプロパティを利用したサンプルは、P.390「正確な位置情報の取得を許可する」を参照してください

参考 正確な位置情報を取得する必要がない場合は、info.pList内の「Privacy - Location Default Accuracy Reduced」の項目をYESにしてください。位置情報の利用を許可するUI上で、正確な位置情報を取得するオプションが表示されなくなります。

Privacy - Location Default Accuracy Reduced	⟳	Boolean	YES

info.pList内の設定

参照 P.384「位置情報の利用を許可する」
P.390「正確な位置情報の取得を許可する」

9
端末の機能を利用する

正確な位置情報の取得を許可する

➡ Core Location、CLLocationManager

> **メソッド**

`requestTemporaryFullAccuracyAuthorization(withPurposeKey:completion:)`

一時的に詳細な位置情報の利用を許可

書式 `manager.requestTemporaryFullAccuracyAuthorization(`
`    withPurposeKey: key) { error in … }`

引数 `manager`：**CLLocationManagerオブジェクト**、
`key`：**info.plist内のキー**、`error`：**Errorオブジェクト**

requestTemporaryFullAccuracyAuthorization(withPurposeKey:completion:)メソッドは、位置情報を許可する際に「正確な位置情報：オフ」にした場合に、一時的に正確な位置情報を取得できるようにするメソッドです。メソッドを利用するときには、info.plist 内 の「Privacy - Location Temporary Usage Description Dictionary」内に確認ウィンドウに表示するメッセージを設定してください。

| ✓ Privacy - Location Temporary Usage Description Dictionary | ⭥ | Dictionary | (1 item) |
| LocationAccuracyAuthorizationDescription | | String | 正確な位置情報の取得を有効にします |

info.plist内の設定

メソッドの引数は、このinfo.plist内のキーです。クロージャには、Errorオブジェクトが渡されます。

> **サンプル** DeviceSample/MyLocationManager.swift

```swift
class MyLocationManager: NSObject {
...中略...
  func requestTemporaryFullAccuracyAuthorization() {
    // 位置情報の取得は精度が低い設定の場合
    if(locationManager.accuracyAuthorization == .reducedAccuracy) {
      // 一時的に正確な位置情報を取得
      locationManager.requestTemporaryFullAccuracyAuthorization(
        withPurposeKey: "LocationAccuracyAuthorizationDescription",
        completion: { error in
        if error != nil { // エラーがあれば表示
          print(error.debugDescription)
        }
```

```
    })
  }
}
```
...後略...

```swift
struct LocationAuthExampleView: View {
  let manager = MyLocationManager()  // MyLocationManagerクラスの ➡
インスタンス

  var body: some View {
    Button("正確な位置情報を取得") {
      // 正確な位置情報の許可
      manager.requestTemporaryFullAccuracyAuthorization()
    }
  }
}
```

▲ 正確な位置情報の取得を許可する

参考 位置情報サービスの利用自体が許可されている前提で利用するメソッドです。

参照 P.384「位置情報の利用を許可する」
　　　P.388「位置情報の許可状況を参照する」

緯度経度の取得を開始／停止する

➡ Core Location、CLLocationManager

メソッド

startUpdatingLocation() 　　　　　　　　　　　　緯度経度の取得を開始
stopUpdatingLocation() 　　　　　　　　　　　　　緯度経度の取得を停止

書式 manager.**startUpdatingLocation()**
　　　　 manager.**stopUpdatingLocation()**

引数 manager：**CLLocationManagerオブジェクト**

　startUpdatingLocation( )／stopUpdatingLocation( ) メ ソ ッ ド は、
CLLocationManagerクラスのメソッドで、それぞれ位置情報の取得を開始／停止
します。

サンプル **DeviceSample/MyLocationManager.swift**

```swift
class MyLocationManager: NSObject {  // NSObjectクラスを継承
  private let locationManager = CLLocationManager()  // CLLocationManager
...中略...
    locationManager.delegate = self  // デリゲートを設定
  }
...中略...
  // 位置情報の取得を開始
  func startUpdateLocation() {
    locationManager.startUpdatingLocation()
  }

  // 位置情報の取得を停止
  func stopUpdateLocation() {
    locationManager.stopUpdatingLocation()
  }
...後略...
```

参照 P.384「位置情報の利用を許可する」
　　　 P.388「位置情報の許可状況を参照する」
　　　 P.390「正確な位置情報の取得を許可する」
　　　 P.393「緯度経度を参照する」

緯度経度を参照する

→ Core Location、CLLocationManager

メソッド

locationManager(_:didUpdateLocations:) 位置情報更新時の処理

書式 func locationManager(_ manager: CLLocationManager!,
didUpdateLocations locations: [CLLocation])

引数 manager：CLLocationManagerオブジェクト、
locations：位置情報の配列

CLLocationManagerDelegate プロトコルは、CLLocationManager オブジェクトを監視します。

locationManager(_:didUpdateLocations:) メソッドは、位置情報の更新があった際の処理を指定し、位置情報を参照する際に利用します。位置情報は、記録順に格納したCLLocation オブジェクトの配列として渡されます。緯度経度を参照する手順は、以下の通りです。

① 配列の最後の位置情報を格納するCLLocationオブジェクトを取得
② CLLocation オブジェクトの coordinate プロパティを参照し、緯度経度を格納するCLLocationCoordinate2D オブジェクトを取得
③ CLLocationCoordinate2D オブジェクトの latitude／longitude プロパティで緯度経度を参照

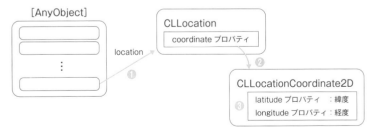

緯度経度を参照する手順

実装の際は、CLLocationManagerDelegate プロトコルを実装したクラス内でメソッドをオーバーライドします。

393

```swift
// CLLocationManagerDelegate実装
extension MyLocationManager: CLLocationManagerDelegate {

  func locationManagerDidChangeAuthorization(_ manager:
    CLLocationManager) {
    self.authorisationStatus =  manager.authorizationStatus
  }

  // 位置情報の取得
  func locationManager(_ manager: CLLocationManager, didUpdateLocations
    locations: [CLLocation]) {

    // 現在の位置情報
    location = locations.first?.coordinate

    // CLGeocoderを初期化
    let geocoder = CLGeocoder()
    // 逆ジオコーディングを実行
    geocoder.reverseGeocodeLocation(locations[0]) { placemarks, error  in
      // 位置情報をCLPlacemarkオブジェクトとして取得
      if let placemark = placemarks!.last {
        // 住所
        self.address = "¥(placemark.postalCode ?? "")¥n¥
        (placemark.administrativeArea ?? "")¥n¥
        (placemark.locality ?? "")¥n¥
        (placemark.thoroughfare ?? "")¥n¥
        (placemark.subThoroughfare ?? "")¥n"
      }
    }
  }
}
...後略...
```

```swift
struct LocationUpdateExampleView: View {
  let manager = MyLocationManager()  // MyLocationManagerクラスの ⤵
インスタンス

  var body: some View {
    VStack(spacing: 40) {
      if let location = manager.location {  // 現在の位置情報を表示
        Text("\(location.latitude), \(location.longitude)")
      }
```

```
      HStack(spacing: 40) {
        Button("緯度経度取得を開始") {
          manager.startUpdateLocation()
        }
        Button("緯度経度取得を停止") {
          manager.stopUpdateLocation()
        }
      }
    }.padding()
  }
}
```

緯度経度を参照する

参照　P.384「位置情報の利用を許可する」
　　　P.388「位置情報の許可状況を参照する」
　　　P.390「正確な位置情報の取得を許可する」
　　　P.392「緯度経度の取得を開始／停止する」

9

端末の機能を利用する

住所／地名から緯度経度を取得する

➡ Core Location、CLGeocoder

メソッド

geocodeAddressString(_:completionHandler:)
ジオコーディングを実行

書式 geocoder.**geocodeAddressString**(address) { placemarks,
error in ... }

引数 geocoder：**CLGeocoderオブジェクト**、address：**住所や地名、**
placemark：**位置情報の配列**、error：**Errorオブジェクト**

geocodeAddressString(_:completionHandler:)メソッドは、住所や地名から緯度経度を含む住所情報を取得します（ジオコーディング）。引数は住所や地名の文字列です。ジオコーディングを行った際の住所情報は、クロージャにCLPlacemarkオブジェクトの配列として渡されます。これは、地名に対する住所が複数存在した場合に備えたしくみです。

CLPlacemarkクラスは住所情報を管理し、住所情報にアクセスするために次のプロパティを持っています。

▼ **CLPlacemarkクラスのプロパティ**

名前	説明
location	CLLocation オブジェクト
name	住所のフルパス
ISOcountryCode	国コード
country	国名
postalCode	郵便番号
administrativeArea	都道府県
locality	市区町村
subLocality	市区町村以下の地名
thoroughfare	丁目
subThoroughfare	番地以下

サンプル DeviceSample/GeocoderExampleView.swift

```swift
@State private var text: String = ""
@State private var location: CLLocationCoordinate2D?

var body: some View {
```

```
VStack(spacing: 40) {
  TextField("検索対象", text: $text)
    .textFieldStyle(.roundedBorder).frame(width:200)
  Button("位置情報を取得") {
    let geocoder = CLGeocoder()
    geocoder.geocodeAddressString(text) { placemarks, error in
      location = placemarks?.first?.location?.coordinate
    }
  }
  // 緯度経度の表示
  if let location = location {
    Text("\(location.latitude), \(location.longitude)")
  }
}.padding()
}
```

住所／地名から緯度経度を取得する

参照 P.384「位置情報の利用を許可する」
P.388「位置情報の許可状況を参照する」
P.390「正確な位置情報の取得を許可する」
P.392「緯度経度の取得を開始／停止する」
P.393「緯度経度を参照する」
P.398「緯度経度から住所を取得する」

9

端末の機能を利用する

緯度経度から住所を取得する

→ Core Location、CLGeocoder

メソッド

reverseGeocodeLocation(_:completionHandler:) 　　　　逆ジオコーディングを実行

書式 geocoder.**reverseGeocodeLocation(** locations **) {** placemarks,
error **in … }**

引数 geocoder：**CLGeocoderオブジェクト**、location：**CLLocationオブジェ
クト**、placemark：**位置情報の配列**、error：**Errorオブジェクト**

reverseGeocodeLocation(_:completionHandler:)メソッドは、緯度経度から住
所情報を取得します（逆ジオコーディング）。引数はCLLocationオブジェクトです。

逆ジオコーディングを行った際の住所情報は、クロージャにCLPlacemarkオブ
ジェクトの配列として渡されます。メソッドで問い合わせた位置情報は、配列の最
後に格納されています。

サンプル DeviceSample/MyLocationManager.swift

```
@Observable
class MyLocationManager: NSObject {  // NSObjectクラスを継承
  private let locationManager = CLLocationManager()  // CLLocationManager
  var location: CLLocationCoordinate2D?
  var address: String = ""
  ...中略...
}


extension MyLocationManager: CLLocationManagerDelegate {
  // 位置情報の取得
  func locationManager(_ manager: CLLocationManager, didUpdateLocations
  locations: [CLLocation]) {
    location = locations.first?.coordinate  // 現在の緯度経度
    // CLGeocoderを初期化
    let geocoder = CLGeocoder()
    // 逆ジオコーディングを実行
    geocoder.reverseGeocodeLocation(locations[0]) { placemarks, error  in
      // 位置情報をCLPlacemarkオブジェクトとして取得
      if let placemark = placemarks!.last {
        // 住所
        self.address = "\(placemark.postalCode ?? "")\n\(placemark. ⮧
```

9　端末の機能を利用する

```
administrativeArea ?? "")
        \n\(placemark.locality ?? "")\n\(placemark.thoroughfare ?? "")
        \n\(placemark.subThoroughfare ?? "")\n"
      }
    }
  }
...後略...
```

DeviceSample/GeocoderExampleView.swift

```
@State private var text: String = ""
@State private var location: CLLocationCoordinate2D?

var body: some View {
  VStack(spacing: 40) {
    TextField("検索対象", text: $text)
      .textFieldStyle(.roundedBorder).frame(width:200)
    Button("位置情報を取得") {
      let geocoder = CLGeocoder()
      geocoder.geocodeAddressString(text) { placemarks, error in
        location = placemarks?.first?.location?.coordinate
      }
    }
    // 緯度経度の表示
    if let location = location {
      Text("\(location.latitude), \(location.longitude)")
    }
  }.padding()
}
```

緯度経度から住所を取得する

> 参考　逆ジオコーディングで得られる住所情報は、Appleが提供する地図情報に基づきます。その
> ため、同じ緯度経度であっても、GoogleMapなどのほかの地図サービスで得られる
> 住所情報と完全に一致しない場合もあります。

参照 P.384「位置情報の利用を許可する」
P.388「位置情報の許可状況を参照する」
P.390「正確な位置情報の取得を許可する」
P.392「緯度経度の取得を開始／停止する」
P.393「緯度経度を参照する」
P.396「住所／地名から緯度経度を取得する」

COLUMN SwiftUIからGoogle Mapsを利用する

インターネット上やアプリで地図を利用するときに、真っ先に思い浮かべるサービスがGoogleの運営するGoogle Mapsです。Google Mapsでは、検索エンジンGoogleに蓄積されたデータが地図上に反映されており、非常に充実した地域情報や口コミ情報まで参照することができます。また、住所からの検索も周辺の画像も含めて正確に行われます。地図サービスのみを比較すると、Appleのマップよりも Google Mapsのほうが便利である点も否めません。

このGoogle MapsをSwiftUIからも利用することができます。その手順はGoogleの開発者向けページの次のURLで詳しく解説されています。

https://developers.google.com/maps/documentation/ios-sdk/overview?hl=ja

iOSの地図アプリも以前はGoogle Mapsを利用したものでした。古くからのiPhoneユーザーにとってはGoogle Mapsのほうが使いやすいかもしれません。機会があればGoogle Mapsも利用してみてください。

フォトライブラリを表示する

→ PhotoKit、PhotosPicker

メソッド

init(selection:maxSelectionCount:selectionBehavior:matching:
preferredItemEncoding:label:)　　　　　　　　　　　　　　　初期化処理

書式　　PhotosPicker(selection: items [,maxSelectionCount: count]
　　　　　　　　　　[,selectionBehavior: behavior] [,matching: matching]
　　　　　　　　　　[,preferredItemEncoding: encoding]) { view }

引数　　items：PhotosPickerItemオブジェクトの配列、count：選択する最大
　　　　の数、behavior：表示方法、matching：選択する対象、encoding：エ
　　　　ンコーディング、view：PhotosPickerを起動するViewオブジェクト

PhotosPicker構造体は、フォトライブラリを表示し、選択した画像や動画を利用するための構造体です。init(selection:maxSelectionCount:selectionBehavior: matching:preferredItemEncoding:label:) メソッドは、選択する画像／動画を PhotosPickerItem構造体のバインディング変数で指定して初期化します。オプションとして指定できる引数に、選択する最大の数／表示方法／選択する対象／エンコーディングを指定できます。

表示方法は、PhotosPickerSelectionBehavior構造体の次の値で指定します。

▼ PhotosPickerSelectionBehavior構造体のプロパティ

default	フォトライブラリ内の順番通り（既定）
ordered	撮影日時、ファイル名でソート

選択する対象は、PHPickerFilter構造体の次の値で指定します。

9
端末の機能を利用する

名前	概要
bursts	高速写真を含む画像のアセット
images	画像
livePhotos	撮影したライブフォト
panoramas	撮影したパノラマ写真
screenRecordings	端末の画面を記録した動画
screenshots	スクリーンショットの画像
slomoVideos	スローモーションの動画
timelapseVideos	タイムラプスの動画
videos	動画

エンコーディングは、PhotosPickerItem.EncodingDisambiguationPolicy 構造体の次の値で指定します。

▼ PhotosPickerItem.EncodingDisambiguationPolicy構造体のプロパティ

名前	概要
automatic	自動的に最適化（既定）
current	現在のエンコード設定
compatible	フォトライブラリ内で最も互換性のあるもの

サンプル DeviceSample/PhotosPickerExampleView.swift

```swift
import SwiftUI
import PhotosUI

struct PhotosPickerExampleView: View {
  @State private var selectedItems: [PhotosPickerItem] = []    ↰
// PhotosPickerで選択したもの
  @State private var selectedPhotosData: [Data] = []

  var body: some View {
    NavigationStack {
      ScrollView {  // 選択したものをImageにしてスクロールビューで表示
        VStack {
          ForEach(selectedPhotosData, id: \.self) { photoData in
            if let image = UIImage(data: photoData) {
              Image(uiImage: image)
                .resizable()
                .scaledToFit()
                .clipShape(RoundedRectangle(cornerRadius:10))
```

```
                .padding(.horizontal)
            }
          }
        }
      }
      .toolbar {
        ToolbarItem(placement: .navigationBarTrailing) {
          // PhotosPicker起動
          PhotosPicker(selection: $selectedItems, maxSelectionCount: 5,
                  selectionBehavior: .ordered, matching: .images) {
            Image(systemName: "photo.on.rectangle.angled")
          }
          .onChange(of: selectedItems, initial: false) { _, newItems  in
            for newItem in newItems {
              Task {  // Dataに変換して持つ
                if let data = try? await newItem.loadTransferable(type: ⤵
Data.self) {
                  selectedPhotosData.append(data)
                }
...後略...
```

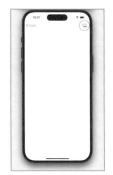  

▲ フォトライブラリを表示する

参照 P.192「スクロールビューを表示する」

9

端末の機能を利用する

カメラを利用する

➡ UIKit、UIImagePickerController

プロパティ

sourceType 画像取得の種別
allowsEditing 画像が編集可能か

書式 　picker.**sourceType** = type
　　　　picker.**allowsEditing** = bool

引数 　picker：**UIImagePickerControllerオブジェクト、**
　　　type：**UIImagePickerControllerSourceTypeオブジェクト、**
　　　bool：**編集の可否（true／false）**

UIImagePickerController クラスは、画像を取得するイメージピッカーを管理するビューコントローラーです。ビュー上にイメージピッカーを表示します。

sourceType プロパティは、取得する画像の形式を **UIImagePickerControllerSourceType** オブジェクトとして指定します。指定できる値は、カメラを起動する UIImagePickerControllerSourceType.camera のみです。allowsEditing プロパティは、イメージピッカーで選択した画像を編集できるかどうかを true／false で指定します。

UIImagePickerController クラスは UIViewController クラスを継承しています。ですので、イメージピッカーの開閉は、present(_:animated:completion:)／dismiss(animated:completion:) メソッドを利用して行います。UIImagePickerController クラスは UIKit のクラスなので、UIViewControllerRepresentable プロトコルを利用して実装します。

サンプル **DeviceSample/ImagePickerView.swift**

```
import UIKit
import SwiftUI


struct ImagePickerView: UIViewControllerRepresentable {
  @Binding var image: UIImage?  // 撮影した画像
  @Binding var isPresented: Bool  // SwiftUI側でピッカーを起動するか？

  func makeUIViewController(context: Context) -> UIImagePickerController {
    let imagePicker = UIImagePickerController()
    imagePicker.sourceType = .camera  // カメラ指定
    imagePicker.allowsEditing = true  // 撮影した画像を編集可能に
```

9

端末の機能を利用する

```swift
    imagePicker.delegate = context.coordinator // delegate設定
    return imagePicker
  }

  // Coordinatorクラス
  func makeCoordinator() -> ImagePickerCoordinator {
    return ImagePickerCoordinator(image: $image,
      isPresented: $isPresented)
  }

  func updateUIViewController(_ uiViewController: UIImagePickerController,
    context: Context) {
  }
}

class ImagePickerCoordinator: NSObject, UINavigationControllerDelegate,
  UIImagePickerControllerDelegate {
  @Binding var image: UIImage?  // 撮影した画像
  @Binding var isPresented: Bool  // SwiftUI側でピッカーを起動するか？

  init(image: Binding<UIImage?>, isPresented: Binding<Bool>) {
    // @Binding変数を初期化 _ が必要
    self._image = image
    self._isPresented = isPresented
  }

  func imagePickerController(_ picker: UIImagePickerController,
    didFinishPickingMediaWithInfo info: [UIImagePickerController. ⤵
InfoKey : Any]) {
    guard let selectedImage = info[.originalImage] as? UIImage else {  ⤵
return }
    self.image = selectedImage  // 撮影した画像
    self.isPresented = false  // カメラを閉じる
  }

  func imagePickerControllerDidCancel(_ picker: UIImagePickerController) {
    self.isPresented = false  // カメラを閉じる
  }
```

サンプル **DeviceSample/ImagePickerExampleView.swift**

```swift
struct ImagePickerExampleView: View {
  @State private var selectedImage: UIImage?
  @State private var showCamera = false
```

（右側余白に縦書き）

9
端末の機能を利用する

```
    var body: some View {
      NavigationView {
        VStack(spacing: 30) {
          if selectedImage != nil {  // 撮影した画像があれば表示
            Image(uiImage: selectedImage!)
              .resizable()
              .aspectRatio(contentMode: .fit)
              .frame(width: 300, height: 300)
          }
          Button("カメラ起動") {
            showCamera = true
          }
          .sheet(isPresented: self.$showCamera) {  // ImagePickerViewを表示
            ImagePickerView(image: $selectedImage, isPresented: $showCamera)
          }
...後略...
```

▲ カメラを利用する

参考 カメラを利用する際には、info.plist内の「Privacy - Camera Usage Description」と「Privacy - Microphone Usage Description」に、カメラとマイクを利用する旨のメッセージを設定しておいてください。

| Privacy - Camera Usage Description | ◇ | String | カメラを利用します |
| Privacy - Microphone Usage Description | ◇ | String | マイクを利用します |

▲ info.plist内の設定

参考 iOS 14以前の仕様では、sourceTypeプロパティでカメラロールやフォトアルバムを指定することも可能でした。現在はカメラのみ指定可能です。

参考 UIViewControllerRepresentableクラスについては、P.518「UIKItのビューコントローラーを利用する」を参照してください。

参照 P.408「ファイル取得時／キャンセル時の処理を指定する」
P.410「撮影時の詳細を表示する」
P.415「撮影した画像／動画を保存する」
P.518「UIKItのビューコントローラーを利用する」

COLUMN》 WWDCで公開されたアプリのサンプルコード

WWDC（Worldwide Developers Conference）は、Appleが毎年開催する開発者向けの会議です。通常、6月に行われ、Appleの最新技術やソフトウェアの発表、開発者向けのワークショップ、ラボセッション、Q&Aセッションなどが行われます。

ここでは、Swiiftの技術に関しても新しく採用されたAPIや開発ツールに関しても紹介されています。

紹介されたサンプルコードは次のURLで公開されています。

https://developer.apple.com/sample-code/wwdc/[開催年]/

新しく公開される技術には、画像データやカメラを使ったものも多く含まれています。最新の技術を取り入れたアプリを開発してみたいときには、ぜひこちらのサンプルコードもチェックしてみてください。

ファイル取得時／
キャンセル時の処理を指定する

➡ UIKit、UIImagePickerControllerDelegate

メソッド

```
imagePickerController(_:didFinishPickingMediaWithInfo:)   ファイル取得時の処理
imagePickerControllerDidCancel(_:)                        キャンセル時の処理
```

書式

```
func imagePickerController(_ picker: UIImagePickerController,
    didFinishPickingMediaWithInfo info :
      [UIImagePickerController.InfoKey : Any] ) {...}

func imagePickerControllerDidCancel( _ picker:
    UIImagePickerController){...}
```

引数　picker：UIImagePickerControllerオブジェクト、
　　　type：UIImagePickerControllerSourceTypeオブジェクト、
　　　bool：編集の可否（true／false）

imagePickerController(_:didFinishPickingMediaWithInfo:)メソッドは、ピッカーでメディアを参照した際の処理を指定します。参照したメディアに関する情報は、辞書の形式で渡されます。辞書のキーには次のものがあります。

参照情報のキーと値

UIImagePickerController.mediaType	メディアの種類	kUTTypeImage（画像） kUTTypeMovie（動画）
UIImagePickerController.originalImage	オリジナルの画像	UIImageオブジェクト
UIImagePickerController.editedImage	編集用の画像	UIImageオブジェクト
UIImagePickerController.cropRect	メディアのサイズ	CGRect型の値
UIImagePickerController.mediaURL	ファイルシステム内のURL	URLオブジェクト
UIImagePickerController.referenceURL	編集用のファイルシステム内のURL	URLオブジェクト
UIImagePickerController.mediaMetadata	メタ情報	Dictionaryオブジェクト

imagePickerControllerDidCancel(_:)メソッドは、キャンセルボタンが押された際の処理を指定します。

```swift
class ImagePickerCoordinator: NSObject, UINavigationControllerDelegate,
  UIImagePickerControllerDelegate {
  @Binding var image: UIImage?   // 撮影した画像
  @Binding var isPresented: Bool  // SwiftUI側でピッカーを起動するか？

  init(image: Binding<UIImage?>, isPresented: Binding<Bool>) {
    // @Binding変数を初期化 ( _ が必要)
    self._image = image
    self._isPresented = isPresented
  }

  func imagePickerController(_ picker: UIImagePickerController,
    didFinishPickingMediaWithInfo info: [UIImagePickerController. ⤸
InfoKey : Any]) {
    guard let selectedImage = info[.originalImage] as? UIImage else {  ⤸
return }
    self.image = selectedImage   // 撮影した画像
    self.isPresented = false  // カメラを閉じる
  }

  func imagePickerControllerDidCancel(_ picker: UIImagePickerController) {
    self.isPresented = false  // カメラを閉じる
  }
}
```

参考 カメラを閉じる処理は、画像撮影／動画撮影のどちらでも同じです。

参考 @Binding変数を初期化する際には、サンプルのように変数名の頭に「_」(アンダースコア)をつけます。

参照 P.404「カメラを利用する」
P.410「撮影時の詳細を表示する」
P.415「撮影した画像／動画を保存する」

撮影時の詳細を指定する

➡ UIKit、UIImagePickerController

プロパティ

cameraDevice	カメラの種類
mediaTypes	メディアの種類
cameraCaptureMode	撮影の種類
videoQuality	動画撮影時の画質
videoMaximumDuration	動画撮影の最大時間

書式
```
picker.cameraDevice = device
picker.mediaTypes = type
picker.cameraCaptureMode = mode
picker.videoQuality = quality
picker.videoMaximumDuration = sec
```

引数 picker：UIImagePickerControllerオブジェクト、
device：カメラの種類、type：撮影するメディアの種類、
mode：撮影モード、quality：撮影する動画の質、
sec：撮影する時間の最大値（秒）

cameraDeviceプロパティは、撮影するカメラを指定します。値は**UIImagePickerControllerCameraDevice**オブジェクトとして指定します。具体的な設定値は次の通りです。

▼ UIImagePickerControllerCameraDeviceの種類

名前	概要
UIImagePickerControllerCameraDevice.rear	背面のカメラ（既定）
UIImagePickerControllerCameraDevice.front	フロントのカメラ

mediaTypesプロパティは、撮影するメディアの種類を配列で指定します。配列に指定する値は、UTType.image.identifier（画像）、UTType.movie.identifier（動画）です。

cameraCaptureModeプロパティは、撮影するメディアを指定します。値はUIImagePickerControllerCameraCaptureModeオブジェクトとして指定します。具体的な設定値は次の通りです。

9
端末の機能を利用する

名前	説明
UIImagePickerControllerCameraCaptureMode.photo	静止画を撮影
UIImagePickerControllerCameraCaptureMode.video	動画を撮影

videoQuality プロパティは、動画撮影時の画質を指定します。値は UIImagePickerControllerQualityType オブジェクトとして指定します。具体的な設定値は次の通りです。

▼ UIImagePickerController.QualityType の種類

名前	説明
UIImagePickerController.typeHigh	高画質
UIImagePickerController.typeMedium	中画質（既定）
UIImagePickerController.typeLow	低画質
UIImagePickerController.type640x480	640 × 480 のフレーム
UIImagePickerController.typeIFrame1280x720	1280 × 720 のフレーム
UIImagePickerController.typeIFrame960x540	960 × 540 のフレーム

videoMaximumDuration プロパティは、動画撮影の最大時間を秒単位で指定します。既定は600秒です。

サンプル DeviceSample/ImagePickerDetailView.swift

```swift
import UIKit
import SwiftUI
import UniformTypeIdentifiers

struct ImagePickerDetailView: UIViewControllerRepresentable {
  @Binding var isPresented: Bool  // SwiftUI側でピッカーを起動するか？
  @Binding var isFinish: Bool  // 撮影が終わったか？
  @Binding var isError: Bool  // エラーが発生したか？
  @Binding var errorMessage: String  // エラーメッセージ
  var cameraCaptureMode: UIImagePickerController.CameraCaptureMode = ⤵
.photo  // 撮影モード
  var mediaTypes: [String] = []  // 撮影するメディア種類

  func makeUIViewController(context: Context) -> UIImagePickerController {
    let imagePicker = UIImagePickerController()
    imagePicker.sourceType = .camera
    imagePicker.cameraDevice = .rear  // リアカメラ
    imagePicker.mediaTypes = mediaTypes  // 撮影するメディア種類
```

9

端末の機能を利用する

411

```
      imagePicker.cameraCaptureMode = cameraCaptureMode  // 撮影モード
      imagePicker.videoQuality =
      UIImagePickerController.QualityType.typeHigh  // 画質
      imagePicker.videoMaximumDuration = 30  // 撮影時間上限

      imagePicker.allowsEditing = true  // 撮影した画像/映像を編集可能に
      imagePicker.delegate = context.coordinator  // delegate指定
      return imagePicker
    }

    func makeCoordinator() -> ImagePickerDetailCoordinator {
      return ImagePickerDetailCoordinator(isPresented: $isPresented,
        isFinish: $isFinish, isError: $isError, errorMessage: $errorMessage)
    }

    func updateUIViewController(_ uiViewController: UIImagePickerController,
      context: Context) {
    }
}
```

サンプル DeviceSample/ImagePickerDetailExampleView.swift

```
struct ImagePickerDetailExampleView: View {
  @State private var showImagePicker = false  // カメラを表示するか？
  @State private var showDialog = false  // 撮影モード選択ダイアログ
  @State private var cameraCaptureMode:
    UIImagePickerController.CameraCaptureMode = .photo  // 撮影モード
  @State private var mediaTypes: [String] = []  // 撮影するメディア種類
  @State private var isFinish: Bool = false  // 撮影した画像/動画の ↴
保存が完了したか？
  @State private var isError: Bool = false  // エラーが発生したか？
  @State private var errorMessage: String = ""  // エラーメッセージ

  var body: some View {
    Button("カメラ起動") {
      showDialog = true
    }
    .confirmationDialog("撮影モード",
             isPresented: $showDialog,
             titleVisibility: .visible) {
      // 選択肢
      Button("写真撮影") {
        cameraCaptureMode = .photo
        mediaTypes = [UTType.image.identifier]
```

```
        showImagePicker = true
        print(UTType.image.identifier)
      }
      Button("動画撮影") {
        cameraCaptureMode = .video
        mediaTypes = [UTType.movie.identifier]
        showImagePicker = true

        print(UTType.movie.identifier)
      }
      Button("キャンセル", role: .cancel) {}
    }
    .fullScreenCover(isPresented: $showImagePicker) {    ⤵
// ImagePickerDetailViewを表示
      ImagePickerDetailView(isPresented: $showImagePicker, isFinish:    ⤵
$isFinish,
        isError: $isError, errorMessage: $errorMessage, cameraCaptureMode:
        cameraCaptureMode, mediaTypes: mediaTypes)
    }
    .alert("エラー発生", isPresented: $isError) {
      Button("OK") {}
    } message: {    // エラー発生時のメッセージ
      Text(errorMessage)
    }
    .alert("保存しました", isPresented: $isFinish) {
      Button("OK") {}
    }
  }
}
```

▼

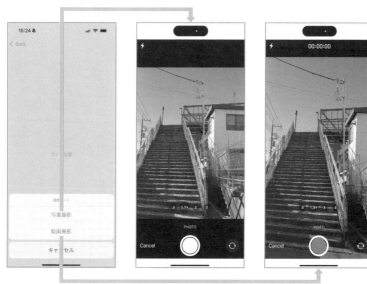

▲ 撮影時の詳細を指定する

参照 P.404「カメラを利用する」
P.408「ファイル取得時／キャンセル時の処理を指定する」
P.415「撮影した画像／動画を保存する」

撮影した画像／動画を保存する

➡ UIKit

関数

UIImageWriteToSavedPhotosAlbum(_:_:_:_:)　　　　　　　　　　画像を保存
UISaveVideoAtPathToSavedPhotosAlbum(_:_:_:_:)　　　　　　　動画を保存

書式 UIImageWriteToSavedPhotosAlbum (image, completionTarget,
　　completionSelector, contextInfo)

　　UISaveVideoAtPathToSavedPhotosAlbum(videoPath,
　　completionTarget, completionSelector, contextInfo)

引数 image：**UIImageオブジェクト**、completionTarget：**通知先**、
completionSelector：**セレクタ**、contextInfo：**セレクタに渡すパラメ
ータ**、videoPath：**撮影した動画のURL**

UIImageWriteToSavedPhotosAlbum(_:_:_:_:)関数は、撮影した画像をフォトア
ルバムへ保存します。この関数は非同期で実行され、画像の保存が完了した際に実
行される処理をセレクタとして指定できます。セレクタには、UIImageWriteTo
SavedPhotosAlbum(_:_:_:_:)関数の引数image、contextInfoとNSErrorオブジェ
クトが渡されます。セレクタの名称は任意につけて構いません。

セレクタが実行される前にアプリを終了すると、画像の保存が正常に行われない
ことがあります。そのため、セレクタ内で保存が完了したことがわかるようにして
ください。

UISaveVideoAtPathToSavedPhotosAlbum(_:_:_:_:)関数は、撮影した動画をア
ルバムへ保存します。最初の引数が動画のURLである以外は、UIImageWriteTo
SavedPhotosAlbum(_:_:_:_:)関数と同様の使い方をします。

サンプル DeviceSample/ImagePickerDetail.swift

```swift
class ImagePickerDetailCoordinator: NSObject, ⤵
UINavigationControllerDelegate,
  UIImagePickerControllerDelegate {
  @Binding var isPresented: Bool
  @Binding var isFinish: Bool
  @Binding var isError: Bool
  @Binding var errorMessage: String

  init(isPresented: Binding<Bool>, isFinish: Binding<Bool>, isError: ⤵
```

9

端末の機能を利用する

415

```
Binding<Bool>,
    errorMessage: Binding<String>) {
    // @Binding変数を初期化 _ が必要
    self._isPresented = isPresented
    self._isFinish = isFinish
    self._isError = isError
    self._errorMessage = errorMessage
  }

  func imagePickerController(_ picker: UIImagePickerController,
    didFinishPickingMediaWithInfo info: [UIImagePickerController. ↴
InfoKey : Any]) {

    // メディアのタイプを取得
    guard let mediaType = info[UIImagePickerController.InfoKey.m ↴
ediaType] as? String
      else { self.isPresented = false
      return
    }
    switch mediaType {
    case UTType.image.identifier:
      // 撮影した画像
      if let image : UIImage = info[UIImagePickerController.InfoKey. ↴
originalImage] as? UIImage {
        // フォトアルバムに保存
        UIImageWriteToSavedPhotosAlbum(image, self,
          #selector(self.image(_:didFinishSavingWithError:contextInfo: ↴
)), nil)
      }
    case UTType.movie.identifier:
      // 撮影した動画のURL
      if let movieUrl : URL = info[UIImagePickerController.InfoKey. ↴
mediaURL] as? URL{
        let moviePath = movieUrl.relativePath
        UISaveVideoAtPathToSavedPhotosAlbum(moviePath, self,
          #selector(self.video(_:didFinishSavingWithError:contextInfo ↴
:)), nil)
      }
    default:
      break
    }
    self.isPresented = false
  }
```

```
  // 画像保存時のセレクタ
  @objc func image(_ image: UIImage, didFinishSavingWithError error:   ⤵
NSError!,
    contextInfo: UnsafeMutableRawPointer) {
    if error != nil {
      isError = true
      errorMessage = error.localizedDescription
    } else {
      isFinish = true
    }
  }

  // 動画保存時のセレクタ
  @objc func video(_ videoPath:String, didFinishSavingWithError error  ⤵
:NSError!,
    contextInfo: UnsafeMutableRawPointer){
    if error != nil {
      isError = true
      errorMessage = error.localizedDescription
    } else {
      isFinish = true
    }
  }

  @objc func didFinish() {
    self.isPresented = false
  }

  func imagePickerControllerDidCancel(_ picker: UIImagePickerController) {
    self.isPresented = false
  }
}
```

参照　P.404「カメラを利用する」
　　　P.408「ファイル取得時／キャンセル時の処理を指定する」
　　　P.410「撮影時の詳細を表示する」

9

端末の機能を利用する

417

システム情報を参照する

➡ UIKit、UIDevice

■ プロパティ

current	現在のシステム情報
systemName	システム名
systemVersion	バージョン名
model	モデル名
batteryState	バッテリー状態
batteryMonitoringEnabled	バッテリーの状態を参照可能か

書式 device = UIDevice currentDevice()
device.batteryMonitoringEnabled = bool
device.systemName
device.systemVersion
device.modeldevicebatteryState
level = device.batteryLevel

引数 device：**UIDeviceオブジェクト**、
bool：**バッテリー状態の参照の可否（true／false）、**
level：**UIDeviceBatteryStateオブジェクト**

UIDevice クラスは、システム情報を管理します。システム情報は、上記の各プロパティで参照できます。

batteryMonitoringEnabled プロパティは、バッテリー状態の参照の可否を true／false で指定します。既定は false です。

batteryState プロパティは、バッテリーの状態を参照します。値は UIDevice. BatteryState オブジェクトとして取得できます。具体的な戻り値は次の通りです。

▽ UIDevice.BatteryState オブジェクトの種類

値	概要
UIDevice.BatteryState.unknown	不明、もしくは batteryMonitoringEnabled プロパティが false
UIDevice.BatteryState.unplugged	充電中ではない
UIDevice.BatteryState.charging	充電中
UIDevice.BatteryState.full100%	充電済み

```swift
@State private var text: String = ""
var body: some View {

  VStack {
    Text(text)
  }.task {
    // システム情報を取得
    let dev : UIDevice = UIDevice.current
    dev.isBatteryMonitoringEnabled = true
    text = "\(dev.systemName)\n\(dev.systemVersion)\n\(dev.model)\n
      \(self.batteryStateToString(state: dev.batteryState))\n\(dev. ↰
batteryLevel)\n"

    print(dev.batteryState)
  }
}

func batteryStateToString(state: UIDevice.BatteryState) -> String {
  switch ( state ) {
  case UIDevice.BatteryState.unplugged:
      return "充電中ではない"
  case UIDevice.BatteryState.charging:
    return "充電中"
  case UIDevice.BatteryState.full:
    return "フル充電済み"
  default:
    return "不明"
  }
}
```

9

端末の機能を利用する

```
iOS
17.2
iPhone
フル充電済み
1.0
```

▲ システム情報を参照する

参考　iOSシミュレーターでもシミュレーターのシステム情報を参照できます。

通知センターを利用する

➡ Foundation、NotificationCenter

```
addObserver(forName:object:queue:using:)          通知センターに登録
post(name:object:userInfo:)                       通知センターに送信
removeObserver(_:selector:name:object:)           通知センターから削除
```

書式
```
notification = NotificationCenter.default
notification.addObserver(forName:name, object: object,
    queue: queue) { notification in … }

notification.post(name: name, object: object,
    userInfo: userInfo)

notification.removeObserver(target[, name: name]
    [, object: object])
```

引数 notification：**NotificationCenterオブジェクト**、target：**通知先**、
name：**通知の名前**、object：**通知に渡すオブジェクト**、
queue：**OperationQueueオブジェクト**、
userInfo：**通知に渡す辞書オブジェクト**

　NotificationCenterクラスは、オブジェクトでイベントが発生した際にメソッド
を実行するしくみを提供します。あらかじめ、通知センターにイベントの発生を監
視するオブジェクト名と、イベント発生時に実行するセレクタを登録しておきます。
これによって、イベントが発生した場合に、通知センターを通してセレクタを実行
できます。イメージは次の通りです。

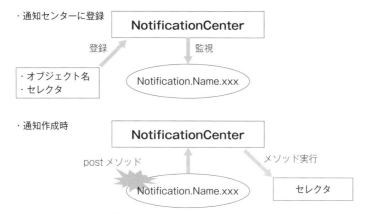

・通知センターに登録

NotificationCenter

登録 | 監視

・オブジェクト名
・セレクタ

Notification.Name.xxx

・通知作成時

NotificationCenter

post メソッド | メソッド実行

Notification.Name.xxx | セレクタ

通知センターのイメージ

　機能監視するオブジェクト名は、Notification.Nameオブジェクトで指定します。イベントの発生は、post(name:object:userInfo:)メソッドで任意のタイミングで行うことができます。

　addObserver(forName:object:queue:using:)メソッドは、通知センターに処理を登録します。引数は、通知の名前/通知に渡すオブジェクト/キューを管理するOperationQueueオブジェクト/イベント発生時に実行するクロージャです。

　post(name:object:userInfo:)メソッドは、通知センターに送信というイベントを通知します。引数は、通知の名前/通知に渡すオブジェクト/通知に渡す辞書オブジェクトです。

　removeObserver(_:selector:name:object:)メソッドは、通知センターに登録した処理を削除します。引数は、通知先/通知の名前/通知に渡すオブジェクトです。

サンプル DeviceSample/NotificationExampleView.swift

```swift
extension Notification.Name { // 登録する処理の名前
  static let didReceiveData = Notification.Name("didReceiveData")
}

struct NotificationExampleView: View {
  var body: some View {
    VStack {
      Button("Send") {
        // ボタン押下時にpostメソッド実行
        NotificationCenter.default.post(name: .didReceiveData, object: nil,
          userInfo: ["textKey": "Test Value"])
      }
```

```
  }.onAppear {
    // 画面表示時に「didReceiveData」の名前で処理を登録
    NotificationCenter.default.addObserver(forName: .didReceiveData,
      object: nil, queue: nil) { obj in
      // userInfoを取得
      if let userInfo = obj.userInfo {
        // testKeyの値を取得
        if let value = userInfo["textKey"] as? String {
          print(value)  // コンソールで確認
        }
      }
    }
  }
  .onDisappear {
    // 画面終了時に登録した処理を削除
    NotificationCenter.default.removeObserver(self, name:  ⤵
.didReceiveData, object: nil)
  }
 }
}
```

参考 通知センターに登録する際の通知の名前は、監視するオブジェクト単位で予約語として
決められているものもあります。詳しくは、各オブジェクトのドキュメントを参照して
ください。

P.457「動画ファイルを再生／停止する」

情報を共有する

➡ SwiftUI、ShareLink

メソッド

init(item:subject:message:preview:) 初期化処理

書式 ShareLink(item: item [, subject: subject] [, message: message]
[, preview: SharePreview(preview_text, image: preview_image)]
[, label: { label}])

引数 item：共有する対象、subject：タイトル、message：説明、
preview_text：共有シート上のテキスト、
preview_image：共有シート上のアイコン画像、
label：Labelオブジェクト

ShareLink構造体は、共有シートを表示します。init(item:subject:message:
preview:)メソッドは、テキストやURLなどの共有する対象を指定して初期化します。引数には、タイトル/説明/共有シート上のテキストとアイコン画像/画面上に表示するラベルを指定できます。

サンプル DeviceSample/ShareLinkExampleView.swift

```swift
let url = URL(string: "https://www.apple.co.jp")!

var body: some View {
  VStack {
    ShareLink(item: url,
      preview: SharePreview("Apple Web Site", image: Image( "apple_logo")),
      label: { Label(title: { Text("Apple") },
              icon: { Image(systemName: "apple.logo")}) }
    )
  }
}
```

9

端末の機能を利用する

423

▲ 情報を共有する

参考 タイトルと説明は、コード上のコメントのようなもので画面上には表示されません。

参照 P.182「ラベルを表示する」
P.425「アプリからほかのアプリを起動する」

アプリからほかのアプリを起動する

→ SwiftUI、System events

プロパティ

OpenURL   ほかのアプリを起動

書式 OpenURL(url)

引数 url：URLオブジェクト

OpenURLプロパティは、アプリからほかのアプリを起動できるインスタンス型のプロパティです。第1引数には、アプリの個別に用意されているスキーマをURLオブジェクトとして指定します。Appleの開発者向けドキュメントで公開されているスキーマには次のものがあります。

Appleの開発者向けドキュメントで公開されているスキーマ

スキーマ	起動するアプリ
mailto	メール
tel	電話
https	Safari
facetime	FaceTime
sms	SMS

サンプル DeviceSample/CallExample.swift

```swift
@Environment(\.openURL) var openURL

var body: some View {
    VStack(spacing: 30) {
        Button {
            openURL(URL(string: "tel:09000000000")!)
        } label: {
            Label("電話", systemImage: "teletype.answer.circle")
        }

        Button {
            openURL(URL(string: "mailto:xxx@xxx.com")!)
        } label: {
            Label("メーラー", systemImage: "mail")
        }
```

```
    Button {
      openURL(URL(string: "https://www.apple.co.jp")!)
    } label: {
      Label("ブラウザ", systemImage: "safari")
    }
  }
}
```

▲ アプリからほかのアプリを起動する

> 参考 アプリを起動するためのスキーマは、任意に設定することができます。設定は次のよう
> にinfo.plist内で「URL types」のキーで「URL Identifier」と「URL Schemes」をセットで
> 指定します。

URL types			Array	(2 items)
Item 0 (sample.DeviceSample)			Dictionary	(1 item)
URL identifier			String	sample.DeviceSample
Item 1			Dictionary	(1 item)
URL Schemes			Array	(1 item)
Item 0			String	devicesample

▲ スキーマの設定

URL Schemesの0番目に利用したいスキーマを記述します。サンプルではスキーマを
「devicesample」としています。スキーマが正常に設定できているかは、Safariのアドレ
スに「devicesample://」と入力して確認できます。正常にスキーマが設定できている場
合は、次のようにアプリを起動する旨の確認ウィンドウが表示されます。

9
端末の機能を利用する

▲ アプリを起動する旨の確認ウィンドウ

参考 スキーマにクエリを付加することで、「宛先をプリセットしてメーラーを起動する」など
の動作も可能です。詳細はAppleの開発者向けドキュメントで確認できます。

https://developer.apple.com/library/archive/featuredarticles/
iPhoneURLScheme_Reference/Introduction/Introduction.html

参考 スキーマから起動された後の処理は、onOpenURL(perform:)メソッドで定義すること
ができます。onOpenURL(perform:)メソッドは、基本的にアプリ内のどのビューでも
定義することができます。処理が複数に分かれる場合には、どこか1か所でまとめてお
くことをお勧めします。

https://developer.apple.com/documentation/swiftui/view/onopenurl(perform:)

参考 X／Facebook／Lineなどのアプリでもスキーマとクエリを指定することで、目的の動作
のためにアプリを起動することが可能です。詳しくは各SNSベンダの技術情報を参照し
てください。

参照 P.423「情報を共有する」

9
端末の機能を利用する

タイマーを利用する

➡ Foundation、Timer

メソッド

```
scheduledTimer(withTimeInterval:repeats:block:)                    タイマーを初期化
invalidate()                                                        タイマーを停止
```

書式
```
timer = Timer.scheduledTimer(withTimeInterval: sec,
                             repeats: bool) { timer ... }
timer.invalidate()
```

引数 timer：**Timerオブジェクト**、sec：**インターバル時間（秒）**、
target：**実行するオブジェクト**、bool：**繰り返し行うか（true／false）**

Timerクラスは、タスクのスケジュールを管理します。定期的にメソッドを実行したい場合／停止したい場合に利用します。

scheduledTimer(withTimeInterval:repeats:block:)メソッドは、インターバルの時間／定期的に実行するクロージャを指定してTimerオブジェクトを初期化します。その際に、繰り返し行う設定をtrue／falseで指定できます。一度だけ実行したい場合は、繰り返しの設定をfalseにします。

invalidate()メソッドは、Timerオブジェクトのスケジュールを停止します。

サンプル DeviceSample/TimerExampleView.swift
```swift
@State private var timer : Timer? //Timer
@State private var loaded = 0.0 // 初期値を0に

var body: some View {
  VStack(spacing: 30) {
    ProgressView("Loading...", value: loaded, total: 100)

    Button("Stop") {
      timer?.invalidate() // タイマーを止める
    }
  }.onAppear() {
    // タイマー開始
    timer = Timer.scheduledTimer(withTimeInterval: 0.1, repeats: true) ⤵
{ _ in
      if loaded < 100 {
        loaded += 2
      }
```

9

端末の機能を利用する

```
    }
  }.padding()
}
```

▲ タイマーを利用する

参考 Timerを使用して更新されるデータをUIに反映する場合、メインスレッドで行われるように注意してください。DispatchQueue.main.asyncブロック内でUIの更新を行います。サンプルのようにバインディング変数を用いる場合は、SwiftUIが自動的にメインスレッドでUIの更新を行うため、この限りではありません。

参考 Timerは、指定した間隔で実行されることが保証されるわけではありません。システムの負荷や他のイベントによってタイマーが遅延することがあります。利用するときはこの点に気をつけてください。

参照 P.245「進捗状態を表示する」

端
末
の
機
能
を
利
用
す
る

9

生体認証を利用する

➡ **LocalAuthentication、LAContext**

メソッド

canEvaluatePolicy(_:)	生体認証を実行
evaluatePolicy(_:localizedReason:reply:)	生体認証の種類

プロパティ

biometryType	生体認証が利用可能か

書式
```
let biometryType = context.biometryType
canBool = context.canEvaluatePolicy(policy,
  error errorPointer)
context.evaluatePolicy(policy,
  localizedReason: reason) { bool, error in ... }
```

引数　biometryType：**LABiometryTypeオブジェクト**、
canBool：**利用可能／利用不可能（true／false）**、
context：**LAContextオブジェクト**、policy：**LAPolicyオブジェクト**、
errorPointer：**Pointerオブジェクト**、reason：**認証を利用する理由**、
bool：**成功／失敗（true／false）**、error：**Errorオブジェクト**

LAContext クラスは、生体認証を行います。iOS端末で利用できる生体認証には、顔認識を行うFace IDと指紋認証を行うTouch IDの2種類があります。

biometryType プロパティは、利用できる生体認証の形式を**LABiometryType**オブジェクトとして取得できます。具体的な戻り値は次の通りです。

▼ **LABiometryTypeオブジェクトの値**

名前	概要
LABiometryType.faceID	Face IDが利用可能
LABiometryType.touchID	Touch IDが利用可能
LABiometryType.opticID	Optic IDが利用可能
LABiometryType.none	上記すべて利用不可能

canEvaluatePolicy(_:)メソッドは、生体認証が利用可能かどうかをtrue／falseで返します。メソッドの実行時に認証に使うポリシーを、**LAPolicy**オブジェクトとして指定します。具体的な設定値は次の通りです。エラーがある場合は、エラー内容がNSErrorオブジェクトのポインタに渡されます。

名称	概要
LAPolicy.deviceOwnerAuthenticationWithBiometrics	iOS端末による生体認証
LAPolicy.deviceOwnerAuthenticationWithWatch	Apple Watchによる認証
LAPolicy.deviceOwnerAuthenticationWithBiometricsOrWatch	iOS端末による生体認証／Apple Watchによる認証
LAPolicy.deviceOwnerAuthentication	iOS端末による生体認証またはパスワード認証／Apple Watchによる認証
LAPolicy.deviceOwnerAuthenticationWithWristDetection	watchOSによる手首認証

evaluatePolicy(_:localizedReason:reply:)メソッドは生体認証を実行します。メソッドの実行時に認証に使うポリシーと認証を行う理由を渡します。認証実行後、ラベルrelay以降のクロージャが実行されます。クロージャには、認証結果の成功／失敗をtrue／falseで、失敗した場合は、エラー情報がErrorオブジェクトとして渡されます。

サンプル Sample/AuthExampleView.swift

```swift
import SwiftUI
import LocalAuthentication // LocalAuthenticationフレームワークを ⤵
インポート

struct AuthExampleView: View {
  var body: some View {
    Button("認証する") {
      // 認証コンテキスト
      let context = LAContext()

      // エラーオブジェクト
      var error: NSError?

      // 生体認証が利用可能な場合
      if context.canEvaluatePolicy(LAPolicy.deviceOwnerAuthentication ⤵
WithBiometrics,
        error: &error) {
        var message = ""
        switch context.biometryType { // 認証の形式をswitch文で分ける
        case LABiometryType.faceID:
          message = "Face IDで認証します"
        case LABiometryType.touchID:
          message = "Touch IDを認証で認証します"
        default:
```

431

```
            message = "この端末では顔認証・指紋認証は利用できません"
            // canEvaluatePolicy(_:)で弾かれここは通らない
        }
        // 認証実行
        context.evaluatePolicy(LAPolicy.deviceOwnerAuthenticationWith ↴
Biometrics,
            localizedReason: message) { success, error in
            if success { print("認証成功") }  // 認証成功
            else { print("認証失敗") }  // 認証失敗

        }
    }
    // 認証が利用不可能な場合
    else {
        print("この端末では顔認証・指紋認証は利用できません")
    }
  }
 }
}
```

参考 生体認証は、生体認証に対応している端末以外では利用できません。

参考 Face IDを利用する場合には、info.plist内で「Privacy - Face ID Usage Description」の値を指定しておいてください。

参考 本書執筆時点(2024年5月)で、Optic IDが利用できる機器はVision Proのみです。LAContextクラスでは、Optic IDは仕様上定義されていますが、iOSアプリではまだ利用できません。

Chapter 10

データを利用する

　iOSアプリでは、アプリ内で作成したデータを保存したり、メディアファイルを読み出せます。Macは発表された当初から画像処理や音楽ファイルの作成などのマルチメディアの扱いに長けたコンピューターとして売り出されました。iOSでも、この特徴をしっかりと踏襲しており、データやメディアファイルを利用する機能が多く用意されています。

　本章では、これらの機能に関して、基本的な事柄を説明します。本章で説明する機能は次の通りです。

▼ 本章で利用するフレームワーク

フレームワーク名	機能
Foundation	アプリ内のデータ保存領域の利用
Core Image	画像データの利用
UIKit	グラフィック領域の利用
AVKit	動画ファイルの利用
AVFoundation	音声ファイルの利用

　データを保存する場合、既定のクラスを利用する方法から、任意のファイルを出力して保存する方法、データベースを利用するなど、いくつかの方法があります。アプリを開発する場合には、それぞれの特徴を理解し、アプリの目的に応じて最適な方法で実装することが重要です。

アプリの設定としてデータを保存する

→ Foundation、UserDefaults

メソッド

set(_:forKey:)	データを保存
synchronize()	データを同期

プロパティ

standard	インスタンスを取得

書式
```
let userDefaults = UserDefault.standard
userDefaults.set(value, forKey:key)
userDefaults.synchronize()
```

引数 userDefaults：**UserDefaultsオブジェクト**、key：**キー**、value：**値**

UserDefaultsクラスは、キーと値のペアの**key-value**型の形式で少量のデータの保存を管理するクラスです。主にアプリの設定として利用する少量のデータを保存するために利用されます。

UserDefaultsオブジェクトは、アプリ内の共有オブジェクトのような形で存在しているため、インスタンスを呼び出すだけで利用できます。UserDefaultsオブジェクトがデータを保存する先は、アプリ内の環境設定を保存しているディレクトリです。

standardプロパティは、インスタンスを取得します。

set(_:forKey:)メソッドは、指定したキーに対してメソッドの管理する型で値を保存します。

synchronize()メソッドは、共有オブジェクト内のデータを同期します。保存したデータがすぐにオブジェクト内で共有されるとは限らないので、データを確実に更新する際に利用します。

サンプル DataSample/UserDefaultsExampleView.swift
```
// UserDefaultsオブジェクト
let ud : UserDefaults = UserDefaults.standard
// データ保存に利用するキー
let kswitch : String = "swicthValue"
// ToggleのON/OFF
@State var isOn = false

var body: some View {
```

10

データを利用する

435

```
VStack {
  Toggle("Switch", isOn: $isOn)
    .padding()
    .onChange(of: isOn, initial: false) { _, newValue in
      // スイッチのON/OFFを保存
      ud.set(newValue, forKey: kswitch)
      // データを更新
      ud.synchronize()
    }
  }.onAppear() {
    // 保存した値を参照して、スイッチのON/OFFを指定
    isOn = ud.bool(forKey: kswitch)
  }
  .padding()
}
```

参考 UserDefaults クラスでは、アプリ内の設定やユーザー名、ページ数などの少量のデータの保存のみに利用します。大きなデータはファイルへの書き出しや Core Data を利用します。

参考 UserDefaults クラスでは、データは暗号化されず平文で保存されます。また、アプリのどこからでもアクセスできるという特徴もあります。そのため、パスワードなどを保存する場合には、保存の前に暗号化する処理を行うなどの対策をしてください。

参考 macOSには、キーチェーンというパスワード管理システムがあります。
キーチェーンでは、情報を保存する際に秘密鍵、証明書を伴う非常に安全なストレージを用います。これと同様のしくみが iOS でも Keychain Services の名前で提供されています。 重要なデータの保存には Keychain Services を利用すると安全です。

参照 P.437「設定したデータを取得する」

10

データを利用する

設定したデータを取得する

➡ Foundation、UserDefaults

メソッド

bool(forKey:)	BOOL型としてデータを取得
float(forKey:)	Float型としてデータを取得
integer(forKey:)	Int型としてデータを取得
double(forKey:)	Double型としてデータを取得
url(forKey:)	URL型としてデータを取得
object(forKey:)	オブジェクトを取得

プロパティ

standard	インスタンスを取得

書式
```
let value: Bool = userDefaults.bool(forKey:key)
let value: Float = userDefaults.float(forKey:key)
let value: Integer = userDefaults.integer(forKey:key)
let value: Double = userDefaults.double(forKey:key)
let value: URL = userDefaults.url(forKey:key)
let value = userDefaults.object(forKey:key)
```

引数 value：値、userDefaults：UserDefaultsオブジェクト、key：キー

~(forKey:)メソッドは、保存したキーに対する値を取得します。取得時の値の型は、各メソッドに従います。

サンプル DataSample/UserDefaultsExampleView.swift
```
Toggle("Switch", isOn: $isOn)
  .padding()
  .onChange(of: isOn, initial: false) { _, newValue in
...中略...
  }
}.onAppear() {
  // 保存した値を参照して、スイッチのON/OFFを指定
  isOn = ud.bool(forKey: kswitch)
}
```

参照 P.435「アプリの設定としてデータを保存する」

ディレクトリを利用する

➡ Foundation、Functions

関数

NSSearchPathForDirectoriesInDomains(_:_:_:)　　　　　　　利用可能なパスを取得

書式　let *paths: Array = NSSearchPathForDirectoriesInDomains(
　　　　　　　　　　　　　directory, UserDomainMask, expandTilde)

引数　paths：パスの配列、directory：FileManager.SearchPathDirectory
　　　オブジェクト、UserDomainMask：FileManagerSearchPathDomainMask
　　　オブジェクト、expandTilde：展開するか（true／false）

･･･

　NSSearchPathForDirectoriesInDomains(_:_:_:)関数は、アプリ内で利用可能な
ディレクトリまでのパスを取得します。取得したパスは、配列の形式で返されます。
　1番目の引数では、ディレクトリを **FileManager.SearchPathDirectory** オブ
ジェクトとして指定します。FileManager.SearchPathDirectoryオブジェクトには、
よく利用されるものとして次の値があります。

▽ FileManager.SearchPathDirectoryのおもなプロパティの種類

名前	概要	パス
.documentDirectory	アプリ固有のデータを保存するディレクトリ	~/Document
.libraryDirectory	アプリ固有の環境設定ファイルを保存するディレクトリ	~/Library
.cachesDirectory	アプリ固有のキャッシュファイルを保存するディレクトリ	~/Library/Caches

　アプリ内でデータを保存する場合は、FileManager.SearchPathDirectory.document
Directoryを利用します。
　2番目の引数では、パスを探す範囲を **FileManager.SearchPathDomainMask**
オブジェクトとして指定します。FileManager.SearchPathDomainMaskの種類に
は次のものがあります。

10

データを利用する

438

名前	概要
userDomainMask	アプリが利用するディレクトリ
localDomainMask	端末内のディレクトリ
networkDomainMask	ネットワーク内のディレクトリ
systemDomainMask	システム内のディレクトリ

　特別な理由がない限り、アプリ内のデータ保存では FileManager.SearchPath
DomainMask.userDomainMask を利用すれば十分です。
　3番目の引数には、得られたパスを展開するかどうかを true ／ false で指定します。
データを書き込む場合は、パスを展開しますので、true を指定します。
　アプリでディレクトリを利用する場合は、保存するデータの種類に関わらず、NS
SearchPathForDirectoriesInDomains(_:_:_:) 関数でのパスの取得が必要となりま
す。

サンプル DataSample/TextReadExampleView.swift

```
// ドキュメントディレクトリにファイルを指定
let filename: String = "test.txt"
// ドキュメントディレクトリまでのパスを取得
let documentsPath: String = NSSearchPathForDirectoriesInDomains(
  FileManager.SearchPathDirectory.documentDirectory,
  FileManager.SearchPathDomainMask.userDomainMask, true)[0]
// コンソールに出力
print(documentsPath)

// 結果：/var/mobile/Containers/Data/Application/ ［アプリのID］ /Documents
```

参考 NSSearchPathForDirectoriesInDomains 関数は、Mac 用のアプリケーションを開発す
るライブラリから移植された関数です。そのため、引数の値には iOS では利用しないも
のも含まれます。

参照 P.440「ファイルパスを結合する」
　　 P.444「ファイルの存在を確認する」

10
データを利用する

ファイルパスを結合する

➡ Foundation、URL

メソッド

appendingPathComponent(_:)　　　　　　　　　　　　　　　　　　パスを結合

書式 `let path : URL = url.appendingPathComponent(filename)`

引数 path：**URLオブジェクト**、url：**URLオブジェクト**、filename：**ファイル名**

appendingPathComponent(_:)メソッドは、パスを結合します。ファイルを保存したいディレクトリへのパスと、ファイル名を結合して保存するファイルを指定することができます。戻り値は、URLオブジェクトです。

サンプル DataSample/TextReadExampleView.swift

```
// ドキュメントディレクトリにファイルを指定
let filename: String = "test.txt"

// ドキュメントディレクトリまでのパスを取得
let documentsPath: String = NSSearchPathForDirectoriesInDomains(
  FileManager.SearchPathDirectory.documentDirectory,
  FileManager.SearchPathDomainMask.userDomainMask, true)[0]

// URLオブジェクトを生成
let url : URL = URL(fileURLWithPath: documentsPath)
// パスとファイル名を結合
let filePath: String = url.appendingPathComponent(filename).path

// コンソールに出力
print(filePath)

// 結果：/var/mobile/Containers/Data/Application/ [アプリのID] /Documents
```

参考 URLByAppendingPathComponent(_:)メソッドで得られるパスは、URLオブジェクトです。文字列として参照したい場合は、pathプロパティを利用します。

参照 P.438「ディレクトリを利用する」

ファイルに文字列を書き込む

➡ Foundation、NSString

メソッド

write(to:atomically:encoding:)　　　　　　　　　　　ファイルに文字列を書き込み

書式　string.**write**(to:urlPath, atomically:bool, encoding:encoding)

引数　string：NSStringオブジェクト、urlPath：URLオブジェクト、
bool：一時ファイルに書き出すか（true／false）、encoding：
NSStringEncodingオブジェクト

write(to:atomically:encoding:)メソッドは、文字列をファイルに書き込み、書き込みの成功／失敗をtrue／falseで返します。

1番目の引数は、ファイルへのパスをURLオブジェクトで指定します。

2番目の引数は、一時ファイルに書き出してファイルを置き換えるかをtrue／falseで指定します。trueを指定した場合は、もしファイルへの書き込み中にアプリが停止した場合などに、元のファイルを守ることができます。falseを指定した場合は、直接ファイルへ書き込みます。万が一、アプリが実行中に終了した場合などを考慮して、trueを指定しておくことをお勧めします。

3番目の引数は、ファイルへの書き込み時の文字コードをNSStringEncodingオブジェクトで指定します。NSStringEncodingオブジェクトには次の種類があります。

10

データを利用する

NSStringEncodingオブジェクトの種類

NSASCIIStringEncoding	欧米、ASCII
NSNEXTSTEPStringEncoding	欧米、NextStep
NSJapaneseEUCStringEncoding	日本語、EUC
String.Encoding.utf8	Unicode、UTF-8
NSISOLatin1StringEncoding	欧米、ISO Latin 1
NSSymbolStringEncoding	Symbol、Mac OS
NSNonLossyASCIIStringEncoding	Non-lossy、ASCII
NSShiftJISStringEncoding	日本語、Windows Dos
NSISOLatin2StringEncoding	中欧、ISO Latin 2
NSUnicodeStringEncoding	Unicode、UTF-16
NSWindowsCP1251StringEncoding	キリル文字、Windows
NSWindowsCP1252StringEncoding	欧米、Windows Latin 1
NSWindowsCP1253StringEncoding	ギリシャ語、Windows

名前	概要
NSWindowsCP1254StringEncoding	トルコ語、Windows Latin 5
NSWindowsCP1250StringEncoding	中欧、Windows Latin 2
NSISO2022JPStringEncoding	日本語、ISO 2022-JP
NSMacOSRomanStringEncoding	欧米、Mac OS Roman

iOSの日本語の文字コードはUTF-8ですので、アプリ内でのテキストの読み書きでは文字コードUTF-8を指定します。

サンプル DataSample/TextWriteExampleView.swift

```swift
Button("Write") {
  // ドキュメントディレクトリにファイルを指定
  let filename: String = "test.txt"

  // ドキュメントディレクトリまでのパスを取得
  let documentsPath: String = NSSearchPathForDirectoriesInDomains(
    FileManager.SearchPathDirectory.documentDirectory,
    FileManager.SearchPathDomainMask.userDomainMask, true)[0]

  // コンソールに出力
  print(documentsPath)

  // URLオブジェクトを生成
  let url : URL = URL(fileURLWithPath: documentsPath)
  // パスとファイル名を結合
  let filePathURL: URL = url.appendingPathComponent(filename)

  // 入力欄の内容をファイルへ書き込む
  do {
    try text.write(to: filePathURL, atomically: true, encoding: ↵
String.Encoding.utf8)
  } catch {
    print("エラーが発生しました")
  }
}
```

▲ ファイルに文字列を書き込む

442

参考 ファイルが存在しない場合は、書き込み時にファイルが新規に生成されます。
シミュレーターでは、次のディレクトリがアプリのドキュメントディレクトリになります。
/Users/[ユーザー名]/Library/Developer/CoreSimulator/Devices/[アプリのID]/data/
Containers/Data/Application/[アプリ内部のID]/Documents/test.txt

参照 P.445「ファイルの内容を取得する」

COLUMN》 ディレクトリの共有

iOSアプリでは、iTunesを経由することで、ドキュメントディレクトリをPC端末と共有できます。その方法は、アプリ内のplistファイルで項目「Application supports iTunes file sharing」をYESにするだけです。

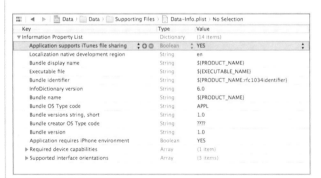

△ ディレクトリの共有設定

plistの設定を終えた後、iOS端末とPCをUSBケーブルで接続し、iTunesを起動してAppタブ内の該当するアプリを選択することで、ドキュメントディレクトリにファイルを転送できます。アプリ内で閲覧するファイルなどはここで転送できるようにしておくと、アプリの更新を伴わずにアプリの内容を変更できます。

ファイルの存在を確認する

➡ Foundation、FileManager

メソッド

fileExists(atPath:) ファイルの存在を確認

プロパティ

default インスタンスを取得

書式
```
let fileManager : NSFileManager = NSFileManager.
    defaultManager()
let bool : BOOL = fileManager.fileExistsAtPath(filePath)
```

引数 fileManager：**NSFileManagerオブジェクト**、bool：**ファイルが存在す
るか（true／false）**、filePath：**ファイルパス**

FileManagerクラスは、ファイルシステムを管理するクラスです。

defaultプロパティは、FileManagerオブジェクトのインスタンスを生成します。

fileExists(atPath:)メソッドは、ファイルの存在の有無をtrue／falseで返します。
ファイルを取得する前の判定として利用します。

サンプル DataSample/TextReadExampleView.swift

```swift
// 読み込みボタン押下時の処理
@IBAction func read(_ sender: Any) {
  // ドキュメントディレクトリにファイルを指定
  let filename: String = "test.txt"
  // ドキュメントディレクトリまでのパスを取得
  let documentsPath: String = NSSearchPathForDirectoriesInDomains(
    FileManager.SearchPathDirectory.documentDirectory,
    FileManager.SearchPathDomainMask.userDomainMask, true)[0]

  // ファイルが存在する場合
  if FileManager.default.fileExists(atPath: filePath) {
    // ファイル内容を取得
  }
}
```

参照 P.438「ディレクトリを利用する」
P.440「ファイルパスを結合する」

10
データを利用する

ファイルの内容を取得する

→ Foundation、NSString

メソッド

init(contentsOfFile:encoding:)　　　　　　　　　　　　ファイルの内容を取得

書式 ▶ let *string: String = String(contentsOfFile:filePath,
　　　　　　　　　　　　　　　　encoding:encoding)

引数 ▶ string：**NSStringオブジェクト**、filePath：**ファイルへのパス**、
　　　　encoding：**NSStringEncodingオブジェクト**

init(contentsOfFile:encoding:)メソッドは、ファイルの内容を文字列で取得します。

1番目の引数にはファイルへのパスを指定します。

2番目の引数では、ファイル内容を取得する文字コードをNSStringEncodingオブジェクトとして指定します。

エラーを投げるメソッドなので、do-catch文とともに利用します。

サンプル DataSample/TextReadExampleView.swift

```swift
// 読み込みボタン押下時の処理
Button("Read") {
  // ドキュメントディレクトリにファイルを指定
  let filename: String = "test.txt"
  // ドキュメントディレクトリまでのパスを取得
  let documentsPath: String = NSSearchPathForDirectoriesInDomains(
    FileManager.SearchPathDirectory.documentDirectory,
    FileManager.SearchPathDomainMask.userDomainMask, true)[0]

  // ファイルが存在する場合
  if FileManager.default.fileExists(atPath: filePath) {

    // ファイル内容を取得
    do {
      let str: String = try String(contentsOfFile:filePath,
        encoding:String.Encoding.utf8)
      text = str
    } catch let error {
      print(error)
    }
```

445

```
    }
}
```

▲ ファイルの内容を取得する

参考 ファイルの内容を取得する前に、ファイルが存在するか確認しておきます。利用できる
文字コードについてはP.441「ファイルに文字列を書き込む」を参照してください。

参照 P.438「ディレクトリを利用する」
P.440「ファイルパスを結合する」
P.441「ファイルに文字列を書き込む」
P.444「ファイルの存在を確認する」

COLUMN▶▶ do-catch文を使えるメソッド

第2章で、Swiftではエラーが起こる可能性のある箇所では、do-catch文を使っ
てエラーに備えられることを説明しました(P.78「例外処理を定義する」)。Apple
のドキュメントでは、do-catch文が使えるメソッドは次のようにメソッドの最
後部に「throws」と記述されています。

```
func write(to url: URL,
atomically useAuxiliaryFile: Bool,
  encoding enc: UInt) throws
```

▲ NSStringクラスのwrite(to:atomically:encoding:)メソッドの書式

上記メソッドの利用例は、P.441「ファイルに文字列を書き込む」のサンプルで確
認できます。
do-catch文を使うためには、あらかじめメソッドでエラーをthrowする処理が
定義されていることが必要です。他言語と違って、do-catch文の利用に制約が
ある以上、Appleのドキュメントを参照する際には、「throws」にも注意してみ
てください。

画像データを生成する

➡ UIKit、UIImage

メソッド

init(named:) ファイル名から画像データを生成
init(cgImage:scale:orientation:) ビットマップデータから画像データを生成

書式 let image: UIImage = UIImage(named:@"file")
let image: UIImage = UIImage(cgImage: imageRef,
　scale:scale, orientation:orientation)

引数 image：UIImageオブジェクト、file：画像ファイル名、
imageRef：CGImageRefオブジェクト、scale：拡大／縮小率、
orientation：UIImageOrientationオブジェクト

UIImageクラスは、UIKit内で画像データを扱うクラスです。画面に画像を表示する、ビットマップデータから画像データを生成する際に利用されます。

init(named:)メソッドは、画像ファイル名から画像データを生成します。

init(cgImage:scale:orientation:)メソッドは、CGImageRefオブジェクトというビットマップオブジェクトから画像データを生成します。その際には、引数で画像の拡大／縮小率、向きを指定できます。画像の向きはUIImageOrientationオブジェクトとして指定します。具体的な値は次の通りです。

▽ UIImageOrientationオブジェクトの種類

名前	概要
UIImageOrientation.up	上向き（既定）
UIImageOrientation.down	180度回転
UIImageOrientation.left	左に90度回転
UIImageOrientation.right	右に90度回転
UIImageOrientation.upMirrored	水平方向に反転
UIImageOrientation.downMirrored	垂直方向に反転
UIImageOrientation.leftMirrored	水平方向に反転＋左に90度回転
UIImageOrientation.rightMirrored	水平方向に反転＋右に90度回転

サンプル DataSample/ImageFilterExampleView.swift

```
// UIImageオブジェクトを生成
@State private var image: UIImage = UIImage(named: "sample")!
```

10 データを利用する

```
...中略...

// フィルタをかける
func addImageFilter() {
...中略...
  // CGImageRefオブジェクトから水平方向に反転した画像データを生成し、表示
  image = UIImage(cgImage: imageRef!,
    scale: 1.0, orientation: UIImageOrientation.upMirrored)
}
```

フィルタ適用後

△ 画像データを生成する

参考 画面に画像を表示する際には、必ずUIImageオブジェクトを経由します。

参照 P.449「画像編集用データを生成する」
P.452「画像にフィルタをかける」

画像編集用データを生成する

➡ Core Image、CIImage

メソッド

init(cgImage:) 初期化

プロパティ

extent 矩形情報を取得

書式 `let ciImage: CIImage = CIImage(cgImage: cgImage)`
`rect = ciimage.extent()`

引数 ciImage：**CIImage**オブジェクト、cgImage：**CGImageRef**オブジェクト、
rect：**CGRect**オブジェクト

CIImage クラスは、Core Image で利用される画像オブジェクトを管理します。Core Image の機能を利用して画像を加工する際に利用します。

init(cgImage:) メソッドは、CGImageRef オブジェクトを指定して初期化処理を行います。

extent プロパティは、CIImage オブジェクトの矩形情報を CGRect オブジェクトとして返します。

サンプル DataSample/ImageFilterExampleView.swift

```
// 編集用データを生成
let ciImage: CIImage = CIImage(cgImage: image.cgImage!)
...中略...
// フィルタをかける
let filter: CIFilter = CIFilter(name: "CIColorMonochrome")!
filter.setValue(ciImage, forKey: kCIInputImageKey)
...中略...
// フィルタ処理のオブジェクト
let filteredImage: CIImage = filter.outputImage!
// 矩形情報をセットしてレンダリング
let ciContext: CIcontext = CIContext(
  options:[CIContextOption.useSoftwareRenderer: true])
let imageRef = ciContext.createCGImage(filteredImage,
  from: filteredImage.extent)
```

参照 P.447「画像データを生成する」
P.450「画像データを出力する」
P.452「画像にフィルタをかける」

画像データを出力する

メソッド

```
init(options:)                                                    初期化処理
createCGImage(_:from:)                                            画像を描画
```

書式
```
let ciContext: CIContext = CIContext(options:dic)
let imageRef: CGImageRef = ciContext.createCGImage(ccimage,
  from:rect)
```

引数 ciContext：**CIContextオブジェクト**、dic：**NSDictionaryオブジェク
ト**、imageRef：**CGImageRefオブジェクト**、ccimage：**CIImageオブジェ
クト**、rect：**矩形情報**

· ·

CIContextクラスは、Core Image内でのレンダリングを管理します。Core Image
の機能を利用して画像を加工した後に、画像情報を取り出すために利用します。

init(options:)メソッドは、オプションを指定して初期化処理を行います。オプショ
ンは辞書の形式で指定し、辞書のキーには次のものが公開されています。

オプションのキー

kCIContextOutputColorSpace	画像出力にCGColorSpaceを利用するか
kCIContextWorkingColorSpace	画像編集にCGColorSpaceを利用するか
kCIContextUseSoftwareRenderer	ソフトウェアレンダラを利用するか

kCIContextUseSoftwareRendererをtrueにして利用すると、CPUのみを利用す
るCIContextオブジェクトを生成します。既定では、画像処理を担当するGPUと
CPUの両方を利用します。

createCGImage(_:from :)メソッドは、CIImageオブジェクトから矩形を指定し
てCGImageRefオブジェクトを生成します。生成したCGImageRefオブジェクト
は、UIImageクラスで処理することで、画面上に表示できます。

サンプル DataSample/ImageFilterExampleView.swift
```
// フィルタをかけた画像
let filteredImage: CIImage = filter.valueForKey(kCIOutputImageKey)
  as! CIImage

// CPUのみを利用するCIContextオブジェクトを生成
```

```
let ciContext: CIContext = CIContext(options:[CIContextOption.↩
useSoftwareRenderer: true])
```

```
let imageRef = ciContext.createCGImage(filteredImage,
 from: filteredImage.extent)
```

> **参考** GPUには、「バックグラウンドでは処理ができない」「CPUに比べてサイズの小さな画像しか扱えない」というデメリットがあります。GPUを利用したくない場合に、kCIContextUseSoftwareRendererをtrueにしてオプションを指定します。

参照 P.447「画像データを生成する」
P.449「画像編集用データを生成する」
P.452「画像にフィルタをかける」

COLUMN Core Imageで顔認識を行う

Core Imageには画像を加工するクラスだけでなく、デジカメの顔認識機能のように画像内の人物の顔を認識するためのクラスも用意されています。

顔認識を行うクラス

クラス名	概要
CIFaceFeature	顔の輪郭やパーツの座標を保持
CIDetector	顔を認識

いずれのクラスも静止画だけでなく、カメラで写している画像に対しても利用できます。さらに、CIFaceFeatureクラスを利用したサンプルアプリのソースコードがiOS Dev Center内で公開されています。

SquareCam

https://developer.apple.com/library/ios/samplecode/SquareCam/
Introduction/Intro.html

サンプルコードをもとにCIDetectorクラスの処理を追記すれば、顔認識の機能を確認できます。またCIFaceFeatureクラスでは、顔のパーツの座標を検出できますので、これらを変更して顔を変えることもできます。
あまり知られていませんが、カメラアプリで使える基本的な機能で、応用可能なサンプルも公開されています。カメラアプリを作成する場合には、一度試してみるとよいでしょう。

画像にフィルタをかける

➡ Core Image、CIFilter

メソッド

init(name:)　　　　　　　　　　　　　　　　　　　　　　　　　　　　　　　　　　初期化
setValue(_:forKey:)　　　　　　　　　　　　　　　　　　　　　　　　　　キーに値をセット

プロパティ

outputImage　　　　　　　　　　　　　　　　　フィルタ処理後のCIImageオブジェクト

書式 let filter: CIFilter = CIFilter(name:filterName)
　　　　filter.setValue(value, forKey:key)
　　　　ccImage = filter.outputImage

引数 filter：**CIFilterオブジェクト**、filterName：**フィルタ名**、key：**キー**、
　　　value：**値**、ccImage：**CIImageオブジェクト**

CIFilter クラスは、フィルタを生成し、画像にフィルタをかけます。iOSでは、数十種類のフィルタがあらかじめ用意されており、CIFilterクラスを使うことによって、比較的容易に画像を加工できます。

iOSで利用できるおもなフィルタは、次のカテゴリに分類されています。

▽ フィルタのカテゴリ

名称	概要	フィルタの例
CICategoryBlur	ぼかし効果	CINoiseReduction(ノイズ効果)、CIZoomBlur(ズームでぼかす)
CICategoryColorAdjustment	色調整	CIColorControls(明るさやコントラスト)、CIColorMatrix(色変換)
CICategoryColorEffect	色エフェクター	CISepiaTone(セピアトーン)、CIColorInvert(色の反転)
CICategoryCompositeOperation	画像合成	CIAdditionCompositing(明度調整)、CIColorBlendMode(輝度調整)
CICategoryDistortionEffect	ひずみ	CIBumpDistortion(規定点での衝突)、CIBumpDistortionLinear(凹／凸のひずみ)
CICategoryGenerator	パターン	CICheckerboardGenerator(チェス盤パターン)、CIConstantColorGenerator(濃い色を生成)
CICategoryGeometryAdjustment	幾何学調整	CIAffineTransform(アファイン変換)、CICrop(切り込む)
CICategoryGradient	グラデーション	CIGaussianGradient(ガウス分布)、CIRadialGradient(円形グラデーション)

10
データを利用する

452

名前	概要	フィルタ例の解説
CICategoryHalftoneEffect	ハーフトーン	CICircularScreen（循環網目）、CICircularWrap（円で包む）
CICategoryReduction	減少／低下	CIAreaAverage（単一のピクセル）、CIAreaMinimumAlpha（アルファ値を最大に）
CICategorySharpen	シャープ	CIShadedMaterial（高度なシャープ）、CISharpenLuminance（詳細なシャープ）
CICategoryStylize	スタイル	CIBlendWithMask（グレースケールのマスク）、CIBloom（柔らかい光）
CICategoryTileEffect	タイル	CIOpTile（アート外観）、CIOverlayBlendMode（背景画像）
CICategoryTransition	変形	CIPageCurlTransition（ページめくり）、CISwipeTransition（スワイプ）

　各カテゴリの詳細、カテゴリ以下のフィルタの概要は、iOS開発者向けドキュメント内で公開されています。

　init(name:)メソッドは、フィルタを指定して初期化処理を行います。

　setValue(_:forKey:)メソッドは、フィルタ内の効果を指定するためのキーとその値を指定します。キーと値の範囲については、フィルタ単位で決まっていますので、利用する前にiOS開発者向けドキュメントで確認してください。

　outputImageプロパティは、フィルタ処理後のCIImageオブジェクトを参照します。

　フィルタ利用時の画像オブジェクトの型は、次の図のように変化します

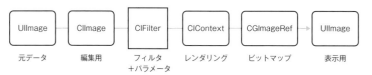

UIImage → CIImage → CIFilter → CIContext → CGImageRef → UIImage

元データ　　編集用　　フィルタ　　レンダリング　　ビットマップ　　表示用
　　　　　　　　　　　＋パラメータ

▲ フィルタ利用時の画像オブジェクト

サンプル **DataSample/ImageFilterExampleView.swift**

```
func imageFilter() {

    // 編集用データを生成
    let ciImage: CIImage = CIImage(CGImage: image.CGImage)

    // モノクロームのフィルタを生成
    let filter: CIFilter = CIFilter(name: "CIColorMonochrome")

    // フィルタをかける画像を指定
```

453

```
filter.setValue(ciImage, forKey: kCIInputImageKey)
// 範囲を指定
filter.setValue(1.0 , forKey:"inputIntensity")
// 色の割合を指定
filter.setValue(CIColor(red: 0.7, green: 0.7, blue: 0.7), forKey: "inputColor")

// フィルタ処理のオブジェクト
let filteredImage: CIImage = filter.outputImage

// 矩形情報をセットしてレンダリング
// CIContextオブジェクトを生成
let ciContext: CIContext = CIContext(options:nil)

// レンダリングを行い、CGImageRefオブジェクトを生成
let imageRef = ciContext.createCGImage(filteredImage,
 from: filteredImage.extent)

// CGImageRefオブジェクトから水平方向に反転した画像データを生成して表示
image = UIImage(cgImage: imageRef!, scale: 1.0,
 orientation: UIImage.Orientation.upMirrored)
}
```

フィルタ適用前

フィルタ適用後

フィルタをかける

参考 利用できるフィルタの一覧は、以下のページから参照できます。
https://developer.apple.com/library/content/documentation/GraphicsImaging/
Reference/CoreImageFilterReference/index.html

参照 P.447「画像データを生成する」
P.449「画像編集用データを生成する」

動画プレイヤーを表示する

➡ AVKit、VideoPlayer

メソッド

init(player:)

初期化処理

書式 VideoPlayer(player: player)

引数 player：AVPlayerオブジェクト

VideoPlayer構造体は、動画を再生するためのUIを管理します。一般的な動作再生アプリと同様に、再生／停止／音量調整／全画面表示などの機能を持ちます。

init(player:)メソッドは、再生する動画をAVPlayerオブジェクトとして指定して初期化処理を行います。再生できる動画のフォーマットは、mp4／m4v／mov／3gpの4種類です。

サンプル DataSample/MovieExampleView.swift

```swift
import SwiftUI
import AVKit.    // AVKitフレームワークをインポート

struct MovieExampleView: View {

  private let avPlayer = {
    // 動画ファイルを取得
    let url = Bundle.main.url(forResource: "sample", withExtension: ⤸
"mov")!
    // 動画のURLを指定してAVPlayerオブジェクトを生成
    let player = AVPlayer(url: url)
    return player
  }()

  var body: some View {
    VStack {
      VideoPlayer(player: avPlayer)
      HStack(spacing: 30)
    }.ignoresSafeArea()
  }
}
```

10

データを利用する

▲ 動画プレイヤーを表示する

参考 サンプルでは、「{}」ブロックでクロージャを定義した直後に「()」で実行することで、変数 avPlayerの値を設定しています。クロージャには、オブジェクトの初期化と短い処理を まとめる使い方もできます。

参照 P.457「動画ファイルを再生／停止する」

動画ファイルを再生／停止する

→ AVFoundation、AVPlayer

init(url:)	初期化
play()	動画を再生
pause()	再生を停止

プロパティ

volume	音量
externalPlaybackVideoGravity	表示時の比率

書式
```
let player = AVPlayer(url: url)
player.play()
player.pause()
player.volume = value
player.externalPlaybackVideoGravity = gravity
```

引数　player：AVPlayerオブジェクト、url：画像ファイルのURL、
value：音量（0〜1）、gravity：AVLayerVideoGravityオブジェクト

AVPlayerクラスは、動画ファイルを管理します。VideoPlayer構造体の中で、動画ファイルを管理する役割はAVPlayerクラスが担っています。VideoPlayerの初期化時に指定するAVPlayerオブジェクトに対して処理を行うことで、任意のタイミングで動画を再生したり音量を調整することができます。

play()メソッドは動画を再生します。pause()メソッドは動画の再生を停止します。

volumeプロパティは、0〜1の間の数値で音量を指定します。0が最小値で1が最大値です。

externalPlaybackVideoGravityプロパティは、再生画面のサイズに対するアスペクト比を指定します。値は、AVLayerVideoGravityオブジェクトで指定します。具体的な値は次の通りです。

AVLayerVideoGravityオブジェクトの種類

AVLayerVideoGravity.resize	アスペクト比を維持せずにリサイズして表示、規定
AVLayerVideoGravity.resizeAspectFill	アスペクト比を維持してリサイズ、スペースを詰めて表示
AVLayerVideoGravity.resizeAspect	アスペクト比を維持してリサイズ、スペースを詰めずに表示

10

データを利用する

```swift
private let avPlayer = {
  // 動画ファイルを取得
  let url = Bundle.main.url(forResource: "sample", withExtension: "mov")!
  // 動画のURLを指定してAVPlayerオブジェクトを生成
  let player = AVPlayer(url: url)
  player.volume = 0.5
  // アスペクト比を保ち枠内に収まるように
  player.externalPlaybackVideoGravity = .resizeAspect
  return player
}()

// 再生中かのフラグ
@State var isPlaying: Bool = false
// 音量
@State private var volume: Float = 0.5
// 再生終了時のメッセージ
@State private var message: String = ""

var body: some View {
  VStack {
    Text(message)
    // 動画プレイヤー
    VideoPlayer(player: avPlayer)
      .frame(width: 320, height: 240, alignment: .center)
    Button {
      isPlaying ? avPlayer.pause() : avPlayer.play()
      isPlaying.toggle()
    } label: {
      Image(systemName: isPlaying ? "stop" : "play").padding()
    }
    // スライダーで音量の調整
    Slider(value: $volume).frame(width: 320)
      .onChange(of: volume, initial: false) { _, value in
        avPlayer.volume = value
      }
  }
  .onAppear() {
    // 動画の再生が終わった際の処理
    NotificationCenter.default.addObserver(forName:
      NSNotification.Name.AVPlayerItemDidPlayToEndTime,
      object: nil, queue: nil) { _ in
        message = "fin"
```

```
        }
    }
}
```

▲ 動画ファイルを再生／停止する

参照 P.455「動画プレイヤーを表示する」

音声ファイルを再生する

➡ AVFoundation、AVAudioPlayer

メソッド

init(contentsOf:)	初期化
play()	再生
stop()	停止

書式
```
let player: AVAudioPlayer = try? AVAudioPlayer(contentsOf: url)
player.play()
player.stop()
```

引数 player：**AVAudioPlayerオブジェクト**、url：**URLオブジェクト**

AVAudioPlayerクラスは、音声ファイルの再生を管理します。再生できる音声のコーデックは、AAC／ALAC／MP3の3種類です。

init(contentsOf:)メソッドは、音声ファイルへのURLを指定して初期化処理を行います。失敗時には、メソッド実行前に宣言したNSErrorオブジェクトへの代入としてエラー内容が渡されます。

play()／stop()の各メソッドは、それぞれ再生／停止を行います。

サンプル DataSample/MoviePlayerExampleView.swift

```swift
import SwiftUI
import AVFoundation // AVFoundationフレームワークをインポート

struct AudioExampleView: View {

  private let audioPlayer: AVAudioPlayer = {
    // ファイルパス
    let url: URL = Bundle.main.url(forResource: "sample", withExtension: ⤵
"mp3")!
    // URLを指定して初期化
    let audioPlayer = try! AVAudioPlayer(contentsOf: url)

    // 5回再生
    audioPlayer.numberOfLoops = 5
    // 音量を半分に
    audioPlayer.volume = 0.5
    return audioPlayer
  }()
```

```
var body: some View {
  HStack(spacing: 30) {
    Button("再生") {
      audioPlayer.play()
    }
    Button("停止") {
      audioPlayer.stop()
    }
  }
}
}
```

参考 AVAudioPlayerオブジェクトはビューを持たないので、画面に処理を追加する必要はあ
りません。

参考 サンプルのように音源ファイルが確実に存在する場合は、「try ?」文ではなく、「try !」文
を利用するほうがコードを簡潔にできます。

参照 P.462「音量を調整／繰り返し再生する」

COLUMN>> AVAudioPlayerのほかの機能

AVAudioPlayerクラスでは、本文で紹介した以外に、次のような音声の再生の
基本的な機能を持っています。

- 再生時間の制御
- 再生レベルの制御
- 巻き戻し
- メモリバッファからのサウンドの再生

- 複数の音声ファイルの
  同時再生
- 早送り
- ループ再生

サンプルの通り、AVAudioPlayerクラスは直感的にわかりやすいメソッドやプ
ロパティを持っています。プレイヤーのような機能をそのまま作れてしまうほ
ど、機能も充実しています。
iOSで音声の再生に関する機能はCore Audioというフレームワークでまとめら
れており、AVAudioPlayerクラスもその一部です。iOSは、もともと通話機能
や音楽プレイヤーとしての機能を持っており、「音声を再生する」という機能と
の親和性にも優れます。
Core Audio内のクラスを使ったサンプルも多く用意されています。
AVAudioPlayer以上に機能を持つクラスも多く、iOS端末に転送すればすぐに
実機で試すこともできます。音声の再生に関しては、iOS端末自体の機能も高
いのでサンプルだけでなく、アレンジしたものを試してみると、アプリ開発の
面白さもいっそう実感できます。

10

データを利用する

461

音量を調整／繰り返し再生する

➡ AVFoundation、AVAudioPlayer

プロパティ

numberOfLoops 再生回数
volume 音量

書式 player.**numberOfLoops** = num
player.**volume** = vol

引数 player：AVAudioPlayerオブジェクト、num：**再生回数**、
vol：**音量（0.0〜1.0）**

· ·

　numberOfLoopsプロパティは、playメソッドでの再生回数を指定します。既定
は1回です。値に-1を指定すると、無限に再生を続けます。

　volumeプロパティは、再生時の音量を0.0〜1.0の数値で指定します。

サンプル DataSample/AudioExampleView.swift

```
private let audioPlayer: AVAudioPlayer = {
  // ファイルパス
  let url: URL = Bundle.main.url(forResource: "sample", withExtension: "↴
mp3")!
  // URLを指定して初期化
  let audioPlayer = try! AVAudioPlayer(contentsOf: url)

  // 5回再生
  audioPlayer.numberOfLoops = 5
  // 音量を半分に
  audioPlayer.volume = 0.5
  return audioPlayer
}()
```

参照 P.460「音声ファイルを再生する」

Chapter 11

ネットワークを利用する

概要

iOSアプリでは、ネットワークを経由して取得したデータを利用できます。具体的には、次のようなデータがよく利用されています。

- ニュース
- 地図情報や路線情報
- SNS（Facebook、Twitterなど）
- ランキング情報

アプリ自体が持っていないデータをネットワーク越しに取得することで、アプリの機能を強化できます。例えば、App StoreやTwitterアプリなどは、iOSアプリ単体では実装しえない機能を、サーバーと通信することによって実現しています。また、カタログのアプリのように、アプリ内のデータを最新のものに更新する必要がある場合には、サーバーからデータをダウンロードしてデータを更新させることもできます。

このように、ダウンロードを利用してアプリのデータのみ更新する場合は、Appleへのアプリの更新申請して審査を受ける必要がないため、アプリ更新までの時間が短縮でき、非常に便利です。さらに、ダウンロードと課金を組み合わせることで、電子書籍の続編の購入やゲーム内のアイテム購入といった機能も実装できます。このことは、App Storeにおいて有料アプリの販売以外で収益を上げるしくみとして、非常に注目されています。

本章では、iOSアプリからHTTP通信を利用する基本的な方法と、インターネットでのデータ通信で汎用的に利用されるJSONの解析について説明します。

リクエスト先を指定する

➡ Foundation、URL

メソッド

init(string:) 初期化

書式 `let url : URL = URL(string: str)`

引数 url：URLオブジェクト、str：文字列

　URLクラスは、リクエストする先を指定するクラスです。アプリ内では、HTTPプロトコル経由で参照する先、メーラー起動時のメールアドレス、動画や音声ファイルを参照する際のファイルの場所などを指定するために利用します。アプリの外のデータを取得する際に最初に利用するクラスです。

　init(string:)メソッドは、参照先を文字列で指定して初期化処理を行います。

サンプル NetSample/URLSessionExampleView.swift

```
// URLを指定してURLオブジェクトを生成
let str : String = "https://www.wings.msn.to/image/wings.jpg"
let url : URL = URL(string: str)!
```

参考 iOSアプリで扱う外部のURLは、httpsで始まるものが既定です。httpで始まるURLを参照する場合は、info.plist内の「App Transport Security Settings」-「Allow Arbitrary Loads」の値をYESにして外部との通信を可能にしてください。

Key	Type	Value
▼ Information Property List	Dictionary	(6 items)
▼ App Transport Security Settings	Dictionary	(1 item)
Allow Arbitrary Loads	Boolean	YES

App Transport Security Settingsの設定

参照 P.466「HTTPリクエストを生成する」

HTTP リクエストを生成する

→ Foundation、URLRequest

メソッド

init(url:)　　　　　　　　　　　　　　　　　　　　HTTPリクエストを生成

書式 let request = URLRequest(URL: url)

引数 request：URLRequestオブジェクト、url：URLオブジェクト

．．．

URLRequest クラスは、URL 経由でのリクエストを管理します。URL
Requestオブジェクトを生成するには、init(url:)メソッドを利用します。

サンプル NetSample/URLSessionExampleView.swift

```
// URLを指定してURLオブジェクトを生成
let str : String = "https://www.wings.msn.to/image/wings.jpg"
let url : URL = URL(string: str)!

// HTTPリクエストオブジェクトを生成
let request = URLRequest(url: url)
```

参考 リクエストを行う際のスキーマは、URLオブジェクトで指定します。URLRequestオブ
ジェクトでは、スキーマを考慮しなくてかまいません。

参照 P.465「リクエスト先を指定する」

HTTPセッションを生成する

→ Foundation、URLSession

メソッド

init(configuration:) 詳細を指定して初期化

プロパティ

shared 初期化

書式 let session = URLSession.shared
let session = URLSession(configuration: config)

引数 session : URLSessionオブジェクト、
config : URLSessionConfigurationオブジェクト

. . . .

URLSessionクラスは、一連のHTTP通信処理をまとめて管理するクラスです。
アプリで通常行われる非同期通信のほかに、アプリがバックグラウンドにまわった
際の通信もサポートしています。これらの通信をHTTPセッションといいます。

HTTPセッションの中で、ダウンロード/アップロード等のデータのやり取りは
URLSessionTaskクラスが管理します。一連のHTTP通信の中での各クラスの役
割を簡単にまとめると次の図のようになります。

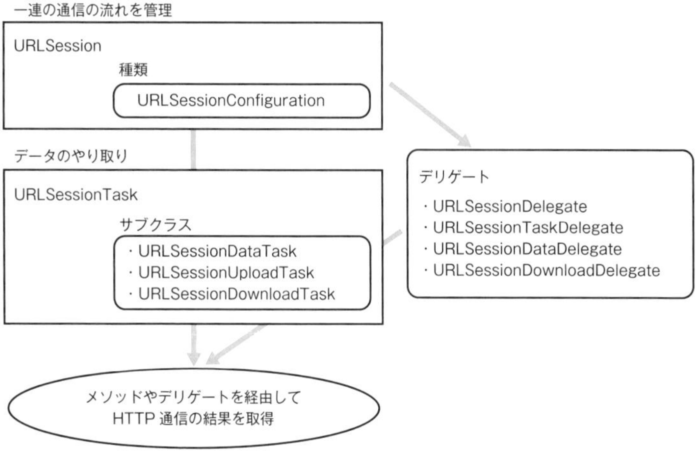

HTTP通信での各クラスの関係

HTTP通信の開始から結果の取得までの手順をまとめると、次のようになります。

1 セッションの種類をURLSessionConfigurationオブジェクトで指定
2 URLSessionオブジェクトを生成
3 URLSessionTaskオブジェクトを生成し、データのやり取りを定義
4 HTTP通信を開始
5 メソッドやデリゲートを経由してHTTP通信の結果を取得

shared プ ロ パ テ ィ は、URLSession オ ブ ジ ェ ク ト を 初 期 化 し ま す。init(configuration:)メソッドは、詳細を指定してURLSessionオブジェクトを初期化します。

サンプル **NetSample/URLSessionExampleView.swift**

```
// URLを指定してURLオブジェクトを生成
let str : String = "https://www.wings.msn.to/image/wings.jpg"
let url : URL = URL(string: str)!
// HTTPリクエストオブジェクトを生成
let request = URLRequest(url: url)
// HTTPセッションを生成
let session : URLSession = URLSession.shared
```

参考 init(configuration:)メソッドについては、P.469「HTTP通信の詳細を指定する」のサンプルで例を挙げます。

参照 P.469「HTTP通信の詳細を指定する」
P.471「ダウンロードの方法を定義する」
P.473「HTTP通信を行う」

HTTP 通信の詳細を指定する

➡ Foundation、URLSessionConfiguration

プロパティ

default	初期化
ephemeral	RAM利用時の初期化
allowsCelluarAccess	キャリア回線を使用するか
timeoutIntervalForRequest	ダウンロードが始まるまでの待機時間（秒）
timeoutIntervalForResource	ダウンロードが完了するまでの時間（秒）
isDiscretionary	状況に応じて通信の優先度を下げる

書式
```
let config = URLSessionConfiguration.default
let config = URLSessionConfiguration.ephemeral

config.allowsCellularAccess   = use
config.timeoutIntervalForRequest = sec
config.timeoutIntervalForResource = sec
config.config.discretionary = allow
```

引数 session：URLSessionオブジェクト、config：
URLSessionConfigurationオブジェクト、identifier：
識別子、use：キャリア回線を使用する／しない（true／false）、
sec：秒数、allow：状況に応じて通信の優先度を下げる／下げない
（true／false）

URLSessionConfiguration クラスは、URLSession オブジェクトの詳細を指定します。指定できる詳細の種類は3つあり、次のように初期化のためのプロパティとメソッドが分かれています。

▼ URLSessionConfiguration クラスの初期化プロパティとメソッドの種類

default プロパティ	ダウンロードしたデータをディスクに保存（既定）
ephemeral プロパティ	ダウンロードしたデータを RAM に保存。HTTP セッションを破棄すると、ダウンロードしたデータも破棄される
background(withIdentifier:) メソッド	バックグラウンドで動作。アプリがバックグラウンドに回った後や終了後でも動作可能

default プロパティは、永続化したいデータをダウンロードするために利用されます。これに対して、ephemeral プロパティは、認証のための証明書やキャッシュ等の一時的に利用するデータのダウンロードに利用されます。

469

allowsCellularAccess プロパティは、キャリア回線を使用するかどうかをtrue／false で指定します。既定はtrue です。

timeoutIntervalForRequest プロパティは、ダウンロードが始まるまでの待機時間を秒で指定します。既定は60秒です。

timeoutIntervalForResource プロパティは、ダウンロードが完了するまでの時間を秒で指定します。既定は604800秒で7日間です。

isDiscretionary プロパティは、通信状況やバッテリー等の利用時の状況に応じて通信の優先度を下げるかどうかをtrue／false で指定します。既定はfalse です。

サンプル NetSample/URLSessionConfigureExampleView.swift

```
// 詳細を指定（RAMへのデータ保存を指定）
let config : URLSessionConfiguration = URLSessionConfiguration.ephemeral
// キャリア回線を利用
config.allowsCellularAccess = true
// 状況に応じて優先度を下げる
config.isDiscretionary = true
// URLSessionオブジェクトを生成
let session : URLSession = URLSession(configuration: config)
```

参照 P.467「HTTPセッションを生成する」
P.471 ダウンロードの方法を定義する」
P.473「HTTP通信を行う」
P.474「ダウンロード中／完了時の処理を指定する」

ダウンロードの方法を定義する

➡ Foundation、URLSession

メソッド

```
dataTask(with:completionHandler:)          ハンドラを指定してダウンロードを定義
downloadTask(with:)                        デリゲートを利用するダウンロードを定義
```

書式
```
let task : URLSessionDataTask =
    session.dataTask(with: request,
    completionHandler: {(data, response, error) in {...} })
let dlTask : URLSessionDownloadTask =
    session.downloadTask(with: url)
```

引数 task：**URLSessionDataTask**オブジェクト、session：**URLSession**オブジェクト、request：**URLRequest**オブジェクト、data：**Data**オブジェクト、response：**URLResponse**オブジェクト、error：**Error**オブジェクト、dlTask：**URLSessionDownload**オブジェクト、url：**URL**オブジェクト

dataTask(with:completionHandler:)メソッドは、ハンドラを指定してコンテンツのダウンロードを定義します。返り値はURLSessionDataTaskオブジェクトです。ハンドラには、コンテンツをダウンロードしたデータであるDataオブジェクト、HTTPヘッダやステータスコードを格納したURLResponseオブジェクト、エラー情報を格納したErrorオブジェクトが渡されます。

downloadTask(with:)メソッドは、デリゲートを利用するコンテンツのダウンロードを定義します。戻り値はURLSessionDownloadTaskオブジェクトです。バックグラウンドのダウンロードでは、デリゲートを経由して結果を取得しますので、ハンドラ等の指定はありません。

サンプル NetSample/URLSessionExampleView.swift
```
@State private var image: UIImage = UIImage()
...中略...
Button("Start") {
    // URLを指定してURLオブジェクトを生成
    let str : String = "https://www.wings.msn.to/image/wings.jpg"
    let url : URL = URL(string: str)!

    // HTTPリクエストオブジェクトを生成
    let request = URLRequest(url: url)
    // HTTPセッションを生成
```

```
    let session : URLSession = URLSession.shared
    // ダウンロードの方法を定義
    let task : URLSessionDataTask = session.dataTask(with: request, ⤵
completionHandler:
      {(data, response, error) in

        // エラーがあれば出力
        if error != nil {
          print(error ?? "")
          return
        }

        // メインのスレッドで処理を行う
        DispatchQueue.main.async {
          // 画面中央に取得した画像を表示
          image = UIImage(data: data!)!
        }
      })
    // HTTP通信を開始
    task.resume()
}
```

ハンドラを利用してHTTP通信を行う

> 参考 URLSessionDataTask クラス／URLSessionDownloadTask に関しては、P.467
> 「HTTPセッションを生成する」のクラスの関係図を参照してください。

> 参考 downloadTask(with:)メソッドについては、P.474「ダウンロード中／完了時の処理を指
> 定する」の節で説明します。

参照 P.467「HTTPセッションを生成する」
P.469「HTTP通信の詳細を指定する」
P.473「HTTP通信を行う」
P.474「ダウンロード中／完了時の処理を指定する」

HTTP 通信を行う

→ Foundation、URLSessionTask

メソッド

resume() HTTP通信を開始

書式 task.resume()

引数 task：URLSessionTaskオブジェクト

resume()メソッドは、定義したタスクを実行し、HTTP通信を行います。本メソッドは、URLSessionTaskクラスのメソッドですので、そのサブクラスであるURLSessionDataTask／URLSessionUploadTask／URLSessionDownloadTaskの各クラスでも利用できます。

サンプル NetSample/URLSessionConfigureExampleView.swift

```
// ダウンロードの方法を定義
let task : URLSessionDataTask = session.dataTask(with: url,
  completionHandler: {(data, response, error) in
...中略...
})
// HTTP通信を開始
task.resume()
```

参照 P.467「HTTPセッションを生成する」
P.469「HTTP通信の詳細を指定する」
P.471「ダウンロードの方法を定義する」
P.474「ダウンロード中／完了時の処理を指定する」

ダウンロード中／完了時の処理を指定する

➡ Foundation、URLSessionDownloadDelegate

> メソッド

urlSession(_:downloadTask:didWriteData:totalBytesWritten:totalBytesExpectedToWrite:) ダウンロード中の処理

urlSession(_:downloadTask:didFinishDownloadingTo:)

ダウンロード完了時の処理

> 書式

```swift
func urlSession(_ session: URLSession,
    downloadTask: URLSessionDownloadTask,
    didWriteData bytesWritten: Int64,
    totalBytesWritten: Int64,
    totalBytesExpectedToWrite: Int64){...}

func urlSession(_ session: URLSession,
    downloadTask: URLSessionDownloadTask,
    didFinishDownloadingTo location: URL){ ... }
```

> 引数

session：URLSessionオブジェクト、downloadTask：URLSessionDownloadTaskオブジェクト、bytesWritten：**ダウンロード中のバイト数**、totalBytesWritten：**ダウンロード済みの総バイト数**、totalBytesExpectedToWrite：**ダウンロードする総バイト数**、location：**ダウンロードしたファイルのURLオブジェクト**

URLSessionDownloadDelegate クラスは、ダウンロード実行時の処理を管理します。

urlSession(_:downloadTask:didWriteData:totalBytesWritten:totalBytesExpectedToWrite:)メソッドは、ダウンロード中の処理を指定します。引数としてダウンロード中のバイト数、ダウンロード済みのバイト数、ダウンロードする総バイト数が渡されますので、現在どの程度までダウンロードが進んでいるかが分かります。

urlSession(_:downloadTask:didFinishDownloadingTo:)メソッドは、ダウンロード完了時の処理を指定します。引数として渡されるURLオブジェクトは、ダウンロードしたファイルの一時的な場所のURLです。ダウンロードしたファイルを保存する場合は、この一時的なURLをアプリ内のドキュメントディレクトリ等の適切な場所に移します。

> サンプル NetSample/DownloadExampleView.swift

```swift
@Observable class HttpDownloader: NSObject {
  var progress: Float = 0.0
```

```
  func download() {
    let str : String = "https://www.wings.msn.to/image/wings.jpg"
    let url : URL = URL(string: str)!
    // デリゲートを指定してダウンロード
    let config : URLSessionConfiguration = URLSessionConfiguration.default
    let operationQueue = OperationQueue()
    let session : URLSession = URLSession(configuration: config, ⤵
delegate: self,
      delegateQueue: operationQueue)
    let task : URLSessionDownloadTask = session.downloadTask(with: url)
    task.resume()
  }
}

extension HttpDownloader: URLSessionDownloadDelegate {
  // ダウンロード中の処理
  func urlSession(_ session: URLSession,
        downloadTask: URLSessionDownloadTask,
    didWriteData bytesWritten: Int64,
    totalBytesWritten: Int64,
    totalBytesExpectedToWrite: Int64)
  {
    // ダウンロードするトータルのサイズに対する現在ダウンロードしたサイズの
割合
    self.progress = floor(Float(totalBytesWritten)/Float ⤵
(totalBytesExpectedToWrite))
  }

  // ダウンロード完了時の処理
  func urlSession(_ session: URLSession, downloadTask: ⤵
URLSessionDownloadTask,
  didFinishDownloadingTo location: URL)
  {
    // ダウンロードした画像を保存
    let filename: String = "sample.jpg"
    let manager = FileManager.default
...中略...
  }
}

struct DownloadExampleView: View {
  // HttpDownloaderクラス初期化
```

475

```
    private let downloader = HttpDownloader()

    var body: some View {
        VStack(spacing: 20) {
            // 進捗度合いの表示
            ProgressView(value: downloader.progress, total: 1.0,
                    label: { Text("\(downloader.progress.toStringValue())"). ↴
font(.subheadline) })
                .frame(width: 300)

            Button("Download") { // ダウンロード処理の実行
                downloader.download()
            }
        }
        .padding()
    }
}
```

ダウンロード中／完了時の処理を指定する

参考 URLSessionクラスのinit(configuration:delegate:delegateQueue:)メソッドで指定する
デリゲートはURLSessionDelegateです。しかし、同一のHTTPセッションを扱うものとして URLSessionTaskDelegate／URLSessionDataDelegate／URLSession
DownloadDelegateの各デリゲートのメソッドも利用できます。

参照 P.467「HTTPセッションを生成する」
P.469「HTTP通信の詳細を指定する」
P.471「ダウンロードの方法を定義する」
P.473「HTTP通信を行う」

ステータスコードを取得する

➡ Foundation、HTTPURLResponse

メソッド

statusCode ステータスコード

書式 **let** code = response.**statusCode**

書式 response：**HTTPURLResponseオブジェクト**、code：**ステータスコード**

HTTPURLResponseクラスは、HTTP通信のレスポンスを管理します。Webサーバーから返されるステータスコードやヘッダを参照する際に利用されます。

statusCodeメソッドは、ステータスコードを参照します。

HTTPURLResponseクラスは、仕様上はURLResponseクラスのサブクラスなので、HTTP通信系のメソッドで返されるURLResponseオブジェクトを型変換して利用します。

サンプル NetSample/StatusCodeExampleView.swift

```
// URLを指定してURLオブジェクトを生成
let str : String = "https://www.wings.msn.to/image/wings.jpg"
let url : URL = URL(string: str)!
let request = URLRequest(url: url)

let session : URLSession = URLSession.shared
let task : URLSessionDataTask = session.dataTask(with: request,
  completionHandler: {(data, response, error) in

    // HTTPURLResponseに型変換してステータスコードを取得
    let res : HTTPURLResponse = response as! HTTPURLResponse
    print(res.statusCode)
})
task.resume()
```

参照 P.466「HTTPリクエストを生成する」
P.467「HTTPセッションを生成する」
P.471「ダウンロードの方法を定義する」
P.473「HTTP通信を行う」

477

11

ネットワークを利用する

URL から画像を表示する

➡ SwiftUI、AsyncImage

メソッド

`init(url:scale:content:placeholder:)` 初期化処理

書式 `AsyncImage(url: url [, scale: scale:]) { image in`
　　　`...`
`} [ placeholder: {`
　　`view`
`}]`

引数 `url`：URLオブジェクト、`scale`：**画像のスケール**、
`image`：**Imageオブジェクト**、`view`：**Viewオブジェクト**

`AsyncImage` 構造体は、URLから非同期に画像を取得して表示します。`init(url:scale:content:placeholder:)` メソッドは、画像のURLとスケールを指定して初期化します。メソッドの直後のブロックには、取得した画像にスケールを適応したImageオブジェクトが渡されます。画像を表示するまでにプレースホルダを表示する場合は、placeholderブロックに表示するViewオブジェクトを配置します。

サンプル NetSample/StatusCodeExampleView.swift

```
AsyncImage(url: URL(string: "https://www.wings.msn.to/image/wings.jpg") ↴
!, scale: 2) { image in
  image    // 取得した画像
  .resizable()
} placeholder: {
  ProgressView()    // プレースホルダとして表示するビュー
}
.aspectRatio(contentMode: .fit)
.frame(width: 300, height: 300)
```

初期状態　　　　　　　　　　画像取得後

 ➡

▲ URLから画像を表示する

参考 高解像度ディスプレイに対応した画像を表示するためには、スケールの値を2または3と指定します。これは画像アセットの@2xまたは@3xと同じ意味です。

参照 P.174「画像を表示する」
P.466「HTTPリクエストを生成する」

JSON の構造をマップする

→ Foundation、Codable

プロトコル

Codable JSONの構造をマップ

書式 struct name:**Codable**{
    let property : type
    ,,,
}

引数 name：**構造体の名前**、property：**プロパティ名**、type：**型**

Codableプロトコルは、JSONを解析するための構造体とJSONの構造をマップします。構造体を定義する際に、Codableプロトコルを実装させることで、JSONを解析した結果を格納できるようになります。

Codableプロトコルを実装した構造体は、JSONの構造に合わせて定義します。以下は、ランダムにユーザー情報を生成するRANDOM USER GENERATOR API（https://randomuser.me/）の戻り値のJSONを解析する例です。次のようにJSONの構造に合わせて2つの構造体を作成します。

RANDOM USER GENERATOR APIの戻り値（JSON）　　　作成する構造体

解析するJSONの構造と定義する構造体の関係

479

図のように

- ユーザー情報を格納する上層の構造体
- ユーザー情報を格納する構造体

の2つの構造体を作成し、Codableプロトコルを実装します。

サンプル NetSample/JsonExampleView.swift

```swift
// resultsを格納する構造体
struct ResultUserList:Codable {
    let results : [User]
}

// ユーザー情報を格納する構造体
struct User: Codable {
    let gender: String

    let name: Name
    struct Name: Codable {
        let title: String
        let first: String
        let last: String
    }

    let location: Location
    struct Location: Codable {
        let city: String
        let state: String
        let postcode: Int
    }

    ...後略...
}
```

参考 JSONの解析自体は、JSONDecoderクラスを利用して行います。
参照 P.481「JSONを解析する」

JSON を解析する

→ Foundation、JSONDecoder

メソッド

decode(_:from:) JSONを解析

書式
```
let decoder = JSONDecoder()
let result = try decoder.decode(struct, from: data)
```

引数 decoder：**JSONDecoderオブジェクト**、result：**解析結果**、struct：
JSONをマップする構造体、data：**Dataオブジェクト**

....

JSONDecoderクラスは、JSONの解析を行います。decode(_:from:)メソッド
は、HTTP通信で得られたDataオブジェクトをJSONのデータとして解析します。
解析した結果は、Codableプロトコルを実装した構造体にマップされます。

以下、前節同様、RANDOM USER GENERATOR API(https://randomuser.me/)
の戻り値のJSONを解析する例をサンプルに挙げます。

サンプル **NetSample/JsonExampleView.swift**

```swift
// RANDOM USER GENERATORのAPIにアクセスし、APIの結果をJSONで取得
let str : String = "https://randomuser.me/api"
let url : URL = URL(string: str)!

// URLRequestを生成してJSONのデータを取得
let request: URLRequest = URLRequest(url:url)
let session = URLSession.shared
let task : URLSessionDataTask = session.dataTask(with: request,
  completionHandler: {(data, response, error) in
    // APIからの戻り値がなければ処理を終了
    guard let data = data else{ return }
    // エラーがあれば表示
    if(error != nil) {
        print(error ?? "")
        return
    }
    do{
        // JSONDecoderクラスのインスタンスを生成
        let decoder = JSONDecoder()
        // JSONを解析して作成した構造体のとおりにマッピング
        let resultList = try decoder.decode(ResultUserList.self,
```

```
        from: data!)

    // JSONを解析した後、User構造体にマッピングされたデータを取り出す
    for user in resultList.results {
        print(user.gender)
        print(user.name.title)
        print(user.location.postcode)
        print(user.email)
    }
}catch{
    print("JSONの解析でエラーが起きました")
}
})
task.resume()
```

参考 JSONの解析結果を格納する構造体には、必ずCodableプロトコルを実装しておいてください。

参考 decode(_:from:)メソッドは、処理が失敗した場合にエラーを投げます。そのため、do-catch文とともに利用します。

参考 Codable プロトコルを利用せずに JSON を解析する場合は、次のように JSONSerializationクラスを利用します。解析結果は辞書オブジェクトで得られます。

サンプル NetSample/JsonExampleView.swift

```
let jsonResult = try JSONSerialization.jsonObject(with: data,
    options: JSONSerialization.ReadingOptions.mutableContainers)
    as! NSMutableDictionary
```

参照 P.467「HTTPセッションを生成する」
P.469「HTTP通信の詳細を指定する」
P.473「HTTP通信を行う」
P.474「ダウンロード中／完了時の処理を指定する」
P.479「JSONの構造をマップする」

Chapter **12**

画像認識を利用する

Visionフレームワークを利用すると、画像データからテキスト認識／矩形認識／顔認識／バーコード認識などの画像データの分析を比較的簡単に行うことができます。Swiftのフレームワークであるため、分析の速度も非常に高速です。Swiftでは、画像の加工も比較的簡単に行うことができますので、認識したデータを画像の上に可視化して表示することもできます。

Visionフレームワークでのテキスト認識は、iOS 16から正式に日本語に対応しました。外部ライブラリやクラウドサービスなどを利用せずに、SwiftのみでOCRの機能を実装することも可能です。

顔やテキストを認識

● **Vision フレームワークのイメージ**

Visionフレームワークのほかにメディアを扱うフレームワークには、オーディオビジュアルメディア（AV）の作成／再生／キャプチャを行うAVFoundationフレームワークが存在します。AVFoundationフレームワークを利用すると、カメラやマイクから入力された映像／音声データを取得できます。取得したデータはVisionフレームワークで利用することもできます。

本章ではVisionフレームワークでの基本的な画像解析の手法と、AVFoundationフレームワークを利用したリアルタイムな映像処理について説明します。

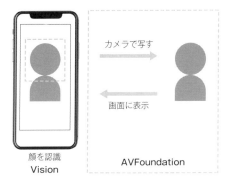

顔を認識
Vision

カメラで写す

画面に表示

AVFoundation

▸ AVFoundationとVisionフレームワークを使った処理のイメージ

　画像を扱うアプリにおいては、VisionフレームワークとAVFoundationフレームワークは同時に利用されることが多いです。2つのフレームワークの目的と使用例を表に整理しておきます。

▸ VisionフレームワークとAVFoundationフレームワークの特徴

フレームワーク	Vision	AVFoundation
目的	高度な画像解析やオブジェクト検出	メディアのキャプチャ／編集／再生
使用例	顔認識／テキスト認識／物体検出／バーコードやQRコードの読み取り	写真やビデオの撮影／メディアの再生／リアルタイムビデオ処理

　AVFoundationフレームワークはカメラやマイクなどの入力機器に近いところでの利用、Visionフレームワークは入力機器からデータを取得した後の処理で利用します。

　AVFoundationフレームワークについては、第10章 P.457「動画ファイルを再生／停止する」、P.460「音声ファイルを再生する」の項目でも利用しています。

画像解析リクエストを生成する

➡ Vision、VNRequest

メソッド

init(completionHandler:)
　　　　　　　　　　　　　　　　　　　　　　　　　　　　　　　　　　　　　　　初期化処理

書式 let request = VNRecognize { (request, error) in ... }

引数 request：**VNRequestオブジェクト**、error：**Errorオブジェクト**

　VNRequest クラスは、画像を解析するためのリクエストを生成するスーパークラスです。画像解析のリクエストを行うクラスは、目的別にVNRequestクラスのサブクラスとして次のように定義されています。

VNRequestの主なサブクラス

クラス	概要	参照ページ
VNDetectRectanglesRequest	矩形を認識	P.490
VNRecognizeTextRequest	テキスト解析	P.494
VNDetectTextRectanglesRequest	テキストの領域を認識	P.496
VNDetectFaceRectanglesRequest	顔を認識	P.498

　init(completionHandler:)メソッドは、画像解析のリクエストを初期化します。メソッドの後のクロージャに、画像解析リクエストのオブジェクトとエラーオブジェクトが渡されます。初期化処理の時点で、画像解析の結果を得るためのクロージャを定義することに気をつけてください。画像解析リクエストの生成と実行のイメージは次の通りです。

画像解析リクエストを生成　　　　　　　　　　　画像解析リクエストを生成

※画像解析の結果を取得

画像解析リクエストの生成と実行のイメージ

```swift
// テキスト解析リクエスト
let request = VNRecognizeTextRequest { (request, error) in
  if error != nil {  // エラーがあれば出力して終了
    print(error!)
    return
  }
  // 解析結果
  if let results = request.results as? [VNRecognizedTextObservation] {
    let strings = results.compactMap { $0.topCandidates(1).first?.string }
    print(strings)
  }
}
```

参考 画像解析の結果については、各画像解析クラスのサンプルで説明します。

参考 画像解析を行う際には、端末内のメモリなどのリソースが多く消費されます。大量の画像データや高解像度の画像を処理する場合、パフォーマンスに影響を与える可能性があります。画像を解析するアプリを開発するときには、この点に気をつけてください。

参照 P.488「画像解析リクエストを実行する」
　　　P.490「矩形を検出する」
　　　P.494「テキストを認識する」
　　　P.496「テキストの領域を認識する」
　　　P.498「顔を認識する」

画像解析リクエストを実行する

➡ Vision、VNImageRequestHandler

メソッド

```
init(cgImage:options:)                                        初期化処理
perform(_:)                                          画像解析リクエストの実行
```

書式

```
let handler = VNImageRequestHandler(cgImage: cgImage, options:
    options)
handler.perform(requests)
```

引数

handler：**VNImageRequestHandler**オブジェクト、
cgImage：**CGImage**オブジェクト、options：**VNImageOption**オブジェク
トをキーとした辞書、requests：**VNRequest**オブジェクトの配列

. . . .

VNImageRequestHandlerクラスは、画像解析を実行します。

init(cgImage:options:)メソッドは、解析対象となる画像のCGImageオブジェク
トとオプションを指定して初期化します。オプションは、**VNImageOption**構造
体をキーとした辞書の形式で指定します。VNImageOption構造体のプロパティに
は次のものがあります。

VNImageOption構造体のプロパティ

名前	説明
properties	地平線検出などのアルゴリズム
cameraIntrinsics	カメラ組み込み関数の指定
ciContext	Core Imageフレームワークで利用されるオプションの指定

perform(_:)メソッドは、VNRequestオブジェクトを指定して画像解析を実行し
ます。例外を投げるメソッドなので、do-catch文、try文とともに利用します。

サンプル　VisionSample/RectangleRecognizeExampleView.swift

```swift
// テキスト認識リクエスト
let request = VNRecognizeTextRequest { (request, error) in
  if error != nil {  // エラーがあれば出力して終了
    print(error!)
    return
  }
  // 検出結果 VNRecognizedTextObservationの配列
  if let results = request.results as? [VNRecognizedTextObservation] {
    for observation in results {
      // VNRecognizedTextオブジェクト
      if let recognizedText = observation.topCandidates(1).first {
        // textプロパティを参照
        print(recognizedText.string)
      }
    }
  }
}

// 言語設定
request.recognitionLanguages = ["ja-JP"]

// テキスト認識リクエストを実行
let handler = VNImageRequestHandler(cgImage: image.cgImage!, options: [:])
Task {
  do {
    try handler.perform([request])
  } catch {
    print(error)
  }
}
```

参考 画像解析の結果は、画像解析リクエストを定義した際のクロージャで参照します。

参照 P.486「画像解析リクエストを生成する」
P.490「矩形を検出する」
P.494「テキストを認識する」
P.496「テキストの領域を認識する」
P.498「顔を認識する」

矩形を検出する

➡ Vision、VNDetectRectanglesRequest

プロパティ

minimumSize	検出する矩形の最小寸法の比率
maximumObservations	検出する矩形の最大の数
results 検出結果	

書式 request.minimumSize = min
request.maximumObservations = max
observations = request.result

引数 request：**VNDetectRectanglesRequestオブジェクト、**
min：**検出する矩形の最小寸法の比率、**max：**検出する矩形の最大の数、**
observations：**VNRectangleObservationオブジェクト**

VNDetectRectanglesRequest クラスは、矩形を検出する画像解析リクエストを生成します。

minimumSize プロパティは、検出する矩形の最小の縦横の比率を0~1.0の数値で指定します。既定は0.2です。

maximumObservations プロパティは、検出する矩形の最大の数を整数で指定します。既定は1です。

results プロパティは、矩形の検出結果を VNRectangleObservation オブジェクトの配列として参照します。VNRectangleObservation オブジェクトの boundingBox プロパティから、検出した矩形を CGRect オブジェクトとして参照できます。

Vision での座標は、UIKit での座標とは異なり、左下を原点とした縦横での割合で考えます。

▼ VisionとUIKitでの座標の考え方の違い

フレームワーク	原点	幅	高さ	値
Vision	左下	1.0	1.0	(横に対する割合, 縦に対する割合)
UIKit	左上	ピクセル数	ピクセル数	(ピクセル数, ピクセル数)

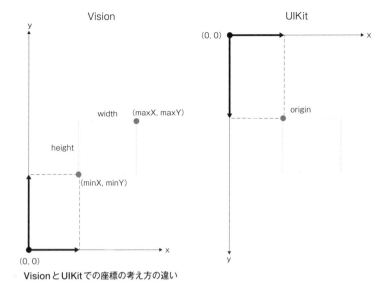

Vision と UIKit での座標の考え方の違い

boundingBox プロパティで得られる矩形を画面上に表示するためには、次のように UIKit での座標に変換する必要があります。矩形の原点を左上で考え、認識する画像のサイズを反映してピクセル数での座標とサイズを算出します。

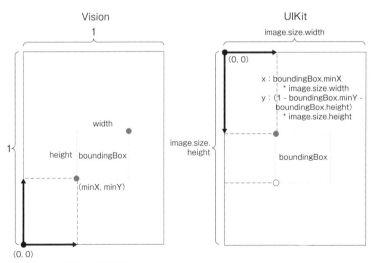

Vision から UIKit への座標変換

491

上記のように座標を変換する処理を行うことで、画像認識で検出した矩形を画像に反映することができます。

サンプル VisionSample/RectangleRecognizeExampleView.swift

```swift
@State private var image: UIImage = UIImage(named: "ipads")!

var body: some View {
  VStack {
    Image(uiImage: image).resizable().aspectRatio(contentMode: .fit)

    Button("Start") {
      // 矩形検出のリクエストを生成
      let request = VNDetectRectanglesRequest { (request, error) in
        // 解析結果を画像に反映
        if let results = request.results as? [VNRectangleObservation] {
          image = self.drawRectangleDectect(image: image, observations:
results)
        }
      }
      request.minimumSize = 0.1  // 検出する矩形の最小の比率
      request.maximumObservations = 8  // 検出する矩形の最大の数

      // 画像解析を開始する
      let handler = VNImageRequestHandler(cgImage: image.cgImage!,
options: [:])
      Task {
        do {
          try handler.perform([request])
        } catch {
          print(error)
        }
      }
    }
  }
}

// 解析結果を画像に反映
func drawRectangleDectect(image: UIImage, observations:
[VNRectangleObservation]) -> UIImage {
  // 画像の下地を準備
  UIGraphicsBeginImageContextWithOptions(image.size, false, image.scale)
  let context = UIGraphicsGetCurrentContext()
```

```
    image.draw(at: .zero)
    context?.setStrokeColor(UIColor.red.cgColor)
    context?.setLineWidth(1.0)

    // 検出された矩形の枠を描画
    for observation in observations {
      let boundingBox = observation.boundingBox
      // サイズを変換
      let size = CGSize(width: boundingBox.width * image.size.width, ↵
height: boundingBox.height * image.size.height)
      // 原点の座標を変換
      let origin = CGPoint(x: boundingBox.minX * image.size.width, y: ↵
(1 - boundingBox.minY - boundingBox.height) * image.size.height)
      // 矩形を描画
      let rect = CGRect(origin: origin, size: size)
      context?.stroke(rect)
    }
    // 画像を出力
    let img = UIGraphicsGetImageFromCurrentImageContext()
    UIGraphicsEndImageContext()
    return img!
}
```

▲ 矩形を検出する

参考 画像の上に線を引くなど、画像を加工する処理に関してはこちらのAppleのドキュメントで詳細を確認できます。

https://developer.apple.com/documentation/uikit/drawing

参照 P.486「画像解析リクエストを生成する」
P.488「画像解析リクエストを実行する」

テキストを認識する

➡ Vision、VNRecognizeTextRequest

プロパティ

recognitionLanguages	認識する言語の優先順位
results	認識結果

書式
```
request.recognitionLanguages = lang
observations = request.result
```

引数 request：**VNRecognizeTextRequestオブジェクト**、lang：**言語の配列**、
observations：**VNRecognizedTextObservationオブジェクトの配列**

VNRecognizeTextRequestクラスは、テキストを検出する画像解析リクエストを生成します。

recognitionLanguagesプロパティは、検出するテキストの言語の優先度をISO言語コードで指定します。

resultsプロパティは、テキストの検出結果を**VNRecognizedTextObservation**オブジェクトの配列として参照します。

VNRecognizedTextObservationオブジェクトのtopCandidatesプロパティの1番目に検出したテキストを管理する**VNRecognizedText**オブジェクトが存在します。VNRecognizedTextオブジェクトのtextプロパティを参照することで、検出したテキストを得ることができます。

サンプル VisionSample/TextRecognizeExampleView.swift
```swift
// テキストを認識する画像
private let image: UIImage = UIImage(named: "iphone15pro")!
...中略...

// テキスト認識リクエスト
let request = VNRecognizeTextRequest { (request, error) in
  if error != nil {   // エラーがあれば出力して終了
    print(error!)
    return
  }

  // 検出結果 VNRecognizedTextObservationの配列
  if let results = request.results as? [VNRecognizedTextObservation] {
    for observation in results {
```

```swift
      // VNRecognizedTextオブジェクト
      if let recognizedText = observation.topCandidates(1).first {
        // textプロパティを参照
        print(recognizedText.string)
      }
    }
  }
}

// 言語設定
request.recognitionLanguages = ["ja-JP"]

// テキスト認識リクエストを実行
let handler = VNImageRequestHandler(cgImage: image.cgImage!, options: [:])
Task {
  do {
    try handler.perform([request])
  } catch {
    print(error)
  }
}
```

➡ テキスト解析結果をコンソールに表示

```
iPhone 15 Pro
チタニウム。この強さ。この軽さ。これぞ、Pro。
さらに詳しく＞
購入＞
iPhone 15
新しいカメラ。新しいデザイン。うっとり。
さらに詳しく＞購入＞
```

テキストを認識する

参照 P.486「画像解析リクエストを生成する」
    P.488「画像解析リクエストを実行する」

495

テキストの領域を認識する

➡ Vision、VNDetectTextRectanglesRequest

プロパティ

results

認識結果

書式 observations = request.**result**

引数 request：**VNDetectTextRectanglesRequestオブジェクト、**
observations：**VNTextObservationオブジェクトの配列**

VNDetectTextRectanglesRequestクラスは、テキストの領域を認識する画像解析リクエストを生成します。

resultsプロパティは、テキスト領域の検出結果を VNTextObservation オブジェクトの配列として参照します。VNTextObservationオブジェクトのboundingBoxプロパティから、検出した矩形をCGRectオブジェクトとして参照できます。

サンプル VisionSample/TextRectanglesRecognizeExampleView.swift

```
@State private var image: UIImage = UIImage(named: "iphone15pro_text")!

var body: some View {
  VStack {
    Image(uiImage: image)
      .resizable().aspectRatio(contentMode: .fit)

    Button("Start") {
      // テキスト領域認識リクエスト
      let request = VNDetectTextRectanglesRequest { (request, error) in
        if let results = request.results as? [VNTextObservation] {
          image = self.drawRectangleForTextDectect(image: image, ⤵
observations: results)
        }
      }

      // テキスト領域の解析を実行
      let handler = VNImageRequestHandler(cgImage: input, options: [:])
      Task {
        do {
          try handler.perform([request])
        } catch {
```

```
        print(error)
      }
    }
  }
}
}
```

// 検出されたテキスト領域の枠を描画する処理
```
func drawRectangleForTextDectect(image: UIImage, observations: ⤵
[VNTextObservation]) -> UIImage {
  UIGraphicsBeginImageContextWithOptions(image.size, false, image.scale)
...中略...
  return img!
}
```

iPhone 15
新しいカメラ。新しいデザイン。うっとり。
Start

➡

iPhone 15
新しいカメラ。新しいデザイン。うっとり。
Start

▲ テキスト領域を検出する

参考 テキスト領域の枠を描画する処理は、P.490「矩形を検出する」のサンプルの処理を参照してください。

参照 P.486「画像解析リクエストを生成する」
P.488「画像解析リクエストを実行する」
P.490「矩形を検出する」

顔を検出する

→ Vision、VNDetectFaceRectanglesRequest

プロパティ

results

検出結果

書式 observations = request.**result**

引数 request：**VNDetectFaceRectanglesRequestオブジェクト**、
observations：**VNFaceObservationオブジェクトの配列**

....

VNDetectFaceRectanglesRequestクラスは、顔の領域を認識する画像解析
リクエストを生成します。

resultsプロパティは、顔の検出結果を**VNFaceObservation**オブジェクトの配
列として参照します。VNFaceObservationオブジェクトのboundingBoxプロパ
ティから、検出した矩形をCGRectオブジェクトとして参照できます。

サンプル VisionSample/FaceRecognizeExampleView.swift

```
@State private var image: UIImage = UIImage(named: "newsroom")!

var body: some View {
  VStack {
      Image(uiImage: image).resizable().aspectRatio(contentMode: .fit)
        .frame(maxWidth: .infinity, maxHeight: .infinity)

    Button("Start") {
      // 顔検出リクエストを作成
      let faceDetectionRequest = VNDetectFaceRectanglesRequest { ↳
request, error in
        if let results = request.results as? [VNFaceObservation] {
          print(results)
          image = self.drawRectangleForFaceDectect(image: image, ↳
observations: results)
        }
      }

      // 顔検出リクエストを実行
      let handler = VNImageRequestHandler(cgImage: image.cgImage!, ↳
options: [:])
      Task {
```

```
        do {
          #if targetEnvironment(simulator)
          faceDetectionRequest.usesCPUOnly = true
          #endif
          try handler.perform([faceDetectionRequest])
        } catch {
          print(error)
        }
      }
    }
  }
}

// 検出された顔の枠を描画する処理
func drawRectangleForFaceDectect(image: UIImage, observations: ↴
[VNFaceObservation])  -> UIImage {
  // 検出された顔の枠を描画
  UIGraphicsBeginImageContextWithOptions(image.size, false, image.scale)
  ...中略...
  return img!
}
```

顔を検出する（掲載にあたり、モザイク処理をかけています）
※出典：https://www.apple.com/jp/newsroom/2023/09/iphone-15-lineup-and-new-
apple-watch-lineup-arrive-worldwide/

顔の枠を描画する処理は、P.490「矩形を検出する」のサンプルの処理を参照してください。

参照 P.486「画像解析リクエストを生成する」
P.488「画像解析リクエストを実行する」
P.490「矩形を検出する」

セッションを管理する

➡ AVFoundation、AVCaptureSession

メソッド

canAddInput(_:)	セッションに入力を追加できるか（true false）
addInput(_:)	セッションに入力を追加
canAddOutput(_:)	セッションに出力を追加できるか（true false）
addOutput(_:)	セッションに出力を追加
startRunning()	セッションを開始
stopRunning()	セッションを停止

書式
```
bool = session.canAddInput(input)
session.addInput(input)
bool = session.canAddOutput(output)
session.addOutput(output)
session.startRunning()
session.stopRunning()
```

引数 bool：できる／できない（true／false）、
session：AVCaptureSessionオブジェクト、
input：AVCaptureDeviceInputオブジェクト、
output：AVCaptureVideoDataOutputオブジェクト

処理の開始から終了までをセッション（Session）と呼びます。**AVCapture Session**クラスは、カメラの入力からデータ出力までの一連のセッションを管理します。

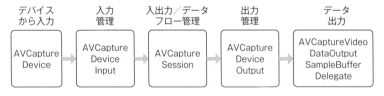

カメラの入力からデータ出力までの流れ

canAddInput(_:)メソッドは、セッション入力を追加できる／できないを、true／falseで返します。addInput(_:)メソッドは、セッションに入力を追加します。
canAddOutput(_:)メソッドは、セッション出力を追加できる／できないを、true／falseで返します。addOutput(_:)メソッドは、セッションに出力を追加します。

startRunning( )メソッドはセッションを開始、stopRunning( )メソッドはセッ
ションを停止します。

サンプル **VisionSample/FaceDetectManager.swift**

```swift
@Observable class FaceDetectManager: NSObject {
  private let session = AVCaptureSession()  // カメラ入出力セッション
  var previewImage: UIImage?  // 顔認識を反映したカメラから写した画像
  private let faceDetectionRequest = VNDetectFaceLandmarksRequest()

  override init() {
    super.init()
    self.setupInput()
    self.setupOutput()
  }

  // セッション開始
  func start() {
    Task {
      self.session.startRunning()
    }
  }

  // セッション終了
  func stop() {
    self.session.stopRunning()
  }

  // カメラ入力準備
  private func setupInput() {
    // 既定のカメラを映像入力デバイスとして取得
    guard let camera = AVCaptureDevice.default(for: .video),
      let input = try? AVCaptureDeviceInput(device: camera)
      else { return }

    if session.canAddInput(input) {
      session.addInput(input)
    }
  }

  // カメラ出力準備
  private func setupOutput() {
    let videoOutput = AVCaptureVideoDataOutput()
```

501

```swift
      videoOutput.setSampleBufferDelegate(self,
        queue: DispatchQueue(label: "cameraQueue"))

      if session.canAddOutput(videoOutput) {
        session.addOutput(videoOutput)
      }

  // 顔認識処理を行うメソッド
  private func performFaceDetection(cgImage: CGImage) ->
    [VNFaceObservation] {
    let handler = VNImageRequestHandler(cgImage: cgImage, options: [:])
    do {
      try handler.perform([faceDetectionRequest])
      return faceDetectionRequest.results ?? []
    } catch {
      return []
    }
  }
}
...後略...
```

参考 AVCaptureSession クラスを利用する場合は、データの出力で AVCaptureVideoData
OutputSampleBufferDelegate プロトコルをデリゲートとして利用します。したがっ
て、NSObjectを継承したクラスを作成してその中で AVCaptureSession クラスを利用
します。

参照 P.503「入力デバイスを管理する」
P.504「カメラからの入力を管理する」
P.505「出力される映像を管理する」

入力デバイスを管理する

➡ AVFoundation、AVCaptureDevice

メソッド

default(for:) 初期化処理

書式 `let device = AVCaptureDevice.default(for: type)`

引数 device：AVCaptureDeviceオブジェクト、
type：AVMediaTypeオブジェクト

AVCaptureDevice クラスは、カメラやマイクなどの入力デバイスを管理します。default(for:)メソッドは、メディアの種類をAVMediaType オブジェクトで指定して初期化します。

AVMediaType オブジェクト

audio	マイクへのアクセス
video	カメラへのアクセス

サンプル VisionSample/FaceDetectManager.swift

```swift
private func setupInput() {
  // 既定のカメラを映像入力デバイスとして取得
  guard let camera = AVCaptureDevice.default(for: .video),
    let input = try? AVCaptureDeviceInput(device: camera) else { return }

  if session.canAddInput(input) {
    session.addInput(input)
  }
}
```

参照 P.500「セッションを管理する」
P.504「カメラからの入力を管理する」
P.505「出力される映像を管理する」

カメラからの入力を管理する

➡ AVFoundation、AVCaptureDeviceInput

メソッド

init(device:)   初期化処理

書式   let input = try? AVCaptureDeviceInput(device: device)

引数   input：AVCaptureDeviceInputオブジェクト、
            device：AVCaptureDeviceオブジェクト

    AVCaptureDeviceInputクラスは、AVCaptureSessionオブジェクトにメディアからの入力を提供します。init(device:)メソッドは、AVCaptureDeviceオブジェクトを指定して初期化します。例外処理が考慮されたメソッドなので、try文とともに利用します。

サンプル VisionSample/FaceDetectManager.swift

```
private func setupInput() {
  // 既定のカメラを映像入力デバイスとして取得
  guard let camera = AVCaptureDevice.default(for: .video),
    let input = try? AVCaptureDeviceInput(device: camera) else { return }

  if session.canAddInput(input) {
    session.addInput(input)
  }
}
```

参照 P.500「セッションを管理する」
      P.503「入力デバイスを管理する」
      P.505「出力される映像を管理する」

出力される映像を管理する

➡ AVFoundation、AVCaptureVideoDataOutput

メソッド

setSampleBufferDelegate(_:queue:)　　　　　バッファ処理のデリゲートを指定

書式　　output.setSampleBufferDelegate(target, queue: queue)

引数　　output：**AVCaptureVideoDataOutput**、target：**デリゲートの実装先**、
　　　　　queue：**DispatchQueueオブジェクト**

AVCaptureVideoDataOutputクラスは、カメラから入力された映像データへの
アクセスを管理します。カメラから入力された映像データは、バッファという記憶
領域に一時的に保存されます。setSampleBufferDelegate(_:queue:)メソッドは、バッ
ファを処理するためのデリゲートと非同期処理を行うためのキューを指定します。

サンプル　**VisionSample/FaceDetectManager.swift**

```swift
// カメラ出力準備
private func setupOutput() {
  let videoOutput = AVCaptureVideoDataOutput()
  videoOutput.setSampleBufferDelegate(self, queue: DispatchQueue(label: ⤵
"cameraQueue"))

  if session.canAddOutput(videoOutput) {
    session.addOutput(videoOutput)
  }

  // 出力する画像を90度回転
  for connection in videoOutput.connections {
    if connection.isVideoRotationAngleSupported(90) {
      connection.videoRotationAngle = 90
    }
  }
}
```

参考　カメラの入力は、既定では−90度回転したものが得られます。このため、サンプルのよ
うに90度回転させてから利用します。

参照　P.500「セッションを管理する」
　　　P.503「入力デバイスを管理する」
　　　P.504「カメラからの入力を管理する」

フレームごとの映像を管理する

→ AVFoundation、AVCaptureVideoDataOutputSampleBufferDelegate

メソッド

captureOutput(_:didOutput:from:)　　　　　　　　バッファ参照時の処理を指定

書式
```
func captureOutput(_ output: AVCaptureOutput, didOutput
sampleBuffer: CMSampleBuffer, from connection:
AVCaptureConnection) { ... }
```

引数　　output：AVCaptureOutput、sampleBuffer：CMSampleBufferオブジェクト、connection：AVCaptureConnectionオブジェクト

AVCaptureVideoDataOutputSampleBufferDelegate プロトコルは、カメラから入力された映像データのバッファを監視します。

captureOutput(_:didOutput:from:)メソッドは、バッファをストリーム的に参照します。参照できるバッファは、CMSampleBufferオブジェクトです。参照したCMSampleBufferを図のように処理することで、カメラから入力された映像に対してリアルタイムで顔認識の処理を行うことができます。

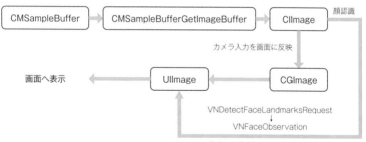

▲ リアルタイムな顔認識の処理のイメージ

サンプル VisionSample/FaceDetectManager.swift

```swift
extension FaceDetectManager: AVCaptureVideoDataOutputSampleBufferDelegate {
  func captureOutput(_ output: AVCaptureOutput, didOutput sampleBuffer:
    CMSampleBuffer, from connection: AVCaptureConnection) {
    // サンプルバッファから画像データを取得
    guard let pixelBuffer = CMSampleBufferGetImageBuffer(sampleBuffer) ⤵
else {
      return
    }
    let ciImage = CIImage(cvPixelBuffer: pixelBuffer)

    let context = CIContext()
    // CIImageをCGImageに変換
    guard let cgImage = context.createCGImage(ciImage, from: ciImage. ⤵
extent) else {
      return
    }
    // CGImageからUIImageを作成
    let uiImage = UIImage(cgImage: cgImage)

    // 顔認識処理を実行
    let faceDetections = performFaceDetection(cgImage: cgImage)
    // 顔を認識
    guard let image = self.drawFaceRectangles(image: uiImage, ⤵
observations: faceDetections) else { return }

    // 画像の更新をメインスレッドで行う
    DispatchQueue.main.async { [weak self] in
      self?.previewImage = image
    }
  }

  // 顔認証描画処理
  func drawFaceRectangles(image: UIImage, observations: ⤵
[VNFaceObservation]) -> UIImage? {
    if observations.count == 0 {
      return image
    }
...中略...
    return drawnImage
  }
}
```

▲ リアルタイムに顔を認識する（掲載にあたり、モザイク処理をかけています）

※出典：「Apple Event - 5月7日（日本時間）」
https://www.youtube.com/watch?v=f1J38FlDKxo

参考 サンプルの実行結果は「Apple Event - 5月7日（日本時間）」の動画をリアルタイムに顔認識した例です。ランダムに顔が出現する対象を映してリアルタイムに顔が認識できることを確認してください。

参考 顔の枠を描画する処理は、P.490「矩形を検出する」のサンプルの処理を参照してください。

参照 P.490「矩形を検出する」
P.498「顔を認識する」
P.500「セッションを管理する」
P.503「入力デバイスを管理する」
P.504「カメラからの入力を管理する」
P.505「出力される映像を管理する」

Chapter 13

UIKitを利用する

SwiftUIが公開される前までは、UIKitというフレームワークがiOSアプリを構成するために利用されていました。UIKitの歴史は長く、iOSアプリの開発手法が公開された当初から今日まで、Objective-CからSwiftに渡って長く利用されています。長く利用されている分、Appleの開発者向けサイトで公開されているサンプルコードだけでなく、Githubなどで公開されているサンプルコードやライブラリなど、アプリ開発に利用できるリソースが多数存在します。

ただし、UIKitはSwiftUIと互換性はなく、そのままUIKitのリソースをSwiftUIで利用することはできません。SwiftUIには、UIKitのクラスをラップするためのUIViewRepresentable／UIViewControllerRepresentableプロトコルが用意されています。ラップとは、異なるシステムのプログラムを、別のシステムで包み込んで利用できるようにする仕組みのことです。

UIViewRepresentable／UIViewControllerRepresentableプロトコルを実装した構造体の中でUIKitのクラスを呼び出すことで、SwiftUIの構造体として利用することができます。

▶ UIKitのクラスをラップして利用するイメージ

本章では、UIViewRepresentable／UIViewControllerRepresentableプロトコルを利用して、UIKitのUIViewクラス／UIViewControllerクラスをSwiftUIで利用する方法について説明します。

UIKit の UI 部品を利用する

➡ SwiftUI、UIViewRepresentable

メソッド

makeUIView(context:)

初期化処理

書式 `func makeUIView(context: Context) -> ViewType { ... }`

引数 `context`：**UIViewRepresentableContextオブジェクト**、
`ViewType`：**UIViewの型**

UIViewRepresentableプロトコルは、UIKitのUIViewのサブクラスをSwiftUIで利用できるようにラップします。UIViewRepresentableプロトコルを実装した構造体を定義することで、UIViewオブジェクトをSwiftUIの中に配置することができます。

makeUIView(context:)メソッドは、UIViewオブジェクトを初期化します。ラップしたいUIViewオブジェクトの型を指定してメソッドを定義します。ラップしたいUIViewクラスによってメソッドの記述が変わることに気をつけてください。

引数 context は、UIView オ ブ ジェ ク ト の 状 態 に 関 す る 情 報 を 提 供 する UIViewRepresentableContextオブジェクトへの参照です。デリゲートの設定などは、contextを利用して行います。

サンプル RepresentableSample/UIViewExampleView.swift

```swift
import SwiftUI
import WebKit

// WKWebViewをラップ
struct WebView: UIViewRepresentable {
  var loadUrl:String  // URL
  let scale: CGFloat  // 縮尺
  @Binding var isLoading: Bool  // ローディングを表示するか？

  // UIViewの初期化
  func makeUIView(context: Context) -> WKWebView {
    let webview = WKWebView()
    webview.navigationDelegate = context.coordinator  // delegate設定
    webview.load(URLRequest(url: URL(string: loadUrl)!))
    return webview
  }
```

```
...中略...

struct UIViewExampleView: View {
  @State private var isLoading = false
  @State private var scale: CGFloat = 1.0

  var body: some View {
    VStack {
      ZStack {
        // 定義したWebView構造体を配置
        WebView(loadUrl: "https://www.apple.com", scale: scale, ↴
isLoading: $isLoading)
        if isLoading { // ローディング中にはプログレスビューを表示
          ProgressView()
        }
...後略...
```

▲ UIKitのUI部品を利用する

参照 P.513「SwiftUIのビューの更新時にUIViewに対して行う処理を指定する」
P.515「UIViewからSwiftUIへ情報を伝える」

SwiftUIのビューの更新時に UIViewに対して行う処理を指定する

➡ SwiftUI、UIViewRepresentable

メソッド

updateUIView(_:context:)　　　　　　　　　　　　　　　　　　　　　　更新

書式　func updateUIView(_ uiview: ViewType, context: Context) { ... }

引数　uiview：**UIViewオブジェクト**、ViewType：**UIViewの型**、
context：**UIViewRepresentableContextオブジェクト**

updateUIView(_:context:)メソッドは、SwiftUIのViewが更新されるタイミングでUIViewオブジェクトを更新します。メソッドに渡される引数となるUIViewオブジェクトとUIViewオブジェクトの型を指定してメソッドを定義します。

引数contextは、UIViewRepresentableContextオブジェクトへの参照です。

サンプル　RepresentableSample/UIViewExampleView.swift

```swift
struct WebView: UIViewRepresentable {
  var loadUrl:String // URL
  let scale: CGFloat // 縮尺
...中略...

  // SwiftUIインターフェース更新時の処理
  func updateUIView(_ uiview: WKWebView, context: Context) {
    // WKWebViewに縮尺を反映
    uiView.scrollView.setZoomScale(scale, animated: true)
  }
...中略...

struct UIViewExampleView: View {
  @State private var isLoading = false
  @State private var scale: CGFloat = 1.0

  var body: some View {
    VStack {
      ZStack {
        // 定義したWebView構造体を配置
        WebView(loadUrl: "https://www.apple.com", scale: scale, ⤵
isLoading: $isLoading)
        if isLoading { // ローディング中にはプログレスビューを表示
```

```
            ProgressView()
        }
    }
    Slider(value: $scale, in: 0.5...2.0, step: 0.1) // 縮尺用のスライダー
        .padding()
    }
  }
}
```

SwiftUIのビューの更新時に処理を指定する

参考 サンプルでは、SwiftUIのSliderの値の更新でWebViewの更新を行なっています。

参照 P.511「UIKitのUI部品を利用する」」
P.515「UIViewからSwiftUIへ情報を伝える」

UIView から SwiftUI へ情報を伝える

➡ SwiftUI、UIViewRepresentable

メソッド

makeCoordinator()

UIViewからSwiftUIへ情報を伝達

書式 `func makeCoordinator() -> CoordinatorType { … }`

引数 `CoordinatorType`：**コーディネーターとなるクラスの型**

makeCoordinator()メソッドは、UIViewオブジェクトからSwiftUIへ情報を伝えるためのコーディネーターを作成します。UIKitのデリゲートの機能をSwiftUIで利用したいときに用いられるメソッドです。利用するデリゲートを実装したコーディネーターとなるクラスを作成し、makeCoordinator()メソッド内で作成したクラスのインスタンスを返します。

サンプル RepresentableSample/UIViewExampleView.swift

```swift
struct WebView: UIViewRepresentable {
  var loadUrl:String  // URL
  let scale: CGFloat  // 縮尺
  @Binding var isLoading: Bool  // ローディングを表示するか？
...中略...
  // コーディネーターとなるクラスを定義
  class Coordinator: NSObject, WKNavigationDelegate {
    var parent: WebView

    init(_ parent: WebView) {
      self.parent = parent
    }

    // 遷移開始時に呼ばれる処理
    func webView(_ webView: WKWebView, didCommit navigation: ↴
WKNavigation!) {
      // ローディングを表示
      parent.isLoading = true
    }

    // 遷移終了時に呼ばれる処理
    func webView(_ webView: WKWebView, didFinish navigation: ↴
WKNavigation!) {
```

515

```
      // ローディングを非表示
      parent.isLoading = false
    }
  }

  // コーディネーターを返却
  func makeCoordinator() -> Coordinator {
    return Coordinator(self)
  }
}

struct WebView: UIViewRepresentable {
  var loadUrl:String   // URL
  let scale: CGFloat   // 縮尺
  @Binding var isLoading: Bool   // ローディングを表示するか？
...中略...
  // コーディネーターとなるクラスを定義
  class Coordinator: NSObject, WKNavigationDelegate {
    var parent: WebView

    init(_ parent: WebView) {
      self.parent = parent
    }

    // 遷移開始時に呼ばれる処理
    func webView(_ webView: WKWebView, didCommit navigation: ⤵
WKNavigation!) {
      // ローディングを表示
      parent.isLoading = true
    }

    // 遷移終了時に呼ばれる処理
    func webView(_ webView: WKWebView, didFinish navigation: ⤵
WKNavigation!) {
      // ローディングを非表示
      parent.isLoading = false
    }
  }

  // コーディネーターを返却
  func makeCoordinator() -> Coordinator {
    return Coordinator(self)
  }
```

516

```
    }

    struct UIViewExampleView: View {
      @State private var isLoading = false
      @State private var scale: CGFloat = 1.0

      var body: some View {
        VStack {
          ZStack {
            // 定義したWebView構造体を配置
            WebView(loadUrl: "https://www.apple.com", scale: scale, ⤵
    isLoading: $isLoading)
            if isLoading {  // ローディング中にはプログレスビューを表示
              ProgressView()
            }
          }
...後略...
```

ローディング中

- UIViewからSwiftUIへ情報を伝える

参考 サンプルでは、コーディネータークラス内のWKNavigationDelegateのメソッドが実行されるときに、バインディング変数の値が更新されます。バインディング変数の値が更新されるタイミングで、SwiftUI側で画面の更新処理が行われます。

参照 P.511「UIKitのUI部品を利用する」
P.513「SwiftUIのビューの更新時にUIViewに対して行う処理を指定する」

UIKit のビューコントローラーを利用する

➡ SwiftUI、UIViewControllerRepresentable

メソッド

makeUIViewController(context:)   初期化処理

書式 `func makeUIViewController(context: Context) -> ViewController {`
`... }`

引数 `context` : **UIViewRepresentableContextオブジェクト、**
`ViewController` : **UIViewControllerの型**

....

UIViewControllerRepresentable プロトコルは、UIKit の UIViewController ク ラスをSwiftUIで利用できるようにラップします。UIViewRepresentable プロトコ ルを実装した構造体を定義することで、UIViewController オブジェクトを SwiftUI から利用することができます。

makeUIView(context:) メソッドは、UIViewController オブジェクトを初期化しま す。ラップしたい UIViewController オブジェクトの型を指定してメソッドを定義し ます。ラップしたい UIViewController クラスによってメソッドの記述が変わること に気をつけてください。

引数 context は、UIViewController オブジェクトの状態に関する情報を提供する **UIViewControllerRepresentableContext**オブジェクトへの参照です。デリゲー トの設定などは、context を利用して行います。

サンプル RepresentableSample/UIViewControllerExampleView.swift

```swift
import SwiftUI
import SafariServices

// SFSafariViewControllerをラップ
struct SafariView: UIViewControllerRepresentable {
  var loadUrl: String  // URL
  @Binding var isPresented: Bool

  // UIViewControllerの初期化
  func makeUIViewController(context: Context) -> SFSafariViewController {
    let safariViewController = SFSafariViewController(url: URL ↴
(string: loadUrl)!)
    safariViewController.delegate = context.coordinator  // delegate設定
    return safariViewController
```

```
  }
...後略...
```

サンプル RepresentableSample/UIViewControllerExampleView.swift

```swift
struct UIViewControllerExampleView: View {
  @State private var isSafariViewPresented = false  // SafariViewの表示

  var body: some View {
    VStack {
      Button("Safari 起動") {
        isSafariViewPresented.toggle()
      }
      .sheet(isPresented: $isSafariViewPresented) {  // SafariViewを ↓
シートで表示
        SafariView(loadUrl: "https://www.apple.com", isPresented: ↓
$isSafariViewPresented)
      }
    }
  }
}
```

UIKitのビューコントローラーを利用する

参考 UIKitのSFSafariViewControllerクラスは、Safariを伴ったビューコントローラーです。

参照 P.520「SwiftUIのビューの更新時にUIViewControllerに対して行う処理を指定する」
P.522「UIViewControllerからSwiftUIへ情報を伝える」

SwiftUIのビューの更新時にUIViewController に対して行う処理を指定する

➡ SwiftUI、UIViewControllerRepresentable

メソッド

updateUIViewController(_:context:)　　　　　　　　　　　　　　　　　更新時の処理

書式 　func updateUIViewController(_ controller: ControllerType,
context: Context) { ... }

引数 　controller：**UIViewControllerオブジェクト**、
ControllerType：**UIViewControllerの型**、
context：**UIViewControllerRepresentableContextオブジェクト**

updateUIViewController(_:context)メソッドは、SwiftUIのViewが更新されるタイミングでUIViewControllerオブジェクトを更新します。メソッドに渡される引数となるUIViewControllerオブジェクトとUIViewControllerオブジェクトの型を指定してメソッドを定義します。

引数contextは、UIViewControllerRepresentableContextオブジェクトへの参照です。

サンプル RepresentableSample/UIViewControllerExampleView.swift

```
// SFSafariViewControllerをラップ
struct SafariView: UIViewControllerRepresentable {
  var loadUrl: String  // URL
  @Binding var isPresented: Bool
...中略...

  // SwiftUIインターフェース更新時の処理
  func updateUIViewController(_ uiViewController: ↴
SFSafariViewController, context: Context) {
    uiViewController.preferredBarTintColor = .black  // バーの色を黒に
    uiViewController.preferredControlTintColor = .white  // バーの文字の ↴
色を白に
  }
...後略...
```

SwiftUIのビューの更新時に処理を指定する

参考 サンプルでは、SafariViewの表示時にupdateUIViewController(_:context:)メソッドが
実行されます。

参照 P.518「UIKitのビューコントローラーを利用する」
P.522「UIViewControllerからSwiftUIへ情報を伝える」

UIViewController から SwiftUI へ情報を伝える

→ SwiftUI、UIViewControllerRepresentable

メソッド

makeCoordinator() UIViewControllerからSwiftUIへ情報を伝達

書式 func makeCoordinator() -> CoordinatorType { … }

引数 CoordinatorType：**コーディネーターとなるクラスの型**

....

　makeCoordinator( )メソッドは、UIViewControllerオブジェクトからSwiftUIへ情報を伝えるためのコーディネーターを作成します。UIKitのデリゲートの機能をSwiftUIで利用したいときに用いられるメソッドです。利用するデリゲートを実装したコーディネーターとなるクラスを作成し、makeCoordinator( )メソッド内で作成したクラスのインスタンスを返します。

サンプル RepresentableSample/UIViewControllerExampleView.swift

```swift
// SFSafariViewControllerをラップ
struct SafariView: UIViewControllerRepresentable {
  var loadUrl: String  // URL
  @Binding var isPresented: Bool
  // UIViewControllerの初期化
  func makeUIViewController(context: Context) -> SFSafariViewController {
    let safariViewController = SFSafariViewController(url: URL ⤦
(string: loadUrl)!)
    safariViewController.delegate = context.coordinator  // delegate設定
    return safariViewController
  }

  // SwiftUIインターフェース更新時の処理
  func updateUIViewController(_ uiViewController: ⤦
SFSafariViewController, context: Context) {
    uiViewController.preferredBarTintColor = .black  // バーの色を黒に
    uiViewController.preferredControlTintColor = .white  // バーの文字の ⤦
色を白に
  }

  // コーディネーターとなるクラスを定義
  class Coordinator: NSObject, SFSafariViewControllerDelegate {
    var parent: SafariView
```

```
    init(parent: SafariView) {
      self.parent = parent
    }

    // Safari終了時の処理
    func safariViewControllerDidFinish(_ controller: ⤵
SFSafariViewController) {
      // 画面を閉じる
      parent.isPresented = false
    }
  }

  // コーディネーターを返却
  func makeCoordinator() -> Coordinator {
    return Coordinator(parent: self)
  }
}
```

サンプル **RepresentableSample/UIViewControllerExampleView.swift**

```
struct UIViewControllerExampleView: View {
  @State private var isSafariViewPresented = false  // SafariViewの表示

  var body: some View {
    VStack {
      Button("Safari 起動") {
        isSafariViewPresented.toggle()
      }
      .sheet(isPresented: $isSafariViewPresented) {  // SafariViewを ⤵
シートで表示
        SafariView(loadUrl: "https://www.apple.com", isPresented: ⤵
$isSafariViewPresented)
      }
    }
  }
}
```

△ UIViewControllerからSwiftUIへ情報を伝える

参考 サンプルでは、SafariViewの「完了」ボタンを押した際に、コーディネータークラスから
SFSafariViewControllerDelegateのsafariViewControllerDidFinish(_:)メソッドが呼
ばれます。このときにバインディング変数の値が更新され、SwiftUI側の更新が行われ、
SafariViewが閉じられます。

参照 P.518「UIKitのビューコントローラーを利用する」
P.520「SwiftUIのビューの更新時にUIViewControllerに対して行う処理を指定する」

索引

■著者紹介：WINGS プロジェクト 片渕 彼富（かたふち かのとみ）

執筆コミュニティ「WINGS プロジェクト」所属のライター。旅行、EC、アイドル関係のコンテンツ会社勤務後、フリーへ。現在は Swift ／ Kotlin ／ Flutter での案件に取り組んでいます。主な著書に「iPhone/iPad 開発ポケットリファレンス」（技術評論社）、「Python でできる！株価データ分析」（森北出版）など。

■監修者紹介：山田 祥寛（やまだ よしひろ）

千葉県鎌ケ谷市在住のフリーライター。Microsoft MVP for Visual Studio and Development Technologies。執筆コミュニティ「WINGS プロジェクト」代表。主な著書に「改訂 3 版 JavaScript 本格入門」「Angular アプリケーションプログラミング」（以上、技術評論社）、「独習シリーズ（Java・C#・Python・PHP・Ruby・ASP.NET など）」（以上、翔泳社）、「速習シリーズ（React、Vue、TypeScript、ASP.NET Core、Laravel など）」（Amazon Kindle）など。最近の活動内容は公式サイト（https://wings.msn.to/）を参照されたい。

■お問い合わせについて

本書の内容に関するご質問につきましては、下記の宛先まで FAX または書面にてお送りいただくか、弊社ホームページの該当書籍のコーナーからお願いいたします。お電話によるご質問、および本書に記載されている内容以外のご質問には、一切お答えできません。あらかじめご了承ください。

また、ご質問の際には、「書籍名」と「該当ページ番号」、「お客様のパソコンなどの動作環境」、「お名前とご連絡先」を明記してください。

●宛先
〒 162-0846
東京都新宿区市谷左内町 21-13
株式会社技術評論社 書籍編集部
「改訂第 3 版 Swift ポケットリファレンス」係
FAX：03-3513-6183

●技術評論社 Web サイト
https://gihyo.jp/book/

お送りいただきましたご質問には、できる限り迅速にお答えをするよう努力しておりますが、ご質問の内容によってはお答えするまでに、お時間をいただくこともございます。回答の期日をご指定いただいても、ご希望にお応えできかねる場合もありますので、あらかじめご了承ください。

なお、ご質問の際に記載いただいた個人情報は質問の返答以外の目的には使用いたしません。また、質問の返答後は速やかに破棄させていただきます。

改訂第 3 版 Swift ポケットリファレンス

2016 年 4 月 5 日 初 版 第 1 刷発行
2024 年 7 月 16 日 第 3 版 第 1 刷発行

著 者 WINGS プロジェクト 片渕 彼富
監修者 山田 祥寛
発行者 片岡 巖
発行所 株式会社技術評論社
東京都新宿区市谷左内町 21-13
電話 03-3513-6150 販売促進部
03-3513-6166 書籍編集部
印刷・製本 昭和情報プロセス株式会社

●カバーデザイン
株式会社 志岐デザイン事務所
●カバーイラスト
黒崎 玄
●紙面デザイン・DTP
株式会社トップスタジオ
●担当
緒方研一